beck**'sche
reihe**

———————

bsrr

Mit zahlreichen, gut nachvollziehbaren Beispielen veranschaulicht Jürgen August Alt die wichtigsten Etappen auf dem Weg zum gegenwärtigen Stand des Wissens.

Auf verschlungenen Pfaden führt er seine Leser durch eine verwickelte, wahrhaft abenteuerliche Geschichte: Was haben die Künste und die Wissenschaften gemeinsam? Welche Beziehungen bestehen zwischen der Ethik und der Wissenschaft? Welche Enttäuschungen und Kränkungen können Erkenntnisse mit sich bringen? Die Antworten auf solche und viele weitere Fragen illustriert der Autor mit zahlreichen Beispielen. Darüber hinaus hält er einige Tipps für den Umgang mit Wissen in der Wissensgesellschaft bereit – Anregungen für die eigene Teilnahme an dem Abenteuer der Erkenntnis.

Jürgen August Alt, Dr.phil., lebt als freier Schriftsteller in der Nähe von Bonn. Bei C.H.Beck ist von ihm erschienen: *Richtig argumentieren. Wie man in Diskussionen recht behält* (^{3}2000).

Jürgen August Alt

Das Abenteuer der Erkenntnis

Eine kleine Geschichte des Wissens

Verlag C.H.Beck

Die Deutsche Bibliothek – CIP-Einheitsaufnahme

Ein Titeldatensatz für die Publikation
ist bei Der Deutschen Bibliothek erhältlich

Originalausgabe

© Verlag C.H.Beck oHG, München 2002
Gesamtherstellung: Druckerei C.H.Beck, Nördlingen
Umschlagabbildung: Gelehrter durchbricht das mittelalterliche Weltbild.
Holzschnitt von 1888 im Stil des frühen 16.Jh.
Umschlagentwurf: +malsy, Bremen
Printed in Germany
ISBN 3 406 47615 5

www.beck.de

Inhalt

1. Einleitung

Erkenntnisse zu gewinnen und zu nutzen, ist für uns einerseits so selbstverständlich, dass wir meistens keinen Anlass haben, darüber lange nachzudenken. Unsere Kinder besuchen Schulen, in denen sie viele Ergebnisse wissenschaftlicher Disziplinen kennen lernen. Sie beschäftigen sich mit weit zurückliegenden geschichtlichen Prozessen, sie führen im Chemieunterricht Experimente durch und erwerben zwei Fremdsprachen. Ausgerüstet mit diesem Wissen, so hoffen vor allem die Eltern, werden die Heranwachsenden ihr Leben in einer komplexen, sich rasch wandelnden Welt meistern. Bei jedem Arztbesuch erwarten wir eine möglichst zutreffende Diagnose und, wenn es sein muss, wirksame Therapien. Eine bekannte Zeitung wie die Frankfurter Allgemeine (FAZ) widmet jeden Mittwoch dem Thema «Wissenschaft» mehrere Artikel. Und in der «Zeit» finden wir Woche für Woche unter der Überschrift «Wissen» längere und kürzere Beiträge über neue Erkenntnisse sowie über bildungs- und forschungspolitische Fragen. «Wissensgesellschaft» – das ist offenbar mehr als ein Schlagwort.

Doch andererseits helfen uns all die vielen Erkenntnisse nicht nur dabei, Probleme zu lösen, sie erzeugen auch Probleme, die uns zu schaffen machen. Was genau sollen die Kinder an den Schulen eigentlich lernen angesichts der Tatsache, dass viele Teile unseres Wissens durch neue Erkenntnisse überholt werden? Welche Rolle spielen allgemeinbildende Fächer, wie das gerade erwähnte Fach «Geschichte», Fächer also, die nur selten im beruflichen Alltag gebraucht werden?

Schon das nächste Gespräch mit einer Internistin kann uns die Erfahrung vermitteln, wie unsicher viele medizinische

Kenntnisse sind, wie vage manche Diagnosen ausfallen und wie viele unerfreuliche Nebenwirkungen eine Therapie haben kann.

Damit sind die Schwierigkeiten mit den Erkenntnissen noch nicht erschöpft. Einige der erfolgreichsten Theorien, die wir uns in diesem Buch etwas genauer anschauen, passen nicht zu den Erwartungen und Hoffnungen, an denen viele Menschen hängen. Woran soll man sich dann halten? An die eigenen Überzeugungen? An die wissenschaftlichen Theorien?

Und nicht zuletzt handeln wir uns oft technische Risiken ein, wenn wir die mühsam gewonnenen Erkenntnisse praktisch zu nutzen versuchen.

Ich lade Sie dazu ein, liebe Leserin, lieber Leser, das Abenteuer der Erkenntnis etwas genauer unter die Lupe zu nehmen. Es wird uns aber nicht gelingen, dieses Abenteuer aus der Distanz zu betrachten, wie Zuschauer, die abseits stehen. Wir bleiben vielmehr darin verstrickt. Denn wir beschäftigen uns dabei zwangsläufig mit Erkenntnissen, Vermutungen und Spekulationen, die sich auf die Erkenntnis beziehen, also etwa auf die Sinnesorgane oder die Geschichte der Wissenschaften. Wir wollen mehr über das Wissen wissen. Aber müssen wir uns zuvor nicht darüber verständigen, was wir unter «Erkenntnis» oder «Wissen» – im Englischen heißt beides «knowledge» – verstehen? Sollen wir damit beginnen, die Begriffe zu definieren? Es gibt gute Gründe, dies nicht zu tun, Gründe, die sich – hoffentlich – bei der Lektüre dieser Arbeit erschließen.

Wohl jedes Abenteuer birgt Risiken, hat dunkle Seiten – und der Ausgang ist offen. Auch der nun folgende Text wird viel offen lassen. Ich hoffe aber, dass Sie einige Denkangebote aufgreifen und die eine oder andere Episode unseres Abenteuers weiterspinnen werden. Einzelne Denker und Theorien tauchen an mehreren Stellen des Buches auf. So spielt der Anatom Andreas Vesalius eine Rolle in dem Abschnitt über den Aufschwung der neuzeitlichen Wissenschaft. Diesem Wissenschaftler werden Sie später wieder begegnen, wenn es um das Verhältnis von Wissenschaft und Kunst geht. So haben Sie die Möglichkeit, Beziehungen zwischen den Kapiteln herzustellen. Ein und derselbe Gegenstand, also etwa die wissenschaftliche Leistung des Vesalius, wird aus verschiedenen Blickwinkeln betrachtet.

An verschiedenen Stellen dieses Buches finden Sie Literaturhinweise, die in einer anderen Schrift abgesetzt sind. Dabei handelt es sich um weiter führende Arbeiten, meistens sind es Bücher, die ich selbst mit Gewinn gelesen habe.

Zunächst werfen wir einen kurzen Blick auf die naturgeschichtlichen Anfänge und die Evolution der Erkenntnis (2). Dann beschäftigen wir uns mit der Rolle der Sprache und der Kultur (3). Anschließend, im 4., 5. und 6. Kapitel, fragen wir, was die Wissenschaft in Gang gebracht und wie sie sich entwickelt hat. Dabei geht es auch um die dunklen Seiten dieses Prozesses. Es ist eine reichlich verschlungene Geschichte, ja ein Gewirr von Geschichten, Episoden und Affären. Meistens vermeide ich die Ausdrücke «Mittelalter» und «Renaissance». Inzwischen äußern viele Historiker Bedenken gegen die Verwendung dieser Bezeichnungen, weil sie Vorstellungen provozieren, die der Kritik nicht Stand halten. Insbesondere suggeriert das Wort «Mittelalter» eine Einheit, die niemals existiert hat (Flasch 2000). Mit dem 7. Kapitel verlassen wir vorläufig die Geschichte, um der Frage nachzugehen, wie die Wissensentwicklung vonstatten geht. Dabei berücksichtigen wir auch die Rolle von metaphysischen Annahmen in der Wissenschaft. Im 8. Kapitel schildere ich einige Beispiele für wissenschaftliche Fortschritte im 19. und 20. Jahrhundert. Das 9. Kapitel beschäftigt sich mit einem ungewollten Ergebnis der wissenschaftlichen Arbeit: mit den Enttäuschungen und Kränkungen, die Erkenntnisse bereiten können. Dort taucht dann die Frage auf, ob auch die Geisteswissenschaften zur Entzauberung der Welt beitragen. Das Unbehagen an dieser Seite der Wissenschaft führt uns zu der Frage nach den Alternativen, nach anderen Formen des Wissens (10). Chancen und Risiken wissenschaftlicher Entwicklungen liegen oft dicht beieinander. Insbesondere die Gentechnologie provoziert Auseinandersetzungen über die ethische Dimension der Wissenschaft, Auseinandersetzungen, die vor allem hierzulande an Schärfe zunehmen. Wir packen das Thema im 11. Kapitel von zwei Seiten an. Zum einen betrachten wir die normativen Voraussetzungen der Wissenschaften. Zum anderen fragen wir, inwieweit die wissenschaftlichen Erkenntnisse unsere ethischen Vorstellungen berühren – und vielleicht auch verändern. Anschließend, im 12. Kapitel, geht es um die zuweilen sehr fruchtbaren Beziehungen zwischen Kunst und Wissenschaft. Im nächsten Kapitel (13) denken wir über unseren Umgang mit dem Wissen nach. Wie beteiligen wir uns selbst an dem Abenteuer der Erkenntnis? Dabei erhalten Sie, liebe Leserinnen und Leser, auch einige praktische Tipps, mit denen Sie das Wissen besser bewältigen können. Jedes Abenteuer geht einmal zu Ende – auch das der Wissenschaft? Das ist eine ziemlich komplizierte Frage, die Frage des 14. Kapitels. Sie betrifft zunächst etwaige Grenzen der Erkenntnisgewinnung. Vielleicht gibt es prinzipielle Schranken, Schranken, die wir mit unseren Mitteln nicht überschreiten können. Außerdem stehen wir vor dem Problem, ob die Wissenschaft – ganz oder teilweise – an ihr Ende gelangt, ob sie ihr Werk vollenden kann. Wird sie bald alle – oder die meisten – Fragen beantwortet haben? Wird unser Bedarf an Forschung nachlassen? Mit einigen Thesen über das vorläufig noch nicht zu Ende gehende Abenteuer der Erkenntnis endet das Buch.

2. Das Abenteuer beginnt

Anfänge des Lebens

«Wissen ist nichts Selbstverständliches», meint der Philosoph Colin McGinn (2001, 46). Wenn Sie einen Augenblick darüber nachdenken, kommen Sie wahrscheinlich zu dem Ergebnis, dass der Mann Recht hat. Deshalb sollten wir unser Abenteuer dort beginnen lassen, wo die *natürlichen Voraussetzungen für Erkenntnisprozesse* entstanden sind: auf dem Planeten Erde vor rund vier Milliarden Jahren. In dieser Zeit begann sich das Leben zu entwickeln, möglicherweise an heißen schwefligen Orten unter Wasser. Ganz genau wissen wir das nicht – oder noch nicht –, aber viele Wissenschaftler akzeptieren heute die These vom thermophilen Ursprung des Lebens. Die Erde war einer massiven UV-Strahlung ausgesetzt, Kohlendioxid und Stickstoff bildeten die wichtigsten Bestandteile der Atmosphäre. Bevor eine Evolution in Gang kommen konnte, musste zunächst ein Replikator auftauchen, *ein Gebilde, das sich selbst kopiert*, ein *Vorläufer der Gene*. Schon bei dieser ursprünglichen Art der Vermehrung treten Kopierfehler auf, die zu etwas veränderten Nachkommen führen. Manchmal bringen die Veränderungen Vorteile mit sich, manchmal sind sie neutral und oft scheitern sie an verschiedenen Umweltbedingungen, zum Beispiel an der UV-Strahlung. Die Erforschung dieser Anfänge des Lebens läuft auf vollen Touren. Fossile Funde, die etwa 3,8 Milliarden Jahre alt sind, zeigen uns ungefähr, wie die ersten wirklichen Lebewesen ausgesehen haben könnten. Solche Lebewesen, auch die einfachsten, sind bereits mehr als bloße Replikatoren – es sind Replikatoren mit einer schützenden Hülle, Replikatoren, die es geschafft haben, etwas um sich herum aufzubauen. Anfangs spielten vermutlich auch Zusammenschlüsse von Replikatoren eine Rolle und der Austausch von Informationen. Jedenfalls entstanden nach und nach die drei grundlegenden Varianten des Lebens: Bakterien, (bakterienähnliche) Archaeen und Einzeller mit Zellkern.

Lange Zeit waren es Mikroorganismen, Lebewesen wie Bakterien und Archaeen, die die Erde besiedelten und prägten. Die Cyanobakterien beeinflussten nachhaltig die Geschichte unseres Planeten. Sie erzeugten nämlich ein Gas, und zwar Sauerstoff, das sich allmählich in der Atmosphäre anreicherte. Das Stoffwechselprodukt dieser winzigen Lebewesen löste sehr wahrscheinlich eine große Katastrophe aus; denn das Gas – und die aggressiven O_2-Verbindungen – waren höchst giftig für die Lebewesen, die sich anderen Umweltbedingungen angepasst hatten. Diejenigen, die es nicht schafften, in sauerstoffarme Nischen vorzudringen oder ihren Stoffwechsel umzustellen, starben aus. Keine andere Umwälzung, die jemals von Lebewesen herbeigeführt wurde, hatte so weitreichende Folgen wie der stoffwechselbedingte Umbau der Erdatmosphäre. Das gilt auch dann, wenn wir in Rechnung stellen, dass noch andere Faktoren, wie Vulkanausbrüche, die Atmosphäre beeinflussen.

Vor zwei Milliarden Jahren entstanden die ersten mehrzelligen, aber noch immer sehr kleinen Organismen. Mit ihnen wurden die Hüllen der Replikatoren komplexer. Nach einer weiteren Milliarde Jahren tauchte eine neue Variante der Vermehrung auf: die sexuelle Reproduktion. Damit kam ein neuer Mechanismus der Variation ins Spiel, der die Vielfalt des Lebens steigerte. Denn bei der sexuellen Fortpflanzung werden die Gene neu zusammengefügt, rekombiniert, wie die Biologen sagen. Eine Folge davon ist, dass gute Mutationen häufiger zusammenkommen, also an die nächste Generation weitergegeben werden. So gewann die Evolution an Fahrt.

Ein Paradies im Präkambrium?

Komplexere Lebewesen entstanden vor ungefähr 700 Millionen Jahren. Die ersten unter ihnen waren wahrscheinlich die Vendobionten (auch Ediacara genannt), die die oberflächennahen Meeresböden bevölkerten (Abb. 1). Ihren Namen verdanken sie dem Vendium, dem letzten Zeitabschnitt des Präkambriums. Das ist die längste Epoche der Erdgeschichte. Sie hatten, wie es scheint, keine Fressfeinde, die ihnen nachstellten – und möglicherweise nutzten sie ausschließlich das Licht der Sonne als Nahrung. So lebten sie viele Millionen Jahre lang unbehelligt in ihrem «Paradies der Luftmatratzen», wie die «Zeit» (25.1.01) schrieb. Die zentimetergroßen Körper dieser staunenswerten Organismen waren in Kammern (wie bei Luftmatratzen) eingeteilt. Sie existierten bis in das frühe

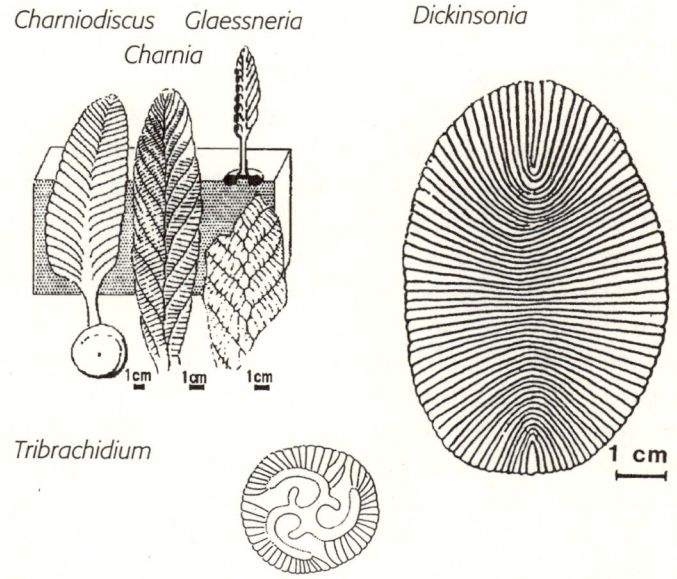

Abb. 1: Die Vendobionten – Leben in einem vergänglichen «Paradies»

Kambrium hinein, einer Phase der Erdgeschichte, die für unser Thema besonders interessant ist. Denn in diesem Zeitabschnitt, innerhalb von 50 Millionen Jahren (544–495), entstand eine Vielfalt von Lebewesen, darunter auch solche, die über *komplexere Erkenntnisorgane* verfügten. Eine Zeit lang konnten die Vendobionten dieser stürmischen Entwicklung Stand halten. Doch dann starben sie aus. Bodenwühlende Tiere zerstörten vermutlich ihren Lebensraum, und räuberische Arten entdeckten sie als leicht zugängliche Beute. Paradiesische Zustände sind instabil.

Instabil verläuft die Evolution deshalb, weil sich die Umweltbedingungen, mit denen Lebewesen zurechtkommen müssen, immer wieder ändern. Eine Rolle hierbei spielen die häufigen Klimaschwankungen. Aber auch die Lebewesen selbst beeinflussen den Gang der Evolution. Wir dürfen uns die Organismen nicht als passive Objekte vorstellen, die sich unter dem Druck der natürlichen Auslese (Selektion) an die Umwelt anpassen. Der stoffwechselbedingte Umbau der Erdatmosphäre ist hierfür nur ein besonders spektakuläres Beispiel, aber nicht das einzige. Mit dem Siegeszug der Blütenpflanzen, der vor etwa 140 Millionen Jahren begann, entstanden völlig neue Lebensräume. Außerdem entwickelte sich ein Zusammenspiel zwischen Pflanzen und Tieren, die Pflanzen bestäuben. Die Menschen waren es jedenfalls nicht, die bislang die größten Veränderungen auf dem Planeten herbeiführten. Organismen beeinflussen den Lauf der Evolution auch dadurch, dass sie mit anderen Arten und mit Artgenossen konkurrieren. Zwangsläufig leben die Organismen auf Kosten anderer Organismen, indem sie als Jäger, Beutetiere, Parasiten und Zerstörer von Lebensräumen auftreten, oder einfach Nischen – Platz – beanspruchen, der anderen Lebewesen verwehrt bleibt. Die Vertreibung der Vendobionten aus ihrem Paradies passt in dieses Bild.

Anfang der siebziger Jahre veröffentlichte der Verhaltensforscher Konrad Lorenz eine «Naturgeschichte des menschlichen Erkennens» (Lorenz 1973), in der er die Evolution als einen «erkenntnisgewinnenden Prozess» betrachtete. Die Organe, nicht nur die Erkenntnisorgane, so Lorenz' Argumentation, sind an bestimmte Umweltbedingungen angepasst – und sie enthalten insofern Informationen über Teile der Umwelt. Zum Beispiel passen die Füße der Vögel zu den Strukturen der Zweige, auf denen sie sich niederlassen. Eine aktuelle Version dieser Idee stammt von Richard Dawkins, der behauptet, «dass der Mauersegler in die Welt der schnellen Luftströmungen passt wie eine Hand in den Handschuh ...» (Dawkins 2000, 312).

Manche Evolutionstheoretiker relativieren diesen Aspekt der Anpassung. Sie verweisen auf die Zufälligkeit vieler Merkmale. Der evolutionäre Erfolg von Lebewesen besteht darin, sich erfolgreich fortzupflanzen, also die eigenen Gene weiterzugeben. Auf welche Weise dies geschieht, welche Opfer zum Beispiel damit verbunden sind, ist der Natur ganz gleichgültig. Sie strebt auch nicht nach gültiger Erkenntnis. Die Evolution hat kein Ziel. Aber *eine* Möglichkeit, sich erfolgreich fortzupflanzen, läuft darauf hinaus, Wissen über die Wirklichkeit zu nutzen. Deshalb gibt es einen *Trend zu komplexeren Erkenntnisorganen*, wie Lorenz in seinem Buch betonte. Doch komplexere Organismen gehören nicht zwangsläufig zu den erfolgreichsten, unter anderem deshalb, weil sie in mancherlei Hinsicht auch verletzbarer und störungsanfälliger sind. *Einen universellen Trend zum Komplexen – früher nannte man das «Höherentwicklung» – hat die Evolution daher nicht zu bieten.* Anpassung kann auch darin bestehen, komplexe Strukturen abzubauen. Viren, die ohne Wirt nicht auskommen, konnten erst dann auftauchen, als ihnen selbstständig lebende Organismen zur Verfügung standen. Es kommt auch vor, dass sich Erkenntnisorgane wieder zurückbilden, wenn Lebewesen in eine Umwelt geraten, in der die Organe keinen Vorteil mehr bieten. So verlieren zum Beispiel Fische, die viele Generationen lang in Höhlen leben, allmählich ihre Sehfähigkeit.

Erkenntnis bzw. Wissen ist so alt wie das Leben. Denn jeder Organismus – wie primitiv er auch sein mag – muss wenigstens an ein paar Aspekte der Umgebung angepasst sein. Die friedlichen Vendobionten beispielsweise mussten es irgendwie schaffen, oben und unten zu unterscheiden. Sie durften der UV-Strahlung einerseits nicht zu nahe kommen, andererseits war es auch riskant, sich zu weit von ihr zu entfernen. Grundsätzlich gilt wohl, dass die Evolution des Wissens mit Anpassungen an stabile Umweltbedingungen beginnt. Schwerkraft und Sonnenlicht, aber auch das Magnetfeld der Erde sind hierfür geeignete Kandidaten. *Vor allem die Schwerkraft wirkt überall, unabhängig von lokalen Besonderheiten. Sie ist daher eine ideale Informationsquelle.* Die Schwerkraft zu nutzen bedeutet für ein Lebewesen, Erkenntnisse über die eigene Lage im Raum zu erhalten. Das ist ein grundlegendes Wissen, eine Voraussetzung für weitere Erkenntnisleistungen. Sinnesorgane, die auf die Schwerkraft reagieren, folgen einer einfachen Konstruktion: Bewegliche Teile des Körpers hängen dank der Schwerkraft nach unten, wo sie Sinneszellen reizen. Neigt sich ein Organismus zur Seite, werden andere Zellen berührt. Weit verbreitet sind Statolithensysteme: Kleine Steinchen dienen als Messfühler, wie die Abbildung 2 zeigt. Bei den Menschen (und anderen Säugetieren) befindet sich im Innenohr ein solches Messsystem mit kleinen Kalksteinchen, die in einer Lymphflüssigkeit nach unten sinken. Die Orientierung an der Schwerkraft ist ein Beispiel für *angeborenes Wissen.* Es ist in den organismischen Strukturen verkörpert. Auch die einfachsten Organismen kommen nicht als unbeschriebene Blätter zur Welt. Sie sind vielmehr mit einem «Vor-Wissen» (Popper 1995) ausgestattet, beispielsweise mit einem Statolithensystem.

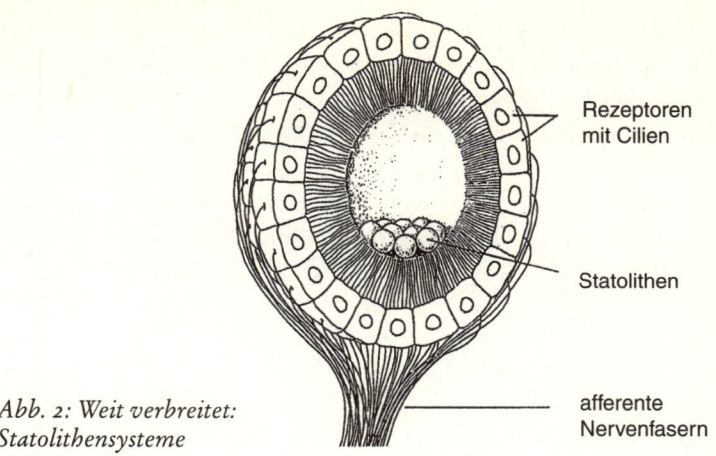

Abb. 2: Weit verbreitet:
Statolithensysteme

Rezeptoren
mit Cilien

Statolithen

afferente
Nervenfasern

Neben der Schwerkraft ist Licht eine weitere allgegenwärtige Informationsquelle. Licht besteht aus einem Strom von Photonen, winzigen Teilchen, die auf Zellen des Organismus treffen und dort Veränderungen hervorrufen können. (Wenn Sie wollen, stellen Sie sich Wellen vor, die uns und andere Lebewesen umzingeln.) So waren die Oberflächen der Kammern unserer Vendobionten etwas lichtempfindlich, weil sie Farbpigmente enthielten. Solche Farbpigmente (wenn auch nicht diejenigen der Vendobionten) sind die Vor-Vorläufer von Augen. Licht dient aber nicht nur der Orientierung im Raum. Weil nachts sehr viel weniger Photonen die Erde erreichen, eignet sich das Licht auch dazu, Informationen über die Zeit zu gewinnen, also beispielsweise Tag und Nacht zu unterscheiden.

Neil A. Campbell: Biologie, Heidelberg/Berlin/Oxford 1997
Peter Rothe: Erdgeschichte, Darmstadt 2000

Über so unbekannte Wesen wie die Vendobionten dürfen wir etwas mehr spekulieren. Vielleicht, so eine Vermutung, vergruben sie sich im Sand, das heißt, sie bedeckten den der Sonne zugewandten Teil ihres Körpers. Falls das stimmt, wären die Sandkörner im Meer wahrscheinlich das erste Sonnenschutzmittel gewesen. Das meine ich durchaus ernst. Wenn Sie am Strand einen Sonnenschirm aufstellen, treibt Sie ein vergleichbares Problem um – bei allen Unterschieden, die ansonsten bestehen. Die Vendobionten wussten natürlich nichts über Sonnenstrahlen, sie konnten nicht über ihr Verhalten nachdenken. Aber sie schützten sich vor der Sonne.

Das Wissen wächst

Wie im letzten Abschnitt erwähnt, tauchten vor einer halben Milliarde Jahren komplexere Lebewesen auf, Lebewesen mit unterschiedlichen Erkenntnisorganen. Einige der Tiere, die damals lebten, zeigt die Abbildung 3. Falls die Rekonstruktion der Forscher stimmt, existierte ein Lebewesen mit fünf Augen. *Fünf Augen sehen aber nicht immer mehr als zwei.* Es kommt nämlich auf das eben erwähnte Vor-Wissen an, auf die angeborenen Strukturen, auf die Qualität der Erkenntnisorgane. Welche Erkenntnisleistungen überlebenswichtig sind, hängt von der Beschaffenheit der Umgebung ab – und von konkurrierenden Organismen, Artgenossen, Beutetieren und Fressfeinden, die nicht zuletzt *mit ihren Erkenntnisorganen konkurrieren.* In der homogenen Welt der Ozeane kommen beispielsweise Quallen ganz gut zurecht. (Auch sie nutzen übrigens die Schwerkraft – die Rezeptoren hierfür befinden sich am Schirmrand von Quallen. Und ihre Körper sind lichtempfindlich.) Für Organismen, die felsige Uferzonen oder vielgestaltige Riffe besiedeln, sind komplexere Erkenntnisorgane überlebenswichtig. Nicht immer kommt es auf Stärke an. Manchmal sind kleine Tiere im Vorteil, manchmal große; es gibt *viele verschlungene Pfade der Evolution.* Einige dieser Pfade führten zu Erkenntnisgewinnen. Günstige Voraussetzungen für neue Pfade schufen die Pflanzen, die vor mehr als 400 Milliarden Jahren damit begannen, das Festland zu er-

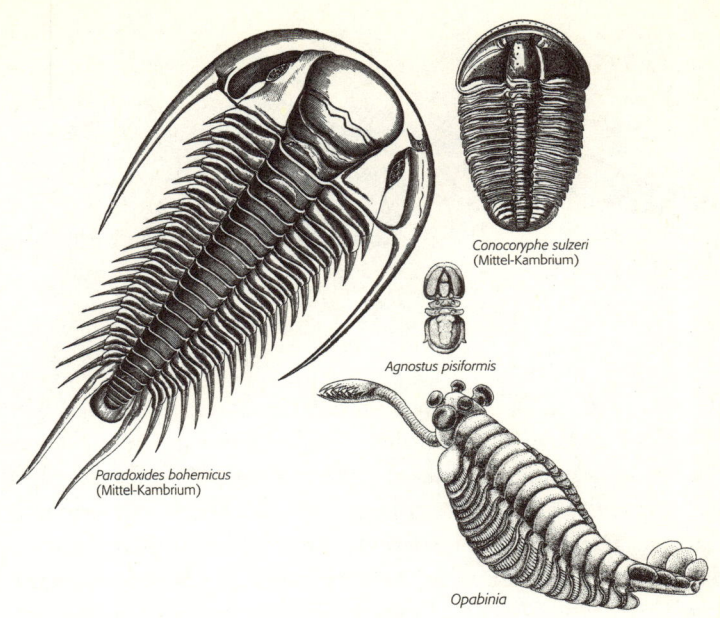

Conocoryphe sulzeri
(Mittel-Kambrium)

Agnostus pisiformis

Paradoxides bohemicus
(Mittel-Kambrium)

Opabinia

Abb. 3: Ein Lebewesen mit fünf Augen, ein blinder Trilobit (Agnostus) und zwei Trilobiten mit Facettenaugen. Trilobiten sind die häufigsten Fossilien aus dem Kambrium.

obern. Ihnen folgten *Grenzgänger*, Lebewesen zwischen Fischen und Amphibien, den ersten Landwirbeltieren. Solche Grenzgänger, wie das abgebildete Wesen mit dem Fischschwanz, können nicht ganz dumm sein (Abb. 4). Sie müssen immerhin in zwei Welten zurechtkommen. Wären diese beiden Welten, Wasser und Festland, sehr verschieden, herrschten in beiden völlig andere Gesetzmäßigkeiten, dann hätten die Pflanzen und Tiere wohl keine Chance gehabt, auf das Festland vorzudringen. Aber die beiden Lebensräume sind strukturell miteinander verknüpft und gehen – in den Grenzbereichen – ineinander über. So wirkt in beiden die schon mehrfach erwähnte Schwerkraft, was Aufenthalte in den unterschiedlichen Umgebungen erleichtert.

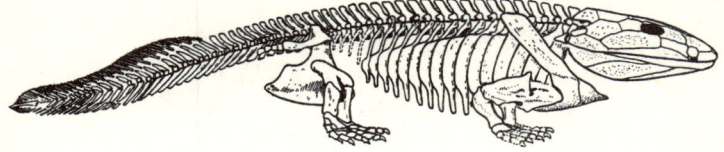

Ichthyostega
(ca. 1 m lang)

Abb. 4: Vom Wasser zum Land: ein Grenzgänger mit Fisch-schwanz.

Für Organismen, die in komplexeren, sich verändernden Welten leben, wird neben dem Vor-Wissen eine andere Sorte von Wissen immer wichtiger: Erkenntnisse, die im Laufe eines individuellen Lebens erworben werden. Das ist ein *gelerntes Wissen*. Die Lernprozesse sind zum Teil vorstrukturiert, sie laufen nicht beliebig ab. Die angeborenen Erkenntnisorgane mit ihrem Vor-Wissen sorgen dafür, dass manche Informationen leicht, andere weniger leicht und viele gar nicht erworben werden. Bienen sind in der Lage, Merkmale der Umgebung zu erinnern und sich daran zu orientieren. Während manche Vögel sogar in völliger Isolation den arttypischen Gesang entwickeln, müssen andere Arten den Gesang erst einmal hören und dessen korrekte Wiedergabe üben. Manche Tiere schaffen es, durch Beobachtungen zu lernen und Einsicht in Probleme zu gewinnen. Es gibt also Lernprozesse, die mehr und solche, die weniger durch angeborene Strukturen bestimmt werden. Das Gesangslernen vieler Vögel ist ein sehr spezifischer, vorstrukturierter Lernprozess. Und Menschen erlernen ihre Sprache optimal in einer bestimmten Phase ihres Lebens und außerdem ist der Variationsbereich der erlernbaren Sprachen beschränkt. Überhaupt laufen diese vorstrukturierten Lernprozesse früh im Leben ab, während der Kindheit, in einer Zeit also, in der die Lebewesen noch nicht fix und fertig, noch nicht erwachsen sind. Die sich entwickelnden Lebewesen werden so auf ihre Umgebung eingestellt. Später sind die Ergebnisse dieser Sorte von Lernprozessen nicht mehr oder kaum korrigierbar. Das unterscheidet sie von den anderen Lernvorgängen, die sich über das gesamte Leben erstrecken. Also haben wir bisher *drei Quellen des Wissens* ausfindig gemacht, so der Hirnforscher Wolf Singer (1999): Evolution, frühes prägendes Lernen und Lernen. Lernen macht schlau. Die Evolution hat auf ihren verschlungenen Pfaden wahre Lernmeister hervorgebracht, die über viel Vor-Wissen verfügen und viel dazu lernen können. Rekordverdächtige Lernwesen sind zum Beispiel Kraken, Kolkraben und Schimpansen.

Wie wenig geradlinig die Evolution – und damit die Evolution der Erkenntnisorgane – verläuft, zeigen besonders eindringlich die fünf großen Massensterben, die aus den vielen Katastrophen der Naturgeschichte herausragen. Das bislang größte Aussterben ereignete sich vor etwa 250 Millionen Jahren, also nach der Eroberung des Festlandes – vermutlich als Folge klimatischer Veränderungen. Die meisten Arten überlebten diese Katastrophe nicht, wie auch unser blinder Trilobit (Abb. 3) und alle seine Verwandten. Danach tauchten Organismen auf, die uns Menschen vertrauter erscheinen als viele ihrer ausgestorbenen Vorläufer. Vor rund 200 bis 150 Millionen Jahren (im sog. Jura) war die Erde neben vielen anderen Tiergruppen mit Reptilien bevölkert, die sich anschickten, in den Luftraum vorzudringen. Auch eines der berühmtesten Lebewesen überhaupt, der als «Urvogel» bezeichnete Archaeopteryx, existierte während dieser Epoche. Die kleinen, aus warmblütigen Sauriern hervorgegangenen Säugetiere spielten zu diesem Zeitpunkt noch eine bescheidene Rolle. Doch das änderte sich nach dem nächsten großen Sterben am Ende der Kreidezeit vor rund 65 Millionen Jahren, dem die heute so beliebten Saurier zum Opfer fielen. Anschließend fand eine rasche Evolution der Säugetiere statt, die in die frei gewordenen Lebensräume vordrangen. Ein Ergebnis dieser Säugetierrevolution sind die Menschen.

Nach diesem kurzen Blick auf einige Aspekte der Evolution folgt jetzt eine erkenntnistheoretische Reflexion:

Alles hätte anders kommen können. Ein zweites Mal würde die Evolution so nicht verlaufen. Dafür ist dieser Prozess zu chaotisch. Moderne Evolutionstheoretiker, wie beispielsweise Manfred Eigen, charakterisieren die Evolution als eine unumkehrbare Abfolge von Katastrophen. «Zufall Mensch», lautet entsprechend der Titel eines bekannt gewordenen Buches von Stephen Gould (1991). Allerdings halten Gesetzmäßigkeiten – wie die Schwerkraft – die Zufälle durchaus in Schach. Die Statolithensysteme zum Beispiel sind alles andere als zufällig, hängen sie doch eng mit einer physikalischen Kraft zusammen. Dennoch trifft zu: Die Erkenntnisorgane bildeten sich in einem historischen (zufallsgetränkten) Prozess heraus. Der blinde Trilobit, das Sehvermögen unseres fünfäugigen Lebewesen aus dem Kambrium, die komplexeren Erkenntnismittel jenes Grenzgängers zwischen Wasser und Festland, die Lernleistungen des Kolkrabens wie des Menschen – sie sind allesamt vergängliche Strukturen und keine optimalen, der reinen Erkenntnis dienenden Errungenschaften. Heißt das nun, dass auch unser Wissen über die Welt mehr oder weniger zufällig ist? Lebt jedes Wesen, der Kolkrabe, der Schimpanse, der Mensch in seiner eigenen Welt? Während ich diese Fragen notiere, sitze ich auf der Terrasse neben unserem Wintergarten. Dort machen junge Blaumeisen mit Vorliebe ihre Flugübungen. Sie versuchen nur selten, die hinter dem Glas stehenden Pflanzen zu erreichen, obwohl sie nicht in der Lage sind, das Glas als Hindernis zu erkennen. Wahrscheinlich schützt sie der Umstand, dass dort kugelige und säulenförmige Kakteen stehen. Die Vögel fliegen nämlich bevorzugt Äste an. Selbst Babys unter neun Monaten schaffen es noch nicht, dem Impuls zu widerstehen, durch Plexiglas ein begehrtes Objekt zu ergreifen. Ältere Kinder und andere schlaue Lebewesen lernen dagegen, Umwege zu gehen, um das Objekt zu erreichen, wie Versuche gezeigt haben. Einige Blaumeisen fliegen an den weißen Fensterrahmen entlang, wo Insekten entlang krabbeln. Diese weißen Flächen nehmen die Vögel als undurchdringlich wahr. Jedenfalls *lernen* sie, über den Wintergarten hinweg und

an ihm vorbeizufliegen, obwohl sie das Glas nicht sehen können. Am Abend kommen die Fledermäuse, und an manchen
Tagen jagen sie sehr tief – so tief, dass ich oft unwillkürlich den
Kopf einziehe. Vor dem undurchdringlichen Glas schützt sie
ihr berühmtes Wahrnehmungssystem: die Ortung mit Hilfe
von Ultraschalllauten. Selbst in völliger Dunkelheit gelingt es
den Tieren, kleine Insekten ausfindig zu machen. Zwar wissen
wir nicht, wie es der Fledermaus dabei ergeht, wenn sie die
Glasscheiben eines Wintergartens ortet; aber das Tier nimmt
wahrscheinlich ein großes Objekt wahr, an dem es mühelos
vorbei fliegt. Die Verhaltensweisen von Menschen, Blaumeisen
und Fledermäusen stimmen insoweit überein: Alle machen einen Bogen um den Wintergarten und entgehen so der gläsernen
Gefahr. Was sie jeweils über die Wirklichkeit herausgefunden
haben, sind demnach keine bloßen Konstruktionen, die nur in
ihren eigenen Welten stimmen.

3. Kultur und Sprache

Vielleicht haben Sie sich beim Lesen des vorangegangenen Kapitels die Frage gestellt, ob die dort beschriebenen Leistungen von Organismen die Bezeichnungen «Wissen» oder «Erkenntnis» wirklich verdienen. Sind die meisten (oder wenigstens die folgenreichsten) Erkenntnisse der Menschen nicht in erster Linie kulturelle Errungenschaften? Nun ist klar, dass erhebliche Unterschiede zwischen Teilen des Wissens bestehen, beispielsweise zwischen dem Wissen, das wir in der Schule erwerben, und dem Wissen von Blaumeisen und Fledermäusen. Und ein Buch über das Abenteuer der Erkenntnis muss hier selbstverständlich differenzieren, die Unterschiede herausarbeiten. Andererseits vermenschlichen wir die Lebewesen nicht, wenn wir ihnen Wissen zubilligen. Denn das Wissen ist nicht schlagartig in die Welt gekommen, als die Menschen die Bühne betraten. Dafür sind wir mit den anderen Lebewesen viel zu nahe verwandt. Organismen ohne Wissen gehören einfach nicht zu unseren Vorfahren. Aus diesem Grund *teilen wir auch Wissen mit anderen Lebewesen*, wie das Beispiel der Statolithensysteme zeigt. Aber von den heute lebenden Arten sind wir die einzige, die über diese Zusammenhänge nachdenken kann. Unser Abstand zu den Tieren, den die Intuition nahe legt, das Gefühl, anders zu sein, daneben – oder darüber – zu stehen, beruht aber zum Teil auf einer Täuschung. Diese kommt dadurch zu Stande, dass unsere nächsten noch lebenden Verwandten vor etwa 6,5 Millionen Jahren einem anderen Pfad der Evolution gefolgt sind, während die direkten Vorläufer der Menschen sowie diverse andere Menschenarten nicht mehr existieren. Zwischen uns und dem gemeinsamen

Vorfahren von Schimpanse und Mensch klafft eine Lücke. Wir können diese zwar wissenschaftlich zu rekonstruieren versuchen, aber wir haben die fehlenden Glieder nicht vor Augen.

Ein wichtiger Aspekt der Evolution des Menschen ist bekanntlich die Entwicklung unserer Gehirne. Die natürliche Auslese belohnte solche Vorfahren, die komplexere Gehirne hatten. Sie waren im Vorteil. Aber warum? Genau wissen wir das nicht, obwohl die Vermutung nahe liegt, dass schlaue Wesen größere Chancen haben. Doch wie das letzte Kapitel hoffentlich gezeigt hat, stimmt das nur unter bestimmten Bedingungen. Es gibt ja Pfade der Evolution, die in die andere Richtung laufen. Immerhin ist das Gehirn ein äußerst kostspieliges Organ. Es verbraucht – obwohl es nur zwei Prozent unserer Körpermasse ausmacht – rund 25 Prozent der gesamten Energie. Und das ist bestimmt ein Nachteil, der durch einen – oder mehrere – Vorteile wettgemacht werden muss. Einer momentan sehr beliebten Hypothese zufolge waren es soziale Herausforderungen, die die Gehirnentwicklung vorantrieben. Unsere Vorfahren lebten in Gruppen, sie kooperierten und konkurrierten – beispielsweise um einen höheren Rang, der die Fortpflanzungsaussichten verbesserte. Wie Untersuchungen bei verschiedenen Affen zeigen, gilt dies nicht nur, wie man lange annahm, für die Männchen. Gerade die weiblichen Tiere benutzen ihre Position im Verband, um Vorteile für ihre eigenen Kinder herauszuschlagen. Unter diesen Bedingungen gibt es Pluspunkte für diejenigen, die andere beeinflussen können, *die in einem komplexen Netzwerk sozialer Beziehungen strategisch vorgehen können.* Eine dieser Strategien, die viel Hirn erfordert, besteht aus absichtlich herbeigeführten *Täuschungen.* Seit einigen Jahren wissen wir, dass Täuschungen kein Privileg der Menschen sind. Auch andere Arten bedienen sich ihrer. Zu den Meistern der Täuschung gehören, wen wundert es, unsere näheren Verwandten – die Affen. Sie stoßen zum Beispiel Warnrufe aus, obwohl gar keine Bedrohung in Sicht ist, um ihre Artgenossen von einer Futterquelle zu vertreiben. Ein Schimpanse brachte das Kunststück fertig, immer dann zu hinken, wenn sich ein Rivale näherte, der ihn zuvor leicht am Fuß verletzt hatte. Nach den Beobachtungen einiger Wissenschaftler versuchen Schimpansen sogar ihre Mimik zu kontrollieren, etwa spontan auftretende Ausdrucksbewegungen, die Unsicherheit verraten (de Waal 1997; Paul 1998). Haben Lebewesen, die andere täuschen, auch ein Gefühl für Wahrheit? Setzen strategische Täuschungen voraus, zwischen dem, was zutrifft und was nicht, zu unterscheiden?

Die für solche Leistungen notwendige Intelligenz ist vermutlich eine Voraussetzung dafür, dass Kultur überhaupt entstehen konnte. Obwohl wir berechtigterweise dazu neigen, Kultur und menschliche Sprache in einen Zusammenhang zu bringen, sind kulturelle Entwicklungen auch ohne Sprache möglich. Freilandbeobachtungen zeigen: Schimpansen benutzen einfache Werkzeuge – aber nicht alle Schimpansengruppen tun dies in der gleichen Weise. Manche Forscher vermuten deshalb, dass diese Primaten in der Lage sind, Fertigkeiten zu erfinden und weiterzugeben. Innovationen können sich durch Nachahmung ausbreiten. Noch schneller geht es, wenn ein Tier anderen Tieren etwas Neues beibringt. Inwieweit die heute lebenden (nicht-menschlichen) Primaten dazu fähig sind, ist allerdings umstritten. Jedenfalls scheint es wenig Hinweise darauf zu geben, dass Affen ihre Erfindungen gezielt weiter geben.

Marc D. Hauser: Wilde Intelligenz. Was Tiere wirklich denken, München 2001
Geoffrey F. Miller: Die sexuelle Evolution. Partnerwahl und die Entstehung des Geistes, Heidelberg/Berlin 2001

Kultur als Notwehr?

Menschen wie Sie und mich gibt es seit ungefähr 200 000 Jahren. Wir sind also eine sehr junge Art. Unsere menschlich anmutenden Vorfahren, die ersten Hominiden, lebten vor ein paar Millionen Jahren. Eine Ausdifferenzierung in mehrere

Varianten erfolgte vor etwa 2,5 Millionen Jahren; es gab demnach Zeiten, in denen zwei oder drei Arten von Hominiden gleichzeitig existierten. Rund zwei Millionen Jahre alte Steinwerkzeuge sind deutliche Spuren einer sich wandelnden Kultur. Aber die kulturelle Entwicklung verlief, an unseren Maßstäben gemessen, gemächlich. Doch vor ca. vierzig- bis fünfzigtausend Jahren machte ein Teil der Menschen einen «großen Sprung nach vorn» – so der Evolutionsbiologe Jared Diamond (1999). Aus dieser Zeit stammen viele unterschiedliche Funde, die eine kulturelle Vielfalt erkennen lassen: Werkzeuge, Schmuck und Waffen, die über eine gewisse Distanz ihr Ziel finden – offenbar hatten die Menschen gelernt, aus sicherer Entfernung zu töten. Andere kulturelle Errungenschaften hinterließen zwar keine fossilen Spuren, waren aber nicht minder bedeutsam. Das gilt zum Beispiel für Tragevorrichtungen, mit denen die Frauen sowohl ihre Kinder als auch Nahrung transportieren konnten. Eine reine Männersache war die Kulturentwicklung jedenfalls nicht. Wie groß der kulturelle Sprung war, ist noch umstritten. Möglicherweise setzte eine kulturelle Beschleunigung schon vor etwa 80 000 Jahren ein.

Eine der einschneidenden Veränderungen in der Geschichte der Menschen, ohne die unser Abenteuer der Erkenntnis niemals stattgefunden hätte, ist die «neolithische Revolution». Während einer erstaunlich kurzen Zeitspanne begann ein Teil der Menschen sesshaft zu werden und Landwirtschaft zu betreiben – und übrigens auch gemischte Lebensweisen zu entwickeln, mal Jäger und Sammler, mal Ackerbauer, je nach den obwaltenden ökologischen Bedingungen. Die Frage lautet also: *Warum entstand die Landwirtschaft, warum gaben die Menschen ihr Jäger-und-Sammler-Dasein auf?*

«Näher betrachtet ist alle Kultur eine Art Notwehr», behauptet der Philosoph Franz Josef Wetz (2000, 41). Nun, ein Klavierkonzert von Mozart, ganz sicher eine kulturelle Errungenschaft, bringen wir nicht so ohne Weiteres mit Notwehr in einen Zusammenhang. Aber viele, vor allem elementare kulturelle Leistungen, stehen tatsächlich im Dienste der Lebensbewältigung. Der Schimpanse zum Beispiel, der aus einem Zweig ein Stöckchen herstellt, beschafft sich mit diesem Werkzeug Nahrung, indem er Termiten angelt. Und einige Steinwerkzeuge der Jäger und Sammler dienten bestimmt dazu, Nüsse zu öffnen. Allerdings sollten wir berücksichtigen, dass die verschiedenen Bereiche der Kultur – wie die Musik – eine eigene Dynamik entfalten. Sie wachsen über die bloße Lebensbewältigung hinaus.

Heute bringen viele Wissenschaftler die Anfänge der Landwirtschaft mit einer Notsituation, einer Nahrungskrise in Verbindung. Dabei waren auch klimatische Veränderungen im Spiel. Nach dem Ende der Eiszeit vor ca. 11 000 Jahren stiegen die Meere, so dass ganze Landmassen untergingen, auf denen die Jäger und Sammler einst Pflanzen und Wild erbeutet hatten. *Überhaupt war die neolithische Revolution in Naturprozesse eingebunden*: Klimatische Faktoren, die Verfügbarkeit von Pflanzen und von Tieren, die sich zähmen ließen, und fruchtbarer Boden begünstigten in einigen Teilen der Welt – vor allem im «fruchtbaren Halbmond» des Nahen Ostens – den Übergang zu einer landwirtschaftlich geprägten Kultur. Doch der Preis für diese Umwälzung war erschreckend hoch. Das Leben mit den Tieren brachte eine Evolution mit tödlichen Folgen in Gang: Vielen Parasiten, die bislang die Tiere befielen, gelang es, den Menschen als Lebensraum zu erobern. Tuberkulose, Pocken, Masern, Salmonellen-Infektionen, Diphtherie und viele, viele weitere Erkrankungen gehören zu den unheilvollen Konsequenzen der kulturellen Wende. «Die allgemeine Gesundheit verschlechterte sich; Infektionen wurden immer schlimmer, und die Vitalität der Menschen nahm ab» – so der Medizinhistoriker Roy Porter (2000, 19). Hier haben wir ein gutes (wenn auch trauriges) Beispiel dafür, wie kulturelle Erfindungen den Verlauf der Evolution beeinflussen. Mit der Zähmung und Haltung von Tieren sowie der neuen Art zu leben, veränderten die Menschen – ohne es zu ahnen – die Umwelt vieler Mikroorganismen, Würmer und Insekten. Angesichts der gravierenden Nachteile der neolithischen Revolution stellen manche Zeitgenossen die Frage, warum die kulturelle Wende überhaupt stattfand. Eine plausible Antwort darauf scheint mir die folgende zu sein: Menschen sind *Problemflüchter*, *Problemlöser* und *Problemerzeuger*. Auf der Flucht vor drängenden Problemen – langsames, aber stetiges Bevölkerungswachstum, schrumpfende Lebensräume, Nahrungsverknappung – schlitterten die Menschen in die neue Lebensweise hinein, wobei sie eine ganze Reihe von Problemen bewältigen mussten. Ihr Wissen über die Welt nahm zu. Sie lernten, Getreide anzubauen, beobachteten das Verhalten der Tiere und stießen auf Zusammenhänge zwischen klimatischen Bedingungen und dem Wachstum ihrer Kulturpflanzen. *Aber sie planten nicht die neolithische Revolution.*

Jared Diamond: Arm und Reich. Die Schicksale menschlicher Gesellschaften, Frankfurt 1999
Andreas Paul: Von Affen und Menschen. Verhaltensbiologie der Primaten, Darmstadt 1998

Eine weitere dramatische Folge der neuen Lebensweise bestand darin, dass die Abstände zwischen den Geburten kürzer wurden, weil Nahrung für den Nachwuchs leichter zugänglich war und die Kinder – dank des Breies aus Getreide – früher entwöhnt werden konnten. Damit schufen unsere Vorfahren im Neolithikum die Voraussetzung für eine ungeahnte *Bevölkerungsdynamik*, die heute den Planeten Erde erschüttert. Dass sie neue, langfristige und tödliche Bedrohungen hervorriefen, kam den Menschen vor 10000 Jahren nicht in den Sinn. Sie entkamen dem Hunger und pflanzten sich fort. So wurden sie unsere Vorfahren.

Die Sprache des Menschen

Auch die Sprache fiel nicht vom Himmel. Sie ist zunächst ein Geschenk der Natur, ein Ergebnis der Hirnevolution. Teile des Gehirns, die die Sprache ermöglichen (Broca-Zentrum und Wernicke-Region), hatten sich bereits vor etwa zwei Millionen Jahren entwickelt. Das verraten bestimmte Strukturen an den Schädeln aus dieser Zeit. Obwohl die Menschenaffen erstaunliche Leistungen zu Stande bringen, beispielsweise Symbole verwenden, scheint unsere Sprache ein artspezifisches Merkmal zu sein. Sie unterscheidet sich von allen anderen Kommunikationssystemen im Tierreich – «ebenso grundlegend wie der Rüssel des Elefanten von den Nasenlöchern anderer Lebewesen» (Pinker 1996, 387).

Die Sprache hat mehrere Funktionen. Dem Psychologen Karl Bühler verdanken wir den sehr bekannt gewordenen Vorschlag, drei Leistungen der menschlichen Sprache zu unterscheiden: *Ausdruck, Appell und Darstellung.* Wer spricht, offenbart zwangsläufig etwas über seine Befindlichkeiten. Die Stimme kann zum Beispiel zittern, erregt oder ängstlich klingen. Wer spricht, beeinflusst andere. «Mach endlich deine Hausaufgaben!», lautet ein häufig vergeblicher Appell. Die appellativen Bestandteile sind oft unausgesprochen in den Formulierungen enthalten. «Viel Zeit bleibt nicht mehr», kann mit der Aufforderung verknüpft sein, nun endlich mit den Aufgaben zu beginnen. Wer spricht, stellt aber auch etwas dar, behauptet etwas über die Welt: «Bald wird es dunkel.» Oder «Alle Planetenbahnen sind Ellipsen.» Solche Behauptungen können mehr oder weniger gut gelingen. Es ist oft möglich, sie zu verbessern, sie lassen sich kritisieren, mit Argumenten zurückweisen. Das ist eine Leistung der menschlichen Sprache, die über eine bloße Darstellung hinausgeht. Der Philosoph Popper nennt sie die *argumentative Funktion.* Moderne Kommunikationspsychologen betonen außerdem, dass wir beim Sprechen auch über unsere Beziehung zu den Anderen informieren. «Mach endlich deine Hausaufgaben!», enthält vielleicht die Botschaft: «Ich finde, dass du faul bist, und du solltest mehr auf deine Eltern hören.» Vor allem die argumentative Funktion ist, wie wir sehen werden, eine kulturelle Errungenschaft, eine Erfindung. Die menschliche Sprache bietet den großen Vorteil, *Organismus und Weltbild zu entkoppeln.* Eine sprachlich formulierte Darstellung – eine Beschreibung, eine Hypothese oder eine komplette Theorie – ist kein Bestandteil der eigenen Person mehr. Und mit der Erfindung der Schrift wird es möglich, Person und Weltbild vollständig zu trennen. Sie lesen zum Beispiel dieses Buch, ohne mich zu kennen.

Einerseits ist die menschliche Sprache also ein Ergebnis der Evolution. Was Menschen aus der Sprache machen, welche Schrift sie beispielsweise verwenden, hängt andererseits von kulturellen Errungenschaften ab. Die Sprache dient uns als ein Medium für die Weitergabe und die Entwicklung von Ideen – und von Erkenntnissen. Diese Erkenntnisse überschreiten das Wissen, das aus den drei anderen Quellen – Evolution, prägendes Lernen und Lernen – stammt. Wir sollten daher unseren drei Quellen des Wissens noch eine vierte hinzufügen: die an die Sprache geknüpfte Entwicklung der Erkenntnisse. Mit diesen kulturellen, generationenübergreifenden Prozessen steigen wir aber nicht aus der Natur aus. Wir können die Evolution zwar beeinflussen, aber nicht verlassen.

4. Die Anfänge der Wissenschaft

Was wir im Rückblick die «neolithische Revolution» nennen, war also ein ungeplanter Prozess, in dessen Verlauf unsere Vorfahren viel lernten. Obwohl diese Menschen zum Beispiel wussten, wie sie Getreide anbauen und aus den Körnern einen nahrhaften Brei herstellen, besaßen sie keine Wissenschaft. Denn Wissenschaftler wollen herausfinden, warum Pflanzen wachsen, woraus sie bestehen und wie sie auf den menschlichen Organismus wirken. Nun dürfen wir, wenn wir über die Ursprünge der Wissenschaft nachdenken, nicht nur von unseren Vorstellungen über die Wissenschaft ausgehen. Wir erliegen dann allzu leicht der Versuchung, die Anfänge der wissenschaftlichen Erkenntnis als bloße Vorbereitungen auf die moderne Wissenschaft zu betrachten. Tatsächlich ist die Geschichte der Wissenschaften ein verwickelter Prozess, der von niemandem geplant wurde. Und das gilt vor allem für die Anfänge. Es gab niemanden, der gesagt hätte: «Wir bringen jetzt die Wissenschaft auf den Weg, die den Nachfahren viele wichtige Ausgangspunkte für weitere Erkenntnisse liefern wird.»

Andererseits sind wir aber durchaus in der Lage, Zusammenhänge zwischen den ursprünglichen Wissenschaften und den modernen wissenschaftlichen Leistungen herzustellen. Das gelingt deshalb, *weil wir Wissen mit unseren Vorgängern teilen.* Beispielsweise besaßen die Menschen mathematische Kenntnisse, genauer gesagt: einige Menschen im Nahen Osten vor 5000 Jahren. Sie führten Rechenoperationen durch, die wir verstehen. Wir erkennen die Probleme, die sie damit zu lösen versuchten. Und viele der Fragen, die griechische Denker im 6. und 5. Jahrhundert v. Chr. stellten, erscheinen uns noch heute plausibel und interessant, auch wenn wir sie anders beantworten. Wir wollen im Folgenden einige Leistungen der Hochkulturen in Mesopotamien und Ägypten kurz betrachten und dabei überlegen, ob bzw. inwieweit sie als Kandidaten für die Anfänge der Wissenschaft in Frage kommen.

Wissen in Mesopotamien

Die Hochkulturen in Mesopotamien, das ist in etwa das Gebiet des heutigen Irak, trugen entscheidend zur Entwicklung des Wissens bei. Eine herausragende Leistung war sicher die Erfindung der Schrift etwa 3500 v. Chr. Ebenso wie die Landwirtschaft nur in einigen Teilen der Welt entstand – und sich danach ausbreitete – gehört auch die Schrift zu denjenigen Erfindungen, die lediglich an ein paar Orten auftauchten. Die Pioniere waren die Sumerer in Mesopotamien. In Ägypten entwickelte sich die Schrift um 3000 v. Chr., möglicherweise ohne Vorbilder. China brachte erst um 1300 v. Chr. eine weitere Schrift hervor – das ist ein Grund, weshalb wir auf der Suche nach den Anfängen der Wissenschaft nicht in China beginnen.

In Mesopotamien herrschten konkurrierende Dynastien, die von wandernden Völkern kulturell beeinflusst wurden; sie durchliefen, wenn man so will, eine multikulturelle Geschichte. Die ursprüngliche Schrift diente wohl der Steuerung und Kontrolle: Handelsbeziehungen, Verwaltungsangelegenheiten und militärische Abläufe ließen sich mit dem neuen Medium leichter bewältigen. In feuchte Klumpen aus Ton, die wir Tontäfelchen nennen, ritzten die Schreibkundigen bildliche Zeichen (Piktogramme). So entstanden die ersten schriftlichen Dokumente. Aus solchen Anfängen entwickelten die Menschen die *abstraktere* Keilschrift. In Mesopotamien gelang es auch, erste Ansätze einer Lautschrift (die Diktate ermöglicht) zu konstruieren, außerdem eine Zahlschrift, die

Geschäfte und Verwaltungsangelegenheiten effizienter gestalten half. Tontafeln, die ungefähr 4000 Jahre alt sind, zeigen uns, welche mathematischen Verfahren die Eliten dieser Zeit beherrschten und welche Probleme sie damit lösen konnten – beispielsweise die Verteilung von Getreide.

Überhaupt dienten die gewonnenen Erkenntnisse überwiegend *praktischen Zwecken*. Die Schreiber, Ärzte, Astronomen und Astrologen waren im Großen und Ganzen Empiriker. Sie sammelten Daten, sie beobachteten. Vor allem beobachteten sie den Himmel. Dabei verließen sie sich auf ihre Wahrnehmungen. Sie glaubten zum Beispiel, die Sonne kreisen zu sehen, während sie auf einer ruhenden Erde standen. Der Himmel kam ihnen gewölbt vor, wie eine Kuppel. Sie versuchten auch, *Ordnungen aufzuspüren*, Einteilungen vorzunehmen, beispielsweise die Länge eines Tages zu berechnen. Allerdings entwarfen sie, soweit wir wissen, keine Theorie, um die Beobachtungen zu erklären. Sie beschrieben, was sie sahen. So trugen sie viele, viele Daten zusammen, von deren Qualität noch die Denker der griechischen Antike profitierten. Andererseits verfügten die Menschen in Mesopotamien über ein Weltbild, das teilweise doch über den Bereich des unmittelbar Beobachtbaren hinausging. In diesem mythisch-religiösen Bild spielten Götter und andere übernatürliche Instanzen – insbesondere Dämonen – eine wesentliche Rolle. Diese übernatürlichen Kräfte dienten dazu, bestimmte Phänomene zu erklären, wie ich nun am Beispiel der Medizin zeigen möchte.

Krankheiten stellten eine ständige Bedrohung dar. Die Menschen konnten gar nicht umhin, auf Krankheiten zu reagieren. Deshalb tauchten schon sehr früh – bereits vor der Zeit, über die wir hier sprechen – Versuche auf, die Krankheiten zu deuten und ihnen irgendwie zu begegnen (Eckart 2001; Porter 2000). Die – dank der Schrift – überlieferten Dokumente lassen darauf schließen, dass die Heilkunde eine magische Angelegenheit war. Die Heiler brachten Krankheiten mit Dämonen in einen Zusammenhang, also mit Wesen, die übernatürliche

Fähigkeiten besitzen und in den Körper des Menschen eindringen können. Folglich bestand eine verbreitete *Therapie* darin, die Dämonen zu vertreiben – und zwar mit Hilfe von Prozeduren, die den Dämonen den Aufenthalt im Menschen erschweren.

André Pichot: Die Geburt der Wissenschaft. Von den Babyloniern zu den frühen Griechen, Frankfurt/New York 1995

Wie in den anderen Bereichen des Wissens dieser Zeit, fallen die zahlreichen Beschreibungen auf: Symptome und Krankheitsverläufe wurden festgehalten, ohne Bezug auf magische oder andere Erklärungen. Im Laufe der Zeit traten die dämonologischen Ideen etwas in den Hintergrund. Eine Fülle von Behandlungsmethoden und Rezepturen sind überliefert. Myrrhe, Bier, zermahlene Wüsteneidechsen, Knoblauch und andere Substanzen kamen zur Anwendung. Chirurgen verfeinerten ihre Operationstechniken. Augenchirurgen waren in der Lage, die Starerkrankungen erfolgreich mit einer Nadel zu behandeln.

Wissen in Ägypten

Die Ägypter schufen um 3000 v. Chr. ein neues Trägermaterial, nämlich Papyrus. Mit dieser Innovation ließen sich Informationen im wahrsten Sinne des Wortes leichter verbreiten. Das Beispiel zeigt übrigens, wie Erfindungen von regionalen Bedingungen abhängen: Der Rohstoff für die Herstellung dieses Materials, nämlich Schilfgras, war im Nildelta reichlich vorhanden.

Auch im Weltbild der Ägypter sind die Götter allgegenwärtig. Das Wirken der Götter, die jeden Abend die Fixsterne entflammen, erklärt die sichtbare Ordnung. Die praktischen Kenntnisse in Ägypten waren, wie es scheint, strikter von den religiösen Überzeugungen getrennt als in Mesopotamien. Allerdings besitzen wir nur wenige mathematische Texte und noch weniger Dokumente über die Astronomie. Besser sind wir über die Medizin informiert. Mit seinen 20 Metern Länge ist der sogenannte Papyrus Ebers aus der Zeit um 1800 v. Chr. das älteste Medizinbuch, das wir kennen. Es enthält nicht nur Beschwörungsformeln, hinter denen, wie in Mesopotamien, dämonologische Vorstellungen stehen, sondern auch Schilderungen von Krankheiten und Heilmitteln sowie anatomische Beschreibungen. Der ebenfalls aus dieser Zeit stammende Papyrus Smith enthält Texte über die Chirurgie. Weil sich Knochenbrüche und andere Verletzungen leichter auf natürliche Ursachen zurückführen lassen als die inneren Erkrankungen, war die Chirurgie weniger von magischen Vorstellungen durchdrungen – in Ägypten ebenso wie in Mesopotamien. Chirurgen waren Praktiker, Techniker. Insgesamt scheint das ägyptische Wissen noch praxisnäher gewesen zu sein als die uns überlieferten Kenntnisse aus Mesopotamien. Eine Entwicklung von Theorien kam in den Hochkulturen nicht in Gang. Im nächsten Kapitel steht, welche Zutaten hierfür noch fehlten.

Ein Durchbruch im antiken Griechenland

Bevor die ägäische Welt ihren kulturellen Aufschwung nahm und eine neue Form der Wissensentwicklung hervorbrachte, befand sich die gesamte Region in einem Niedergang. Doch etwa im 8. Jahrhundert v. Chr. veränderte sich die Situation. Handel, Technik und Kunst kamen wieder in Schwung. Mit der Gründung von Stadtstaaten und Kolonien wandelten sich auch die politischen und wirtschaftlichen Bedingungen. Geld in Form geprägter Metallbarren setzte sich als ein allgemein akzeptiertes Zahlungsmittel durch, das den Handel forcierte. Geld wurde zu einer abstrakten Größe.

Für das wissenschaftlich betriebene Abenteuer der Erkenntnis waren sechs Neuerungen bedeutsam. Zunächst einmal setzte sich im 8. Jahrhundert eine neue Variante der Schrift durch, eine Schrift aus einzelnen Buchstaben, eine *Alphabet-Schrift*, deren Ursprünge wir nicht genau kennen. Eine solche Schrift enthält keine – oder nur wenige – bildhafte Elemente. *Sie ist ein abstraktes Medium, das es leicht macht, alle möglichen Ideen zu formulieren, zu speichern und zu verbreiten.* Die zweite Errungenschaft ist die *kritische Diskussion.* In den Hochkulturen Mesopotamiens standen religiöse Vorstellungen, empirische Berichte und magische Prozeduren oft unvermittelt nebeneinander. Niemand scheint auf die Idee gekommen zu sein, dass Teile dieses Wissens nicht zusammenpassen, dass Widersprüche bestehen. Im antiken Griechenland begannen einige Denker damit, nach solchen Widersprüchen zu suchen und sie aufzulösen. Mit der Bereitschaft zu argumentieren, hängt die dritte Neuerung auf engste zusammen. Was ein Lehrer – ein Priester, ein Heilkundiger, ein Magier – behauptet, muss nicht stimmen. Und was andere Quellen oder Instanzen uns nahe legen, etwa die Erfahrung, kann ebenfalls kritisch geprüft werden. Und damit kommt eine weitere folgenreiche Idee ins Spiel, die vierte Innovation, die wir den Griechen verdanken: Was an Wissen überliefert wird, kann *verbessert*, weiterentwickelt werden. Es ist ein Werk von Generationen, ein Prozess. Damit verliert aber das Wissen seine Selbstverständlichkeit und wird zu einem Problem, womit wir bei der fünften Neuerung angelangt sind, einem weiteren Geniestreich der antiken Denker: *Sie schufen das erste Wissen über das Wissen.* Die sechste Innovation ist die Idee, dass alles (oder das meiste) mit rechten Dingen zugeht. Für Blitz und Donner zum Beispiel lassen sich natürliche Ursachen finden. Wir müssen nicht auf Götter und Dämonen zurückgreifen, um solche Aspekte der Wirklichkeit zu verstehen. Diesen Standpunkt, den *Naturalismus*, werde ich in einem eigenen Abschnitt genauer erläutern.

Eine wissenschaftliche Theorie

Etwa von 625 bis 547 v.Chr. lebte Thales, der als Begründer der Naturphilosophie gilt. Mit seinen Ideen verbinden viele Historiker und Philosophen den Beginn der Wissenschaft. Anders als die Sumerer, die Babylonier und die Ägypter, die ihre Kenntnisse an praktische und religiöse Zwecke banden, hatte Thales den Einfall, *theoretische Sätze zu formulieren, ohne sich um die praktischen Konsequenzen zu kümmern.* Möglicherweise unternahm er weite Reisen und beschäftigte sich dabei mit dem überlieferten Wissen aus Mesopotamien und Ägypten. Sein Schüler Anaximander (611–547) übernahm nun nicht einfach die Ansichten seines legendären Lehrers, er scheint sich vielmehr kritisch mit ihnen auseinandergesetzt zu haben. Während Thales meinte, die Erde ruhe bzw. schwimme auf dem Wasser, vertrat Anaximander eine davon abweichende, kühne Theorie. Es ist vielleicht die erste wirklich wissenschaftliche Theorie, die wir kennen. Die Erde, so Anaximander, wird durch keine Vorrichtung gestützt oder fest gehalten, sie schwebt in der Mitte der Welt, einfach dadurch, dass sie von allen Dingen den gleichen Abstand hat. Ihre Form ist zylindrisch, sie ähnelt also einer Trommel. Die gesamte Welt aus Erde, Sonne, Mond und Sternen ist nur eine von vielen Welten. Anaximanders Theorie erscheint uns deshalb so ungewöhnlich, weil sie nicht auf Erfahrungen beruht, wie beispielsweise das Wissen der Ägypter. Sie *überschreitet vielmehr die damals zugänglichen Erfahrungen, ohne dabei auf übernatürliche Instanzen zurückzugreifen.* Da sich Anaximander einer symmetrischen Vorstellung bedient, hätte es eigentlich nahe gelegen, der Erde eine Kugelgestalt zu geben. Warum tat er das nicht? Eine mögliche Antwort darauf lautet: Anaximander wollte sich in diesem Punkt nicht zu weit von der Alltagserfahrung entfernen (Pichot 1995). So fügte er in seine ansonsten abstrakte Konstruktion eine Annahme ein, die eher durch Beobachtung gestützt wird: Die Erde steht still und gleicht einer Trommel. Aber wie gelangte Anaximander zu seiner radikalen These einer frei schwebenden Erde? Worauf suchte er eine Antwort? Ganz allgemein gesprochen interessierten sich die griechischen Philosophen für den Aufbau der Welt. Sie wollten herausfinden, was sich hinter den Erscheinungen verbirgt. Dafür waren sie bereit, den Bereich ihrer alltäglichen Erfahrungen, ihre kleine eigene Welt zu verlassen – und zwar mit Hilfe von Hypothesen. Möglicherweise schuf Anaximander seine kühne Theorie, während er sich mit Thales' Ansicht auseinandersetzte, wonach die Erde auf dem Wasser schwimmt. «Was hält das Wasser fest?», könnte er gefragt haben. Eine mögliche Antwort lautet: Das Wasser, das die Erde trägt, befindet sich in einer großen Schüssel – eine Vermutung, die durch alltägliche Erfahrungen mit Wasser und Behältern nahe gelegt wird. «Aber an welcher Konstruktion ist die Schüssel befestigt?», lautete Anaximanders nächste Frage. Bei diesen Überlegungen erkannte er, dass man unbegrenzt weiter fragen kann. Also muss es ein Gebilde geben, das ohne Halt auskommt – vielleicht die Erde selbst mit ihren Wassermassen und ihrer Luft. So ungefähr, meint der Philosoph Popper (2001 a), gelangte Anaximander zu seiner Theorie einer frei schwebenden Erde.

Von Anaximander stammt auch die Idee eines hypothetischen unzerstörbaren Urstoffes, Apeiron genannt, der Stoff, der die Welt zusammenhält. Und Anaximander war es auch, der einen biologischen Entwicklungsgedanken vortrug. Die ersten Lebewesen, so spekulierte er, entstanden im Wasser – und der Mensch ist aus Tieren hervorgegangen.

5. Die ersten Forschungsprogramme

Der Atomismus

Durch Forschungsprogramme, denen Hypothesen zugrunde liegen, erhalten die wissenschaftlichen Bemühungen eine Orientierung. Wer ein Forschungsprogramm akzeptiert, sucht in einer bestimmten Richtung. Und wieder einmal sind es griechische Denker, die hier einen Durchbruch erzielten, sie formulierten die allerersten Forschungsprogramme, darunter das berühmteste überhaupt: den Atomismus. Die Erfinder heißen Leukipp, über den wir wenig wissen, und Demokrit, über den wir mehr wissen. Wie Thales und Anaximander, die Ihnen im vorangegangenen Kapitel schon begegnet sind, gehören sie zu den sogenannten *Vorsokratikern*, also den Denkern, die vor Sokrates lebten. Der Atomismus ist nicht zuletzt das Ergebnis einer kritischen Auseinandersetzung mit einer anderen Theorie über die Welt, deren Schöpfer Parmenides (ebenfalls ein Vorsokratiker) heißt. Parmenides (ca. 540–480) gehört schon deshalb zu den bahnbrechenden Denkern, weil er gründlich über das Wissen nachdachte. Die Sinne, so eine seiner zentralen Thesen, führen uns in die Irre. Unseren Erfahrungen dürfen wir keinesfalls trauen. Der Mond beispielsweise scheint sich zu verändern, mal ist er eine Sichel, mal ein Halbkreis, aber die Veränderungen sind nur Schein. Wir werden getäuscht vom Licht, das – wie Parmenides meinte – von der Sonne herrührt. Hinter diesem trügerischen Lichtspiel verbirgt sich in Wahrheit eine stabile materielle Kugel, eben der Mond. Parmenides kam auf den Gedanken, dass jede Veränderung nur scheinbar, nicht wirklich ist. Die Welt ist ehern, ohne Leere, ohne Zufall, ohne

Wandel. Bitte beachten Sie, dass auch diese kühne Theorie, mehr noch als die Theorie Anaximanders, der Erfahrung widerspricht. Sie interpretiert eine bestimmte Erfahrung – die Erfahrung der Veränderung – als Illusion.

Hans-Georg Gadamer: Der Anfang des Wissens, Stuttgart 1999

Jaap Mansfeld (Hg.): Die Vorsokratiker, Bd. 1 u. 2, Stuttgart 1983/1986

Karl R. Popper: Die Welt des Parmenides. Der Ursprung des europäischen Denkens, München/Zürich 2001

Die Atomisten suchten nach einer Alternative. *Sie wollten diese Erfahrung anders erklären.* Tatsächlich, so meinte auch Demokrit, unterliegen wir leicht den verschiedensten Täuschungen. Farbe, Geschmack, Kälte und Wärme sind subjektive Eindrücke, die wir haben, keine objektiven Eigenschaften der Dinge selbst. Was es wirklich gibt, sind die *Atome*, kleinste unteilbare Partikel, und der leere Raum. Veränderung lässt sich auf atomare Bewegung zurückführen. Im leeren Raum treffen Atome aufeinander, sie verbinden sich und so kommt qualitativer Wandel zu Stande. Die Atome selbst verändern sich dabei nicht, sie sind ewig, unzerstörbar. Manche sind rund, andere hakenförmig, es gibt größere und kleinere, und welche Kombinationen zwischen ihnen möglich sind, hängt mit ihrer atomaren Struktur zusammen. Auch wenn wir zum Beispiel Wärme richtig erklären wollen, müssen wir uns auf die Ebene der Atome begeben.

Wie kamen Leukipp und Epikur auf die Idee, Atome seien unteilbar? Vielleicht durch folgendes Gedankenexperiment: Zerteilen wir einen kleinen Stein weiter und weiter, gelangen wir nach einiger Zeit zu allerkleinsten Steinchen, die so winzig sind, dass wir sie bei einem weiteren Teilungsversuch zerstören – in Nichts auflösen.

Womöglich haben Sie in der Schule oder während eines Studiums einmal gehört, die antiken griechischen Denker hätten keine Experimente durchgeführt – die fehlten in ihrer spekulativen Wissenschaft. Das ist nicht ganz richtig. Einigen Überlieferungen zufolge führten die Atomisten das folgende Experiment durch: Ein Gefäß, vielleicht aus Ton und mit Wachs abgedichtet, wird in Meerwasser gelegt. Das Wasser dringt allmählich durch die Poren ins Innere. Und dieses Wasser enthält weniger Salz, wie eine Geschmacksprobe zeigt. Ein Teil des Salzes muss sich daher vom Wasser getrennt haben. Dieses Experiment, das vor ein paar Jahren wiederholt wurde (Stückelberger 1988), passt hervorragend zum atomistischen Forschungsprogramm: Meerwasser ist keine andere Substanz als Süßwasser, es enthält lediglich mehr Salz – Atome, also Teilchen, die wir auf eine bestimmte Weise wahrnehmen. Diese Atome sind, so Demokrits überlieferte Hypothese, ziemlich groß und nicht rund. Dank dieser atomaren Struktur (so könnte er weiter überlegt haben) schlüpfen die Teilchen nicht durch das Gefäß hindurch, sondern bleiben hängen, verhaken sich in den winzigen Poren. Bis in unsere Zeit hinein bestand keine Aussicht, die Lehre von den Atomen wirklich zu prüfen. Die längste Zeit über war der Atomismus ein unwiderlegbares Hypothesenbündel, ein *metaphysisches Forschungsprogramm* (Popper 2001 a; b). Solche Programme sind weitaus mehr als ein überflüssiges Beiwerk wissenschaftlicher Theorien. Sie beeinflussen sogar, wie wir gerade gesehen haben, das experimentelle Vorgehen der Forscher. Gelegentlich wird auch heute noch die Meinung laut, die Wissenschaft baue auf Erfahrungen auf und vermeide spekulative Annahmen. Schon unser Blick auf die Anfänge der Wissenschaft zeigt, dass dies nicht zutrifft, obwohl einige neuzeitliche Verfechter der Wissenschaften und manche Forscher die Wissenschaft so charakterisiert haben.

Die Rettung der Phänomene

Auch das erste astronomische Forschungsprogramm wurde von den Griechen entwickelt: die Rettung der Phänomene. Bekannte Astronomen dieser Zeit, wie etwa Eudoxos (ca.

391–338) standen vor dem folgenden Problem: Die fünf Planeten, die man damals von der Erde aus sehen konnte, bewegen sich nicht gleichmäßig; mal scheinen sie still zu stehen, mal bewegen sie sich schleifenförmig. Diese (und weitere) Beobachtungen wollten die antiken Astronomen erklären, aber nicht irgendwie, sondern unter der Voraussetzung, dass Planeten exakte Kreisbahnen um die Erde beschreiben – und zwar in kugelförmigen Schalen. Bei Eudoxos, Aristoteles und deren Nachfolgern bis in die Neuzeit hinein bewegen sich die Himmelskörper also nicht einfach so im Raum – sie schweben auch nicht, wie Anaximanders Erde. Sie werden vielmehr von den Kugelschalen gehalten und begrenzt. Die Schalen sind nämlich undurchdringlich. *Die Idee des Kreises hatte einen metaphysischen Hintergrund.* Der Kreis galt als ein göttliches, vollkommenes Gebilde, Ausdruck einer harmonischen Welt. Diese These finden wir in Platons einflussreicher Schrift «Timaios». Platon verlieh der Kugelgestalt der Erde und den völlig gleichförmigen Bewegungen der Himmelskörper eine metaphysische Weihe. Im Lichte dieser – unverzichtbar erscheinenden – Hypothese waren die merkwürdigen Planetenbewegungen irritierende *Anomalien*. Im Himmel herrscht schließlich keine Unordnung. Deshalb machten sich die Astronomen daran, mit Hilfe von Modellen, die sonderbaren Phänomene zu erklären. «Wie kommen diese Erfahrungen zu Stande?», lautete also die Frage. Eudoxos wollte aus dem Zusammenspiel vollkommener Kreisbewegungen die Anomalien erklären, die man damals wie heute von der Erde aus beobachtet. Und das gelang ihm auch, aber eben nur teilweise. Nicht alle Phänomene ließen sich mit seiner Theorie erklären bzw. «retten», weshalb sich andere Forscher gezwungen sahen, weitere Planetensphären hinzuzufügen. Die Folge war, dass die Modelle komplexer wurden. Andere Astronomen entwarfen hierzu Alternativen – doch alle Hypothesen sollten eine «metaphysische Zuverlässigkeit» (Blumenberg 2001) bezeugen. Denn der Kosmos galt nach wie vor als ein vertrauenswürdiger, wohlgeordneter und sinnvoller Zusammenhang.

Philolaos (470–400) besaß die Kühnheit, die Erde aus dem Mittelpunkt der Welt zu verbannen. Er postulierte ein zentrales Feuer, um das sowohl die Erde als auch die Sonne kreisen. Einer seiner Zeitgenossen, Hiketas, vermutete gar, die Erde bewege sich um ihre eigene Achse. Und der Astronom Aristarch (310–230) schuf die erste heliozentrische Theorie; er ließ die Erde um die Sonne und um sich selbst kreisen. Damit wollte Aristarch die Unregelmäßigkeiten erklären, und er erhob wohl den Anspruch, dass sein Modell den traditionellen – geozentrischen – Entwürfen überlegen ist. Diese Theorie stieß auf Widerstände. Sie kollidierte mit einer tief verwurzelten metaphysischen Überzeugung und widersprach alltäglichen Erfahrungen.

Weitgehend einig waren sich die Astronomen und Philosophen allerdings über die Kugelgestalt der Erde. Ich betone diesen Punkt, weil noch immer die Meinung zu hören ist, in der Antike und im Mittelalter hätte man die Erde für eine Scheibe gehalten. Der berühmte Philosoph Aristoteles (384–322), der das Denken der islamischen und der europäischen Welt nachhaltig beeinflusst hat, argumentierte klar und überzeugend für die Kugeltheorie der Erde. Dabei führte er auch empirische Indizien ins Feld. Während jeder Mondfinsternis, so Aristoteles, wirft die Erde einen Schatten auf den Mond. Die kreisrunde Form des Schattens ist ein Abbild unserer Erde. Nun könnte man hier einwenden, dass auch eine kreisförmige Scheibe einen solchen Schatten wirft – sofern sie exakt horizontal dem Mond gegenübersteht. Da aber, der damaligen Auffassung entsprechend, die Sonne weiter wandert, müsste der Schatten verzerrt werden, was aber nicht der Fall ist. «... also, wenn die Finsternis durch das Dazwischentreten der Erde geschieht, so muss der Umkreis der Erde Ursache dieser Figur sein, weil er eben kugelförmig ist» (Aristoteles 1983, 137). Bringt Aristoteles hier nicht ein glänzendes Argument ins Spiel?

Die Schrift, vor allem die ab dem 8.Jahrhundert v.Chr. verbreitete Alphabet-Schrift, ermöglicht es, Ideen zu speichern, weiterzugeben und leicht zu kritisieren; denn schriftlich fixierte Thesen sind immer verfügbar. Sie können über Generationen hinweg erörtert werden. Wie immer, wenn ein neues Medium auftaucht, stellen sich Kritiker ein, die über die Risiken der neuen Erfindung aufklären wollen. Kein Geringerer als Platon (427–347) kritisierte heftig das moderne Medium Schrift, das im antiken Griechenland gerade eine erste «Publikationswelle» mit sich brachte. Die Schrift, so Platon, gefährde die Kultur des Dialogs und fördere überdies die Vergesslichkeit – die Leute verlassen sich darauf, was andere oder sie selbst aufschreiben. Interessant ist der folgende Einwand gegen die neue Medienwelt: «einmal niedergeschrieben, treibt sich jedes Wort allenthalben wahllos herum, in gleicher Weise bei denen, die es verstehen, wie auch genau so bei denen, die es nichts angeht ...» (Platon 1988, Phaidros 275e, 104).

Damit trifft Platon den Nagel auf den Kopf. Schriftlich fixierte Ideen sind relativ autonom, sie führen sozusagen ein Eigenleben, und alle Menschen, die lesen gelernt haben, können die Ideen aufgreifen, zurückweisen, verbessern und entstellen. Es gibt wohlmeinende Platon-Interpreten, die dessen Kritik abzuschwächen versuchen (Neumann 2001). Ich hege aber den Verdacht, dass Platon *den Kontrollverlust fürchtete*. Die sich anbahnende relativ freie Verfügbarkeit über Texte war dem großen Philosophen, der ja auch als Theoretiker der Zensur auftrat, ein Dorn im Auge.

Hipparch (ca. 190–126) dachte rund 300 Jahre nach Platon an die Nachwelt, an *zukünftige Forschergenerationen*. Er war ein berühmter Astronom, der vermutlich die meiste Zeit auf Rhodos verbrachte, wo er astronomische Beobachtungen anstellte. Hipparch vertrat die Auffassung, dass ein Menschenleben nicht genügt, um ausreichendes Wissen über den Himmel zu gewinnen. Denn kosmische Ereignisse, ungewöhnliche Veränderungen, die den Modellen bzw. Theorien nicht entsprechen, ereignen sich, so seine Vermutung, innerhalb langer Zeiträume. Deshalb legte er einen *Sternenkatalog* an, für die Forscher nach ihm, um ihnen die Möglichkeit zu eröffnen, Vergleiche anzustellen, Veränderungen zu bemerken, kurz: um neue Erkenntnisse zu erlangen. Er selbst benutzte alte Beobachtungsdaten seiner Vorgänger. Aus der Perspektive der antiken Kosmos-Vorstellungen musste ein solches Vorhaben recht ungewöhnlich erscheinen. Zwar existierten konkurrierende Theorien, eine davon ließ sogar die Erde um die Sonne kreisen. Und manche Befunde konnte man mit der harmonischen Weltsicht nicht so leicht in Einklang bringen. Aber dennoch hielten die Griechen den Kosmos für ein stabiles, zuverlässiges Gebilde. Sie glaubten also bereits zu wissen, was es mit dem Kosmos auf sich hat. Auch Hipparch lehnte das heliozentrische Weltbild ab, was – aus der Sicht der Nachwelt – ein wenig enttäuschend erscheinen mag. Aber vielleicht wollte Hipparch die Entscheidung über eine wirklich zutreffende Theorie noch offen halten, wie der Philosoph Hans Blumenberg vermutet. Denn die Suche nach der richtigen Theorie vollzieht sich eben über Generationen. Daraus folgt: Der Zeitgenosse wird das Ergebnis dieser Suche nicht mehr erleben. *Die eigene Lebenszeit reicht nicht aus, um zur Wahrheit zu gelangen* (Blumenberg 2001).

Das naturalistische Programm

Die Denker im antiken Griechenland verhalfen, wie wir festgestellt haben, der Wissenschaft zum Durchbruch, wobei sie auch die empirischen Kenntnisse aus Mesopotamien und Ägypten nutzten. Mit der Wissenschaft entwickelte sich das naturalistische Programm. Dessen wichtigste Annahme lautet: *Alles geht mit rechten Dingen zu.* Alle Ereignisse und Prozesse können die Wissenschaftler beschreiben und erklären, ohne auf übernatürliche Kräfte zurückgreifen zu müssen. Hierfür ein einfaches Beispiel. Wie entstehen Blitz und Donner? Solche unregelmäßig auftretenden und beeindruckenden, unter Umständen auch Furcht einflößenden Erscheinungen brachten (und bringen gelegentlich noch) die Menschen mit übernatürlichen Instanzen in einen Zusammenhang. So liegt es im Rahmen bestimmter Weltbilder nahe, den Donner als Grollen eines Gottes zu deuten, vielleicht sogar als eine an den Menschen gerichtete Drohung. Der griechischen Mythologie zufolge ist es Zeus, der Blitze schleudert. Einer unserer Helden in diesem Kapitel, der Atomist Leukipp, schlug dagegen eine naturalistische Erklärung vor: Donner entsteht, so vermutete er, wenn Feuer schnell aus sehr dichten Wolken entweicht. Vielleicht kommt Ihnen gerade die kritische Frage in den Sinn, inwieweit der Naturalismus mit einigen der metaphysischen Hintergrundannahmen vereinbar ist, von denen schon die Rede war. Beim Atomismus scheint die Sache klar zu sein, denn dabei handelt es sich um ein naturalistisches metaphysisches Forschungsprogramm. Alles geht mit rechten Dingen zu, weil wir es mit dem Verhalten der Atome erklären können. Andere Annahmen, wie die Idee des Kreises, verweisen jedoch auf etwas Übernatürliches, das vollkommen ist. Um das zu verstehen, müssen wir uns lediglich klar machen, dass der Naturalismus häufig eine Sache des Grades oder der Dosis ist. Es gibt einen *dosierten Naturalismus*: Fast alles geht mit rechten Dingen zu, aber einige Bereiche, zum Beispiel der Himmel, bleiben einer naturalistischen Theorie entzogen. Das naturalistische Programm hat sich im Verlauf der Wissenschaftsgeschichte verändert – es ist anspruchsvoller geworden. Im Folgenden betrachten wir einige weitere Beispiele für den frühen Naturalismus, diesmal auf dem Gebiet der Medizin.

Die Medizin diente von Anfang an praktischen Zwecken, sie hatte, anders als die Astronomie der Vorsokratiker, direkt mit dem Wohlbefinden der Menschen, mit Krankheit und Tod zu tun. Nicht nur in der griechischen und römischen Antike verstanden sich die Ärzte vor allem – und häufig ausschließlich – als Praktiker, als Heilkundige, die am Krankenlager ihren Dienst tun. Aber gerade Krankheiten werden gerne mit geheimnisvollen Mächten in Verbindung gebracht, zum Beispiel mit Dämonen. Noch heute glauben hierzulande einige Menschen, dass zumindest bestimmte Krankheiten eine *Bedeutung* haben, die über den erforschbaren Prozess der Krankheit hinausgeht. So wurde AIDS von manchen Vertretern der katholischen Kirche auch als ein Zeichen – oder gar als eine Strafe – Gottes gedeutet. Viele Krankheiten sind unheimlich. Eine davon ist die Epilepsie. In früheren Zeiten standen Kranke, Angehörige und Ärzte den Furcht einflößenden Anfällen hilflos gegenüber. Es lag durchaus nahe, an Mächte zu denken, die den Kranken überwältigen. Hippokrates (ca. 460–370) hielt trotz des ungewöhnlichen Verlaufs dieser Krankheit an einer naturalistischen Perspektive fest. Lassen wir ihn selbst zu Wort kommen:

«Mit der sogenannten heiligen Krankheit verhält es sich folgendermaßen: sie scheint mir um nichts göttlicher und heiliger zu sein als die anderen Krankheiten; vielmehr haben auch die übrigen Krankheiten eine natürliche Ursache, aus der sie entstehen, eine natürliche Ursache und einen Grund hat aber auch sie» (in: Kollesch/Nickel 1994, 157).

Seinen Konkurrenten, die die Krankheit für heilig erachten, macht Hippokrates einen bemerkenswerten Vorwurf: Der Hinweis auf die Gottheit verschleiert nur das Nicht-Wissen und die therapeutische Ratlosigkeit. «… und damit sie nicht dessen überführt wurden, dass sie nichts wissen, verbreiteten sie die Ansicht, dass dieses Leiden heilig sei …» (ebd., 158). Wer also übernatürliche Kräfte bemüht, versäumt es, den natürlichen Ursachen der Krankheit nachzugehen. Diese vermutete Hippokrates im Gehirn des Patienten.

Mit den Funktionen des Gehirns beschäftigte sich Alkmaion, ein Zeitgenosse des Hippokrates. Dieses Organ, so seine Hypothese, bewirke die Sinnesempfindungen. Das naturalistische Programm hielt die Ärzte dazu an, das Gehirn und andere Organe, ja den gesamten Körper des Menschen zu erforschen. Herophilos (ca. 325–280), der knapp 150 Jahre später in Alexandria lehrte, sezierte Menschen und Tiere, um anatomische Erkenntnisse zu gewinnen. Wahrscheinlich mussten nicht nur etliche Tiere, sondern auch verurteilte Verbrecher diese Prozedur bei lebendigem Leib über sich ergehen lassen. Er entdeckte unter anderem die Prostata und unterschied das Groß- vom Kleinhirn. Zu diesem Zeitpunkt gab es schon viele Befunde, die die These unterstützten, dass das Gehirn Sinneswahrnehmungen, Gedanken und Gefühle hervorbringt. Doch der einflussreiche Philosoph Aristoteles lehnte diese Vermutung ab. Seiner Überzeugung nach spielte das Herz die Rolle eines zentralen Steuerungsorgans.

In der Praxis der Wissenschaft läuft das naturalistische Programm darauf hinaus, die verborgenen Ursachen aufzuspüren und ungewöhnliche, furchterregende Ereignisse *nicht mit ungewöhnlichen oder übernatürlichen Kräften zu erklären.* Manchmal wird behauptet, die Wissenschaft wäre zwangsläufig auf bestimmte Voraussetzungen festgelegt, etwa auf den Naturalismus. Und mit einer solchen Festlegung, so die Kritik, würden bestimmte Dinge – beispielsweise übernatürliche Kräfte – einfach ausgeblendet. Doch das ist keineswegs der Fall. *Denn der Naturalismus hätte ja scheitern können.* So hätte sich herausstellen können, dass Blitz und Donner mit dem Wirken von Göttern zusammenhängen. Die Suche nach natürlichen Ursachen war einfach erfolgreicher als das Austreiben von Dämonen. Deswegen halten Wissenschaftler auch heute noch am Naturalismus fest. *Der Naturalismus ist nicht nur ein Bestandteil der Naturwissenschaften, sondern aller Wissenschaften.* Es gibt auch keine Disziplin, die den Naturalismus in besonderer Weise beanspruchen könnte. Im Unterschied dazu sind die metaphysischen Forschungsprogramme auf bestimmte Disziplinen bezogen. In der Geschichtswissenschaft hilft der Atomismus nicht weiter, wohl aber der Naturalismus. Auch die Suche nach den Anfängen einer naturalistischen Geschichtsschreibung führt uns in die Welt des antiken Griechenland. Herodot (ca. 490–425) befasste sich mit den Konflikten zwischen Griechen und Persern, er schilderte die Folgen der Kriege für den Mittelmeerraum. *Herodot benutzte auch Quellen, um überlieferte Ansichten kritisch zu prüfen.* Zu den überlieferten Ansichten gehörten die Mythen, die Menschen als Spielbälle von Göttern darstellen. Eine metaphysische Hintergrundannahme hinderte ihn daran, ein Historiker in unserem modernen Sinne zu werden. Nach antiker Vorstellung ist die Zeit ein Kreislauf, auch die Geschichte dreht sich im Kreis, eine Idee, die Herodot akzeptierte. Aber immerhin verknüpfte er historische Prozesse mit den Aktionen bedeutender Personen, bedeutender Männer, um genau zu sein. Er suchte nach vernünftigen Erklärungen, wobei er häufiger auch Anekdoten zum Besten gab.

6. Einige Etappen der Wissenschaft

Wie ging es weiter nach diesem vielversprechenden Start im antiken Griechenland? Vielleicht denken Sie, die Antwort auf diese Frage wäre einfach. Schließlich müssen wir ja nur die Erfolge – und die Misserfolge – der Wissenschaften betrachten, vor allem natürlich die Theorien. Doch die Antwort auf die gerade gestellte Frage ist selbst ein Ergebnis von Forschungsprozessen. Ich habe vor etlichen Jahren einmal die folgende These kennen gelernt: Schon in der römischen Antike begann die Wissenschaft vor sich hin zu dümpeln, im Mittelalter kam sie zum Stillstand, in der Renaissance wurden wertvolle wissenschaftliche Ansätze wieder entdeckt – und von da an ging es bergauf. Entsprechend schreibt der Philosoph Karl Popper über die Idee der Kritik: «Nach meinem Wissen wurde die kritische oder rationalistische Tradition nur ein einziges Mal erfunden. Sie ging zwei oder drei Jahrhunderte später verloren ... Sie wurde in der Renaissance wiederentdeckt und ganz bewußt wiederbelebt, insbesondere von Galilei Galileo» (Popper 2001a, 58).

Nun, ganz so einfach sollte man heute die Geschichte nicht mehr erzählen – auch nicht in einer sehr kurzen Zusammenfassung.

Manche Autoren machen den Vorschlag, die Wissenschaft, zumindest unsere moderne Wissenschaft, erst im 17. Jahrhundert beginnen zu lassen. In diesem Jahrhundert, so die These, wurden experimentelle Methoden und theoretische Arbeiten eng miteinander verknüpft. Einiges spricht für diese Idee. Ich meine aber, wir sollten die metaphysischen Annahmen in der neuzeitlichen Wissenschaft nicht unterschätzen, Annahmen, die aus früheren Jahrhunderten stammen. Und außerdem gibt es einige spannende wissenschaftliche Entwicklungen zwischen römischer Antike und Neuzeit, die den wissenschaftlichen Aufschwung im 17. Jahrhundert beeinflusst haben. Wir werfen im Folgenden einen kurzen Blick auf die Epoche, die «Hellenismus» (ca. 323–150 v. Chr.) genannt wird, und auf die römische Welt.

Hellenismus und römische Welt

Alexander der Große verbreitete mit seiner Eroberungspolitik die antike Kultur – und mit ihr die Wissenschaft. An vielen Orten entstanden Oasen der Kultur und der Wissenschaft, eine herausragende war die Stadt Alexandria in Ägypten, wo Herophilus seine anatomischen Studien trieb. Die Phase zwischen Alexanders Tod im Jahre 323 und dem Zeitpunkt, an dem Griechenland Bestandteil des römischen Reiches wurde (2. Jh.), heißt «Hellenismus». Auch Aristarch und Hipparch waren also Wissenschaftler der hellenistischen Zeit.

An dieser Stelle des Buches – und an zwei weiteren – möchte ich daran erinnern, dass unser Abenteuer der wissenschaftlichen Erkenntnis eine Angelegenheit weniger privilegierter Menschen gewesen war. Den allermeisten dagegen blieb der Zugang zur Wissenschaft verschlossen. Zwischen den wohlhabenden Oberklassen und den Armen gähnte ein tiefer Abgrund. Aber zweifellos machte die Wissenschaft im Hellenismus Fortschritte; einige davon haben wir bereits kennen gelernt. Die experimentelle Vorgehensweise gewann durch Forscher wie Archimedes und den Physiker Straton an Bedeutung. Euklid (323–283) schrieb seine berühmten «Elemente», also Abhandlungen über Geometrie, Stereometrie, Arithmetik, rationale und irrationale Zahlen.

Die Dynamik der Wissenschaften hängt von vielen Faktoren ab, nicht zuletzt von erkenntnistheoretischen Ideen. Was kann die Wissenschaft leisten? Wo liegen ihre Grenzen? Wel-

chen Nutzen soll sie haben? Die Antworten auf solche Fragen
können die Forscher ermutigen, bremsen oder ihre Aktivi-
täten in eine bestimmte Richtung leiten. Bei den Vorsokratikern stand die wissenschaftliche Neugierde im Vordergrund,
weniger der praktische Nutzen. Die Philosophenschulen der
Stoa und der Epikureer banden die Wissenschaft an einen
Zweck. Im Zentrum ihres Denkens stand die Frage nach dem
gelungenen Leben. Da mag bereits die Erfahrung eine Rolle gespielt haben, dass theoretische Auseinandersetzungen verunsichern können. Jedenfalls wollten sie eine Gelassenheit gegenüber der Welt erreichen, die uns viele Übel beschert. Angst und
Verunsicherung sind die großen Gegenspieler eines guten Lebens. Dagegen hilft nach Epikur (341–271), der den Atomismus
vertrat, die Wissenschaft. *Der Welt aus Atomen sind wir gleichgültig.* Es gibt keinen Grund für metaphysische Ängste, weil
uns keine geheimnisvollen Mächte bedrängen, insbesondere
keine Dämonen. Die Himmelserscheinungen enthalten keine
Botschaften, keine Verheißungen, aber auch keine Drohungen.
Die Wissenschaften machen dem ganzen Spuk ein Ende.

Diese Entzauberung der Welt durch die Wissenschaften
reicht ganz sicher noch nicht aus, um ein gutes Leben zu führen. Denn eine Natur, der wir gleichgültig sind, kann es auch
nicht gut mit uns meinen. Sie lässt uns altern, erkranken und
schließlich sterben. Darüber war sich Epikur im Klaren. Aber
er betrachtete die Entzauberung als *eine* entscheidende Voraussetzung, um Gelassenheit zu erreichen. Den Unbillen des
Lebens versuchten Epikureer und Stoiker mit Lebensregeln
zu begegnen, die noch heute in philosophischen Lehren, in
manchen Therapien und in der Ratgeberliteratur eine Rolle
spielen.

Der Aufstieg Roms, der mit Kriegen und Zerstörungen ein-
herging, führte zunächst (im 2. u. 1. Jh.) zu einem Niedergang
der Wissenschaften. So verbrannten in Alexandria Teile der
berühmten Bibliothek. Aber dennoch kamen die Wissenschaften nie völlig zum Erliegen. Mit Klaudios Ptolemaios
(100–170) betrat noch einmal ein großer Astronom die Bühne

der Wissenschaft. Er nutzte die Ergebnisse seines Vorgängers Hipparch, der den Himmel für die Nachwelt beobachtet hatte. Und in seinem legendären Buch «Almagest» beschrieb Ptolemaios sein geozentrisches Modell, das über Jahrhunderte kaum angefochten wurde. In Europa dominierte das einfachere, auf Platon und Eudoxos zurückgehende Modell. Erst im 15. Jahrhundert lernten die Wissenschaftler in Europa das bedeutende Werk des Ptolemaios kennen und schätzen.

Galen (129–199), Arzt des Kaisers Marcus Aurelius, beeinflusste maßgeblich die Medizin der nächsten tausend Jahre. Er berichtet uns über einen aufschlussreichen Vorwurf einiger seiner Zeitgenossen, den Vorwurf nämlich, «als mühte ich mich über das Maß hinaus um die Wahrheit und als liefe ich Gefahr, mich mein ganzes Leben lang weder für mich selbst noch für jene als nützlich zu erweisen, wenn ich mich nicht von so großem Bemühen um die Wahrheit etwas freimachte ...» (zit. n. Kollesch/Nickel 1994, 63). Hier geht es also um den *Unterschied zwischen Wahrheit und Nützlichkeit*. Beide fallen nicht zwangsläufig zusammen.

In der Zeit vom 1. vorchristlichen bis zum 1. nachchristlichen Jahrhundert wurden in Rom die Wissenschaften popularisiert, vielleicht sogar trivialisiert, wie manche Kommentatoren unserer Tage argwöhnen. Jedenfalls entstanden enzyklopädische Werke, die viele Bestandteile des damaligen Wissens darstellten und kommentierten. Eine dieser Arbeiten sind die «Naturwissenschaftlichen Untersuchungen» des Philosophen Seneca (4 v. bis 65 n. Chr.), der eine Zeit lang Ratgeber des Kaisers Nero gewesen war. Senecas Werk enthält eine Reihe von Einsichten und Ideen, die wichtige Elemente der Wissenschaft bilden. Der Autor führte vermutlich keine eigenen naturwissenschaftlichen Untersuchungen durch; er kommentierte vielmehr überlieferte Theorien und Beobachtungen. Zunächst fällt auf, dass Seneca häufiger *konkurrierende Theorien* vorstellt sowie Argumente und Beobachtungen, die für die eine oder andere Theorie sprechen. So heißt es an einer Stelle, die von Blitz und Donner handelt:

«Gehen wir nun zu dem über, worüber gestritten wird. Manche glauben, das Feuer stecke in den Wolken, manche, es entstehe nur momentan und existiert nicht, bevor es losfliegt ...» (Seneca 1998, 95).

Außerdem enthält Senecas Buch *erkenntnistheoretische Reflexionen*, zum Beispiel will er zeigen, dass wir uns auf die Sinne nicht verlassen können, wenn wir Wissen gewinnen wollen. Und es gibt Dinge und Prozesse, die sich unserer Wahrnehmung völlig entziehen: «Vom All selbst, das mit rasender Schnelligkeit dahineilt ... merkt kein Mensch, dass es voranrückt. Was wundert dich also, wenn unsere Augen nicht einzelne Regentropfen wahrnehmen ...» (ebd. 35). Zwischen Sternen, die nahe beieinander zu stehen scheinen, liegen in Wirklichkeit «riesige Intervalle» (417). Seneca, ein Vertreter der Stoa, plädiert für einen (dosierten) Naturalismus:

«Der Unterschied zwischen uns und den Etruskern, die es in der Beobachtung der Blitze am weitesten gebracht haben, liegt darin, dass wir glauben, Blitze entstehen durch den Zusammenprall von Wolken, während sie meinen, Wolken stießen zusammen, um Blitze herauszuschleudern. Da sie nämlich alles der Gottheit zuschreiben, sind sie der Ansicht, Blitze deuteten nicht etwas an, weil sie entstehen, sondern entstehen, um etwas anzudeuten» (119).

Ich finde, Seneca formuliert hier sehr schön den Unterschied zwischen einer naturalistischen Position und einer Weltanschauung, in der die Wirklichkeit sinnvolle Botschaften für den Menschen bereit hält.

Wahrsagungen und magischen Praktiken steht Seneca skeptisch gegenüber, aber die Möglichkeit von Vorhersagen räumt er ausdrücklich ein: «Wo es aber eine Ordnung gibt, dort gibt es auch eine Vorhersage» (121). Er betont, dass viele Fragen offen sind, wir müssen *nach der Wahrheit suchen*.

«Es wird auch gut sein, das zu erforschen, um zu wissen, ob sich der Himmel um die feststehende Erde dreht oder die Erde sich dreht und der Himmel feststeht» (401).

Hinter Ereignissen, die äußerst selten auftreten, können sich dennoch Regelmäßigkeiten – Ordnungen – verbergen, wie bei Kometen, «da sie erst nach riesigen Zeiträumen wiederkehren» (437). Noch deutlicher als Hipparch schildert Seneca die Wissenschaft als einen Prozess, der über Generationen hinweg organisiert werden muss:

«Es wird eine Epoche kommen, wo die Zeit und die Forschung langer Jahrhunderte das heute Verborgene ans Licht bringen wird; zur Erforschung so großer Fragen reicht ein Menschenleben nicht hin, und wenn es sich nur mit dem Himmel beschäftigt» (437).

Seneca glaubte also an den Erfolg der Wissenschaft, daran, dass sie *Fortschritte* machen wird. Wenn wir uns die Zeit vergegenwärtigen, in er lebte, erscheint sein Optimismus kühn:

«Die Zeit wird kommen, da unsere Enkel sich wundern, dass wir so offenkundige Dinge nicht wussten» (439). «Einst wird jemand kommen, der aufzeigt, in welchen Regionen die Kometen ziehen, warum sie so abgesondert von den übrigen Himmelskörpern dahinziehen, wie groß und wie beschaffen sie sind. Wir wollen mit dem bisher Erforschten zufrieden sein, etwas sollen auch unsere Nachkommen zur Wahrheitsfindung beitragen» (439).

Den Philosophen Seneca habe ich etwas ausführlicher zu Wort kommen lassen, um den damals möglichen Stand der Reflexion über die Wissenschaft zu dokumentieren, und weil sein Buch Passagen enthält, die man eher einem neuzeitlichen Denker zutraut.

Wissenschaft in der islamischen Welt

Als Seneca lebte, war der Mittelmeerraum in kultureller Hinsicht relativ einheitlich. Die Kultur der Griechen gab den Ton an. Doch das römische Reich begann zu bröckeln. Es wurde in einen östlichen und einen westlichen Verwaltungsbereich aufgeteilt, die sich mehr und mehr auseinander entwickelten. Im Westen stagnierte die Auseinandersetzung mit dem griechischen Erbe. Immer weniger Menschen waren in der Lage, griechische Texte zu lesen. Die soziale Polarisierung nahm zu, privilegierte Gruppen verließen die Städte. Eine «Verländlichung der spätantiken Zivilisation» (Flasch 2000, 34) war die Folge. Der viel beschworene Untergang Roms, also der Zusammenbruch des weströmischen Reiches, ereignete sich im 5. Jahrhundert. Die Wissenschaft der Griechen breitete sich im Osten aus. Allerdings standen nicht nur die Kirchenväter im Westen der Wissenschaft reserviert oder gar feindselig gegenüber. Auch im Osten, im byzanthinischen Reich, wirkte sich der Zeitgeist ungünstig auf die Wissenschaften aus, wenn wir von der Theologie und literarischen Studien einmal absehen. Aber immerhin gelangte das griechische Wissen – genauer: Teile des griechischen Wissens – nach Persien, und schließlich traf die expandierende islamische Kultur auf die griechischen Errungenschaften – um 600 führte Mohammed seine erfolgreichen heiligen Kriege. Die «Hellenisierung des Islam» (Lindberg 2000) begann schon im 7. Jahrhundert. Ein Jahrhundert später entwickelte sich Bagdad zu einem kulturellen Zentrum, wo sich Gelehrte – teilweise waren es Griechen – mit dem griechischen Wissen beschäftigten. Sie übersetzten viele wichtige Texte ins Arabische, darunter die «Elemente» des Euklid und den «Almagest» des Astronomen Ptolemaios, ein Werk, das indische Einflüsse auf die islamische Astronomie verdrängte. Sie haben sicher schon oft gehört, dass die islamische Welt zwischen 700 und 1100 das griechische Erbe aufbewahrt und damit eine Voraussetzung für den alsbaldigen Triumph der westlichen Wissenschaft geschaffen habe. Wenn wir die Geschichte so erzählen, unterschlagen wir die anderen wissenschaftlichen Leistungen dieser Phase. Die Forscher in der islamischen Welt machten nicht nur Fortschritte bei der Datengewinnung, etwa im Bereich der Astronomie. Sie setzten sich auch kritisch mit den vorhandenen Theorien auseinander, wobei ihnen vor allem daran gelegen war, die überlieferten Erkenntnisse zu verbessern, ja zu vervollkommnen, aber nicht zu überwinden. Der persische Arzt ar Razi – lateinisch: Rhazes (865–925) – schrieb ein Werk mit dem Titel «Die Zweifel an Galen» und bezeichnete sich zugleich als dessen Schüler. Auf jeden Fall kritisierte er überlieferte Ansichten, auch indem er eigene Beobachtungen heranzog.

Alhazen und die Idee der Kritik im Islam

Die Optik des Naturforschers Ibn al-Haitham (ca. 965–1041) – bekannter unter dem lateinischen Namen Alhazen – zeigt, dass kritische Argumente auch der *Widerlegung von Theorien* dienten. Er setzte sich mit zwei überlieferten Theorien des Sehens auseinander. Eine davon behauptet, dass das menschliche Auge Strahlen oder Partikel – oder gar kleine Bilder – von den Gegenständen empfängt. Eine konkurrierende Theorie, die auf Euklid zurückgeht, nimmt an, das Auge leuchte die Welt aus. Die Augen bilden einen Lichtkegel, der, einem Scheinwerfer gleich, die Welt abtastet. Alhazen führte gegen diese Theorie empirische Indizien ins Feld. Sehr helle Objekte, so sein Argument, können das Auge verletzen – wie sollte die Strahlung da von den Augen selbst ausgehen? Verletzungen werden doch von außen zugefügt. Alhazen formulierte eine neue Strahlungstheorie, die er möglicherweise von al-Kindi übernommen hatte, einem Philosophen, der im 9. Jahrhundert lebte. Dieser Theorie zufolge breiten sich von den sichtbaren Objekten Strahlen aus, und zwar in allen Richtungen. Doch wie werden dann die Strukturen der Objekte erkannt? Die Antwort Alhazens lautet: Die Augen empfangen *selektiv* die Strahlen. Sie registrieren vor allem diejenigen Strahlen, die senkrecht auf das gekrümmte Auge treffen. Die Abbildung 5 zeigt Ihnen, dass Alhazen einen Teil der von ihm zurückgewiesenen Theorie übernimmt, nämlich die Lichtkegel-These. Der Lichtkegel in seiner Theorie hängt sowohl von der Struktur der Augen als auch von den Strahlen der externen Objekte ab. *Alhazen verknüpft physikalische mit physiologischen Überlegungen und gelangt so zu einer Theorie des Sehens.* Es ist eine große, aus-

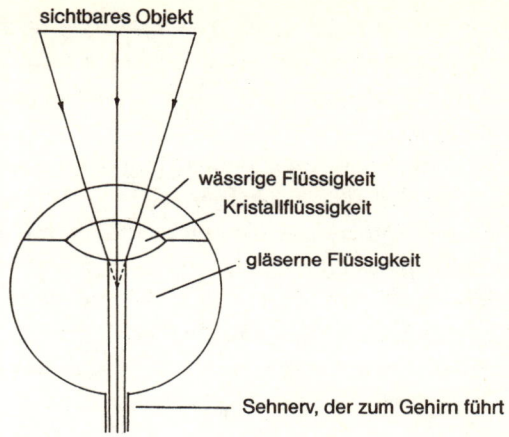

Abb. 5: Sehkegel und Auge in Alhazens Empfangstheorie.
Vom Objekt ausgehende Strahlen, die schräg ins Auge
fallen (und dort gebrochen werden) sind nicht dargestellt,
da sie nur beiläufig am Sehprozeß teilhaben.

gefeilte Theorie. Ein paar Jahrhunderte später wird Johannes Kepler dieses Meisterstück durch eine bessere Theorie ersetzen.

Halten wir also fest, dass die Gelehrten (oder einige Gelehrte) der islamischen Welt das Verfahren der kritischen Prüfung beherrschten, obwohl sie die Leistungen der Griechen mit großem Respekt behandelten.

Die beiden letzten bedeutenden islamischen Gelehrten, die die Wissenschaft im Westen beeinflussten, waren Ibn Sina (Avicenna, 980–1037) und Ibn Ruschd (Averroes, 1126–1198), der nicht nur als Arzt, sondern auch als Aristoteles-Kommentator berühmt wurde. Als die Hüter des Islams seine Bücher verbrannten und ihn ins Exil schickten, ging die fruchtbare Phase der Wissenschaft in der islamischen Welt ihrem Ende entgegen – obwohl die Fortschritte der Astronomie bis ins 15. Jahrhundert dauerten. Zum Niedergang der Wissenschaft schreibt der Islam-Forscher Francis Robinson:

«Der Stern der muslimischen Wissenschaft schien so hell, sein Licht war so weit sichtbar, dass die Frage gestellt werden muss, warum ihre Entwicklung zum Stillstand kam» (Robinson 1997, 253).

Ein Grund, den Robinson andeutet, sind die religiösen Lehren, denen sich die Wissenschaften letztlich unterzuordnen haben. Weil die Natur als ein gottgewollter, sinnvoll geordneter Zusammenhang gilt, ist nur ein begrenzter Naturalismus möglich. Im Koran wird eine Welt geschildert, die für die Menschen voller Zeichen – also voller Bedeutung ist, eine Anschauung, die den Ergebnissen der Wissenschaft widerspricht.

David C. Lindberg: Die Anfänge des abendländischen Wissens, München 2000
Francis Robinson (Hg.): Islamische Welt, Frankfurt/New York 1997

Bevor wir das Abenteuer weiter verfolgen, beenden wir diesen Abschnitt mit einer kleinen Reflexion, diesmal einer soziologischen. Ich höre, auch in meinem Bekanntenkreis, häufiger die Meinung, dass alle Kulturen dieser Erde wichtige Beiträge zum Wissen geleistet hätten. Es sei daher überheblich, die (moderne) Wissenschaft als eine europäische Errungenschaft darzustellen. Außerdem gebe es Alternativen zur westlichen Wissenschaft und intelligente Anwendungen des Wissens, sanfte Medizin zum Beispiel, von mobilen Barfußärzten praktiziert. Und die Wissenschaft richte ja auch Schaden an. Letzteres stimmt, hier muss man bilanzieren. Doch ansonsten ist die scheinbar so faire Argumentation fragwürdig. Zum einen sind die Ressourcen dieser Welt extrem ungleich verteilt. Und das gilt auch für die Teilhabe an der Ressource Wissen. Leider gehen viele Menschen leer aus. Und zum anderen waren (und sind teilweise noch) die Voraussetzungen für wissenschaftliche Entwicklungen einfach nicht gegeben. Dass an einigen Orten der Welt, in verschiedenen Städten, an manchen Universitäten, in Zirkeln und Vereinigungen von Gelehrten, unter bestimmten ökonomischen und politischen Bedingungen die Wissenschaften ihren Aufschwung nahmen, ist eine kulturelle, ungeplante Entwicklung, die wir nur teilweise verstehen. Auf die Frage «Warum sind die Wissenschaften seit rund 500 Jahren auf europäischem Boden so vorangekommen?» werden die folgenden Abschnitte eine Antwort liefern, eine unvollständige Antwort.

Schlechte Zeiten für die Wissenschaft: die Bedenken des Augustinus

Bevor wir den Aufschwung der Wissenschaften unter die Lupe nehmen, müssen wir noch einen Blick auf das «Rätsel des ausbleibenden Fortschritts» (Blumenberg) werfen. Denn die Anfänge der Wissenschaft waren vielversprechend. Warum also stagnierte das Wissen im Westen ein paar Jahrhunderte? Eine Antwort, die nicht alles, aber einiges erklärt, lautet: Religiöse Denker und die Kirche übten in der westlichen Welt einen größeren Einfluss aus als die Anhänger des Islam im Osten. Tatsächlich war das Christentum eine Zeit lang ausgesprochen wissenschaftsfeindlich. Eine wichtige Rolle hierbei spielten die späteren Schriften (ab ca. 400) von Augustinus (354–430). Er fand, die *Neugierde* – insbesondere die theoretische Neugierde – sei verwerflich. Sie ist, so Augustinus, eine «krankhafte Gier», die dazu verleitet, «Naturerscheinungen, die außerhalb unseres Gesichtskreises liegen und deren Kenntnis keinerlei Nutzen bringt, zu erforschen.» (Augustinus 1982, 288) Die «eitle Wissbegier» lenkt nämlich von der wirklich wichtigen Frage ab, der Frage nach dem Heil. Augustinus rückte die *Autorität der Schrift* in den Vordergrund. Wenn schon Forschung, dann im Dienste der biblischen Botschaft. Als folgenreich erwies sich auch diese Idee: Ob ein Mensch erlöst wird, hängt ausschließlich von der Gnade Gottes ab. Der Mensch selbst ist ohnmächtig, gute Werke auf Erden verbessern seine Chancen nicht. Es gibt, von Gott vorherbestimmt, zwei Sorten Menschen, die Auserwählten, denen ein ewiges Leben bevorsteht, und die Masse der anderen, die Gott verwirft. Das Weltende steht bevor, es hat Bedeutung für die heute Lebenden, und *was wirklich zählt, kommt danach, nach der Geschichte der Welt.* Diese drei Ideen, also die Abwertung der Neugierde, die Autorität der Bibel und der willkürlich entscheidende Gott, lähmten eine Weile das wissenschaftliche Denken. Nehmen wir als Beispiel die Geschichtswissenschaft. Es gab durchaus einen Bedarf an Geschichtsschreibung. Denn vor allem in den frühen Phasen des Christentums kam es darauf an, die Andersgläubigen gegenüber den Christen abzuwerten. So verfasste ein Schüler von Augustinus eine «Geschichte gegen die Heiden». Die Geschichtsschreibung stand so im Dienste des Glaubens. Die metaphysischen Vorbehalte waren entscheidende Faktoren, die nicht nur die Geschichtswissenschaft bremsten. Andere ungünstige Umstände traten hinzu. Ausgerechnet Platon, der Philosoph, den die Theoretiker des Christentum Ernst nahmen, hielt wenig (vielleicht gar nichts) von Experimenten. So geriet die *experimentelle Praxis*, die griechische Forscher wie Straton und Archimedes vorangebracht hatten, in Vergessenheit. Dass sich die Wissenschaften schließlich doch durchsetzten und aufblühten, hat viele Ursachen.

Zunächst einmal war die christliche Lehre ein Gegenstand heftiger Kontroversen. Mit dem Christentum entwickelte sich auch eine Debatte unter den Theologen. Die gerade erwähnte Gnadenlehre des Augustinus empfanden wahrscheinlich viele Theologen als eine Bedrückung. Sie musste einfach Widerspruch hervorrufen. Zu den Kritikern der augustinischen Konzeption gehörte Johannes Eriugena, der im 9. Jahrhundert ein Gutachten über die These der Vorherbestimmung (Prädestination) anfertigte. Er erhob den kühnen Anspruch, *philosophische Argumente* zu entwickeln, um diese und andere Fragen zu klären. Den üblichen Rückgriff auf Autoritäten akzeptierte Eriugena nicht. Er war davon überzeugt, dass die Philosophen vor der Aufgabe stehen, die heiligen Texte auszulegen. Es ist falsch, so seine Idee, Texte unkritisch zu übernehmen, sie müssen vielmehr sorgfältig interpretiert werden. Aber Interpretationen können mehr oder weniger gut gelingen; deshalb sind sie Gegenstände der Kritik. Mit solchen Auffassungen rückte der unbequeme Denker die Leistung des Menschen wieder stärker in den Vordergrund. So kam Bewegung in die theologische Philosophie. Die Autoritäten der Kirche hätten ihn gerne zum Verstummen gebracht. Doch Eriugena genoss königlichen Schutz. Dass Theoretiker wie er auf den Plan treten konnten, verdankten sie einer neuen Kulturpolitik, die Karl der Große – er starb 818 – auf den Weg brachte. Zu dieser «karolingischen Renaissance», wie manche Autoren diese Phase nennen, gehörte eine Bildungsreform, die auf spätantike Inhalte Bezug nahm. Eine von Karls Lieblingsideen bestand darin, die Macht der Kirche zu begrenzen. Die Folge waren Spannungen zwischen staatlicher und kirchlicher Macht, eine Art von ungewollter Gewaltenteilung.

Tradition und Kritik im 12. Jahrhundert

Während wissenschaftliche Durchbrüche ausblieben, gab es einige bedeutsame technische Errungenschaften. Ab dem 7. Jahrhundert begannen die Menschen damit, den eisernen Pflug einzusetzen. Die Dreifelderwirtschaft entwickelte sich im 8. Jahrhundert; und im 10. Jahrhundert wurden Pferde nicht nur in der Landwirtschaft genutzt, sondern auch für den Transport von Gütern. Das Textilgewerbe florierte, vor allem nach 1280, als das Spinnrad erfunden wurde, das den herkömmlichen Webstuhl ablöste. Auch Wasser- und Windmühlen beschleunigten den Produktionsprozess. Neben dem Textilgewerbe war die Eisenherstellung ein Motor für technische und wirtschaftliche Entwicklungen. Obwohl Wissenschaft und Technik während dieser Zeit noch getrennt blieben, veränderten die Erfindungen den Alltag und vor allem auch das Lebensgefühl vieler Menschen. Dass der Mensch in die Wirklichkeit eingreifen kann, dass hin und wieder Fortschritte spürbar werden – das sind Erfahrungen, die, neben vielen anderen Faktoren, auch die Einstellung gegenüber der Natur und die Erwartungen an die Wissenschaften beeinflussten. Wir sollten uns dabei vor Augen halten, wie sehr die Menschen in früheren Zeiten den Naturgewalten ausgeliefert waren.

Um 1000 setzten sich Prozesse durch, die der oben erwähnten Verländlichung der spätantiken Zivilisation ein Ende machten. Viele Leute zogen in die aufstrebenden Städte, unter anderem deshalb, weil es dort mehr Arbeitsmöglichkeiten und ein wenig mehr Sicherheit gab. Was viele nicht ahnten: Die gesundheitlichen Risiken waren in den Städten höher. Krankheiten konnten sich dort rascher ausbreiten.

Die Bedeutung der Behörden nahm zu – weil der Regelungsbedarf stieg – und damit bildete sich eine weitere Instanz heraus, die den Zugriff der mächtigen Kirche schwächte.

Kurt Flasch: Das philosophische Denken im Mittelalter, Stuttgart 2000

Im 12. Jahrhundert entstand eine für die Wissenschaft wichtige Institution: die *Universität*. Gut 200 Jahre lang, von etwa 1200 bis 1400, war die Wissenschaft in erster Linie eine universitäre Angelegenheit. In dem wohl bedeutendsten intellektuellen Zentrum jener Tage, in Paris, lebte und lehrte auch Abälard (1079–1142), der die Rolle vernünftiger Argumentation bei der Suche nach Erkenntnis betonte. Er entdeckte Widersprüche in den Texten hochangesehener Autoritäten. Damit rückte er *Tradition und Kritik* in eine fruchtbare Wechselbeziehung. Einerseits stellten sich Abälard und andere Gelehrte die Aufgabe, Traditionen zu bewahren und zu interpretieren – darunter auch die griechischen und römischen Texte aus der islamischen Welt, die im 11., 12. und 13. Jahrhundert den Westen erreichten. Andererseits sahen mehr und mehr Denker die Notwendigkeit, die überlieferten Ideen in kritischer Absicht zu vergleichen. Hierbei spielte eine Rolle, dass Platons Philosophie an Bedeutung gewann. Sie bildete eine echte *Alternative* zur aristotelischen Weltsicht, von der viele Intellektuelle beeindruckt waren. Aristoteles legte eine an der Beobachtung orientierte Naturforschung nahe, während Platon glaubte, der sichtbaren Wirklichkeit lägen *stabile, mathematisch fassbare Ordnungen* zu Grunde – eine Idee, die unsere abendländische Wissenschaft entscheidend geprägt hat. Gleichzeitig verfochten Denker wie Abälard und Thierry von Chartres naturalistische Ansätze. Zumindest plädierten sie für den Vorrang naturalistischer Erklärungen. Das heißt: Nur wenn es überhaupt nicht gelingt, natürliche Ursachen ausfindig zu machen, darf überlegt werden, ob eine übernatürliche Deutung erforderlich ist. Zur Verbreitung solcher Ideen trugen übrigens auch die «Naturwissenschaftlichen Untersuchungen» Senecas bei, die ich Ihnen schon vorgestellt habe. Dieses Werk wurde im 12. Jahrhundert wieder entdeckt und gelesen.

Beim Lesen dieses Abschnitts haben Sie vielleicht daran gedacht, dass sich im 12. Jahrhundert noch viele, viele andere Dinge ereignet haben – zum Beispiel die Kreuzzüge. Das stimmt natürlich. Ich habe versucht, diejenigen Aspekte hervorzuheben, die für das Abenteuer der wissenschaftlichen Erkenntnis wichtig sind. Wir sollten nicht vergessen, dass die hier zitierten Ideen auf den Widerstand der Kirche stießen, sie waren alles andere als selbstverständlich. Man versuchte häufig, solche Ideen loszuwerden, aber nicht nur mit Argumenten, sondern auch mit autoritären Maßnahmen, beispielsweise mit Verboten und mit Gewalt. Einige verbotene Ideen aus dem 13. Jahrhundert stelle ich Ihnen im folgenden Abschnitt vor.

Verbotene Ideen

Verbote können sehr aufschlussreich sein, zumal dann, wenn sie sich gegen unliebsame Ideen richten. Das Verbot, um das es hier geht, stammt aus dem Jahre 1277. Die Zeiten waren turbulent. Eine Flut von Texten strömte aus der islamischen Welt in den Westen. Dort lasen viele Gelehrte zum ersten Mal Arbeiten griechischer und römischer Philosophen, beispielsweise von Aristoteles, die bislang nicht oder nur in Bruchstücken zur Verfügung standen. Wir dürfen uns die Begegnung mit diesen Arbeiten nicht wie eine gewöhnliche Rezeption von Texten vorstellen. Nein, was sich damals abspielte, war auch ein *kultureller Zusammenprall*. Diese Kollision brachte für die Intellektuellen die ernüchternde Erkenntnis mit sich, dass die islamische Kultur in mancherlei Hinsicht der eigenen überlegen war, wie schon Abälard wusste. Vor allem die Wissenschaften hatten im Islam einen anderen Status. In dieser geschichtlichen Phase also verhängte der Bischof von Paris ein Verbot. Er hatte zuvor vom Papst persönlich den Auftrag erhalten, nach Irrlehren zu fahnden, die an der Universität im Umlauf waren. Mit dieser Aufgabe betraut, berief der Bischof sogleich eine Kommission von 16 Experten ein, die ihm beratend zur Seite standen. Es wimmelte von Irrlehren an der Pariser Universität, die der Adressat dieser Maßnahme war, einer lokalen Maßnahme von überregionaler Bedeutung. Schließlich ging es um Paris, um das Sammelbecken namhafter Theoretiker. Etienne Tapier, so hieß der Bischof, stellte am Ende 219 Thesen zusammen, die er verurteilte. Ein paar davon betrachten wir jetzt:

Tabelle 1

These 15:	*Der Mensch verliert nach dem Tod alles Gute.*
These 25:	*Gott kann einer veränderlichen und vergänglichen Sache nicht ewige Dauer verleihen.*
These 33:	*Ekstasen und Visionen gibt es nicht, es sei denn als Naturvorgänge.*
These 40:	*Es gibt keine ausgezeichnetere Lebensform, als sich frei der Philosophie zu widmen.*
These 116:	*Die Seele kann vom Körper nicht abgetrennt werden. Mit der Zerstörung der körperlichen Harmonie wird die Seele zerstört.*

These 150: Der Mensch darf sich nicht mit der Autorität zufriedengeben, um in irgendeiner Frage zur Gewissheit zu kommen.

These 153: Das theologische Wissen bringt keinen Erkenntnisgewinn.

These 175: Die christliche Religion verhindert den Wissenszuwachs.

These 176: Die Glückseligkeit gibt es in diesem Leben, nicht in einem anderen.

These 182: Eine allgemeine Feuersintflut ist aus natürlichen Ursachen möglich.

Beim Lesen dieser Thesen ist Ihnen sicher aufgefallen, dass einige den Naturalismus ins Spiel bringen. These 182 handelt von einem Ereignis, dem wir Menschen gerne eine Bedeutung, eine Botschaft zuschreiben. Dagegen behauptet die These die Möglichkeit einer natürlichen Erklärung, die ohne einen verborgenen Sinn oder eine übernatürliche Kraft auskommt. Damit legt diese These den folgenden Gedanken nahe, ohne ihn jedoch auszuführen: Wir Menschen haben die Chance, solche Ereignisse zu erforschen; wir verstehen sie, sobald wir deren natürliche Ursachen kennen. Ein Denker des 13. Jahrhunderts, nämlich Boethius von Dancien, vertrat sogar eine konsequent naturalistische Theorie der Träume, hierin vermutlich Aristoteles folgend. Weil uns Träume im Schlaf widerfahren, drängte sich in der antiken und der mittelalterlichen Welt der Gedanke auf, sie als von außen kommende Botschaften zu begreifen, als Zeichen übernatürlicher Instanzen. Aristoteles hatte darauf hingewiesen, dass Melancholiker, Fieberkranke und Betrunkene anders träumen. Dieses Argument bringt die Träume mit natürlichen Prozessen und Ereignissen in einen Zusammenhang.

Die These 175 setzt offenbar Gedanken an einen Fortschritt voraus; wir können das Wissen vermehren. Dieser Variante der Fortschrittsidee sind wir schon bei Seneca begegnet. Die

These enthält unausgesprochen die Forderung, nach Wissen zu suchen, ohne dabei die Religion zu berücksichtigen. Und die These 116 bestreitet zwar nicht die Existenz einer Seele, wohl aber deren Unsterblichkeit. Auch diese Idee geht auf Aristoteles zurück.

Etliche der verurteilten 219 Thesen sind ein Beleg dafür, dass sich die Ansichten über das Wissen im 12. und 13. Jahrhundert wandelten.

Ein neues Verständnis von Wissen

Eine der Voraussetzungen für den wissenschaftlichen Aufschwung waren neue Vorstellungen über das Wissen. Ab dem 12. Jahrhundert rückte die Neugierde, die Augustinus als sündhaft brandmarkte, in ein anderes Licht. Die Vorläufigkeit unserer Erkenntnisse – genauer: eines Teils unserer Erkenntnisse – geriet in den Blick der Denker. Zwar galt die Autorität der heiligen Schrift nach wie vor als eine unwiderlegbare Angelegenheit; doch bedurften die Bibeltexte der Auslegung. Sie mussten mit den Ideen Platons, Aristoteles' und anderen Denkern, wie zum Beispiel Avicenna und Averroes, abgestimmt werden. Drei Wege kamen hierfür in Frage:

1. Die Harmonisierung: Inhalte der Bibel und weltliche Texte werden in Einklang gebracht. Eine sehr berühmte und folgenreiche Arbeit des Philosophen Platon, nämlich der «Timaios», handelt von der Entstehung der Welt. Platon nimmt an, ein «Demiurg», ein göttlicher Werkmeister habe die Welt erschaffen. Für die mittelalterlichen Theologen und Philosophen bedeutete es keine große Schwierigkeit, diese These mit dem christlichen Schöpfergott zu verbinden. Viel mehr Kopfzerbrechen bereitete dagegen die Annahme von Aristoteles, dass die Seele mit dem Körper des Menschen untergeht.

2. Die Zurückweisung wissenschaftlicher Thesen: Widersprüche zwischen Bibel und weltlichen Texten werden in die-

sem Fall zugunsten der Bibel entschieden. Die geoffenbarte Wahrheit hat den höheren Rang.

3. Die Trennung von Glauben und Wissen: Die weltliche, wissenschaftliche Erkenntnis bezieht sich auf den Bereich des Vergänglichen, auf die Natur unterhalb der himmlischen Sphäre. Philosophen denken also über die Erde nach, aber nicht über den Himmel. Was sie herausfinden, hat keine Konsequenz für den Glauben.

Eine vierte Möglichkeit ist, die Konflikte offen zu halten und argumentativ darüber zu entscheiden. Ob die Bibel Recht hat, steht dabei nicht von vornherein fest. Einige Intellektuelle waren bereit, sich auf diese Option einzulassen.

Wir werden weiter unten noch etwas genauer auf die Beziehungen zwischen Glauben und Wissen eingehen. An dieser Stelle möchte ich darauf hinweisen, dass die neuen Ideen über das Wissen mit einer gewissen Aufwertung des Menschen einhergingen. Mehr und mehr Denker trauten dem Menschen zu, für sein eigenes Glück einzutreten, die Welt zu gestalten, ja sogar zu verbessern.

Intellektuelle traten auf, die ein *nützliches Wissen* anstrebten. Einer davon war Roger Bacon (ca. 1214–1292), ein englischer Theoretiker, der sich dem Orden der Franziskaner anschloss. Er befasste sich mit der Optik Alhazens, forderte eine experimentell vorgehende Naturwissenschaft und spekulierte über die praktische Umsetzung zukünftigen Wissens. So hielt er es für möglich, mit Hilfe der Medizin das Leben der Menschen zu verlängern. Es war durchaus nicht ungefährlich, Meinungen zu vertreten, die von den jeweils herrschenden kirchlichen Dogmen abwichen. Bacon verbrachte ganze zwölf Jahre im Kerker. Auch Wilhelm von Ockham (ca. 1288–1349) musste sich mit dem Vorwurf auseinandersetzen, verwerfliche «Irrlehren» zu vertreten. Ich erwähne diesen Denker, weil er gründlicher als seine Zeitgenossen über Erkenntnis und Wissenschaft nachdachte. Dabei beschäftigte er sich intensiv – wie viele Wissenschaftstheoretiker des 20. Jahrhunderts – mit Aussagen und Begriffen. Begriffe und Theorien waren für ihn keine Bilder, sondern abstrakte Zeichen, eine wichtige Idee, auf die wir später noch einmal zurückkommen werden. Wie viele andere Philosophen verfasste Wilhelm von Ockham Aristoteles-Kommentare. Er betonte, «die Erforschung der Wahrheit im Sinne (zu haben), nicht aber rechthaberischen Streit und die Verunglimpfung anderer» (Ockham 1984, 187). *Irrtümer*, so seine These, *sind unvermeidbar*, wir haben das Recht, Irrtümer zu begehen. Lassen wir ihn selbst zu Wort kommen:

«Es ist erlaubt – ohne Gefährdung für die Seele – das Vorhaben eines Autors verschieden und gegensätzlich zu interpretieren, da es sich nicht um einen Verfasser der Heiligen Schrift handelt. Ein Irrtum in solcher Angelegenheit zieht keine moralische Verkehrtheit nach sich, vielmehr hat bei derartigem Unternehmen jeder, ohne dass er irgendeine Gefahr fürchten muss, das Recht auf freies Urteil» (ebd., 189).

Ockham stellte eine Regel auf, die als «Ockham'sches Rasiermesser» in die Geschichte der Wissenschaft eingegangen ist. Die Regel fordert, eine Erklärung nicht durch unnötige Instanzen zu befrachten und der sparsameren den Vorzug zu geben. Ein kühner Gedanke Ockhams war es, die aristotelisch-christliche Zweiweltenlehre zurückzuweisen. Dieser Lehre zufolge existierte eine überirdische Sphäre, in der die physikalischen Gesetze des irdischen Bereichs keine Gültigkeit besaßen. Ockham dagegen schwebte eine einheitliche Naturerklärung vor. Diese Idee läuft darauf hinaus, *den Naturalismus auszudehnen*, den Bereich, den wir erforschen können, in dem alles mit rechten Dingen zugeht, auszuweiten. Theoretiker wie Bacon, Ockham und andere wirkten mit einer zeitlichen Verzögerung auf die in unserem Sinne moderne Wissenschaft. Galilei zum Beispiel bezog sich auf Ockhams Sparsamkeitsregel, um das kopernikanische Modell zu verteidigen.

Alchemie, Hermetik, Magie, Astrologie

Die Geschichte der Wissenschaft wird durch die Tatsache verkompliziert, dass diejenigen, die ab dem 13. Jahrhundert zu ihrem Siegeszug beitrugen, alchemistisches, hermetisches, astrologisches und magisches Gedankengut in ihre Argumentationen und Publikationen einbauten. Die Alchemie ist auch eine Naturlehre. Sie enthält Vorstellungen über den Zusammenhang aller Dinge in dieser Welt. Und sie ist getragen von der Idee der Entwicklung, ja der Vervollkommnung natürlicher Gegebenheiten. Ein Alchemist kennt Verfahren, um Substanzen zu verwandeln. Bekannt geworden ist die Alchemie als ein (vergeblicher) Versuch, Gold aus anderen Substanzen zu entwickeln. Im Gegensatz zu unserer modernen Wissenschaft behandelt ein Alchemist sein Wissen wie ein Geheimnis, in das er seine Schüler einweiht. Das gilt auch für die Hermetik, so genannt nach Hermes Trismegistos, dem Verfasser des legendären «Corpus hermeticum», einer Schriftensammlung, die magische, alchemistische, medizinische und philosophische Teile enthält. Auch die Magie läuft darauf hinaus, die Wirklichkeit zu beeinflussen. Wir müssen daran denken, wie sehr die Menschen der Natur ausgeliefert waren. Ihren Ursprung verdanken solche Lehren wahrscheinlich dem Wunsch, den Naturgewalten etwas entgegenzusetzen. Dabei arbeitet der Magier aber nicht gegen die Natur, er nutzt vielmehr einige ihrer Kräfte. Wenn Sie heute zum Beispiel einen Chemiker nach der Alchemie fragen, wird dieser wohl abwinken. Alchemie – das ist Aberglaube, Chemie – das ist Wissenschaft. Doch Roger Bacon und Albert der Große (1193–1280) und selbst Newton (1643–1727) zogen alchemistische Ideen heran, und sie praktizierten die Alchemie. Besonders für die Medizin waren solche Lehren interessant. So befasste sich die Astrologie mit dem Einfluss der Gestirne auf das Wohlbefinden der Menschen. Astrologie gehörte daher zu den Pflichtfächern für Mediziner. Überhaupt bildeten Astrologie, Astronomie, Medizin und übrigens auch Mathematik einen zusammenhängenden Wissenskomplex. Wir sollten uns daher nicht zu sehr wundern, wenn wir hören, dass Kopernikus ein Mediziner war und Kepler Horoskope verfasste.

Die wachsende Bedeutung der Alchemie ab dem 12. Jahrhundert hängt mit der Textflut aus den islamischen Ländern zusammen. Neben den schon erwähnten Übersetzungen, den Beiträgen etwa zur Optik und Astronomie, lernten die Intellektuellen im Westen Schriften arabischer Alchemisten kennen. Wenn manche Autoren die Alchemie als eine «Vorform der modernen Chemie» (Jeck 1997, 147) betrachten, dann ist die Alchemie dieser Zeit gemeint, die mit dem naturwissenschaftlichen Denken verquickt war. Ein Philosoph des 15. Jahrhunderts, Ficino, übersetzte 1463 die Texte des Hermes – mit der Folge, dass diese Lehren weiter an Einfluss gewannen. Ficino glaubte noch, die Schriften wären wesentlich älter. Sie galten, auch bei seinen Zeitgenossen, als originale ägyptische Texte. Noch ahnte niemand, dass sie im 3. nachchristlichen Jahrhundert verfasst wurden. Und tatsächlich enthält das «Corpus hermeticum» Ideen, die aus Ägypten stammen. Mit diesem Werk und verschiedenen arabischen Arbeiten *gelangten also ägyptische Lehren in den Westen.* Was wir «Renaissance» nennen, ist nicht nur eine Phase, in der sich die Gelehrten mit den antiken Wissenschaften und Künsten beschäftigten. Obwohl wir, wie ich glaube, die verwickelten Geschichten noch nicht ganz verstehen, möchte ich vier Berührungspunkte zwischen Wissenschaft einerseits, Hermetik, Alchemie, Astrologie und Magie andererseits hervorheben:

1. Alchemisten pflegten, wie wir mit einer gewissen Einschränkung sagen können, eine *Laborpraxis*, die teilweise experimentellen Charakter hatte. So erfanden sie Destillationsapparate und andere nützliche Geräte. Sie beschrieben die Eigenschaften von Stoffen, wie etwa Quecksilber, und sie spekulierten über die Verbindungen zwischen verschiedenen Substanzen.

2. Magische Vorstellungen begünstigten die Suche nach *verborgenen Kräften* hinter den Erscheinungen, die für den Menschen von Nutzen sein können. Aufschlussreich in diesem Zusammenhang ist, dass Augustinus' Kritik an der theoretischen Neugier auch die Magie und die Astrologie einschloss. Auch sie, so Augustinus, werden von der eitlen Wissbegier angetrieben.

3. Diese Ideen trugen dazu bei, das Menschenbild zu verändern. Ein Mensch, der verborgene Kräfte aufspürt, ist ein Gestalter seiner Wirklichkeit. Er beeinflusst die Welt. Daher nahm das *Interesse an den geistigen Fähigkeiten des Menschen* zu. Magie, Hermetik, Astrologie und Alchemie spielen folglich auch eine Rolle in der Geschichte der Psychologie.

4. Magie, Alchemie, Hermetik und Astrologie förderten das *Denken in Alternativen*. Diese Lehren unterschieden sich sowohl von Platon und Aristoteles als auch von dem strikt monotheistischen Standpunkt des Christentums. Die ägyptisch inspirierten Geheimlehren werteten den Kosmos auf, weil sie die Erde nicht als ein vergängliches Diesseits deuteten, das auf die Apokalypse zusteuert. Jedenfalls nahm die Vielfalt an Denkmöglichkeiten zu. Man konnte natürlich auch versuchen, die neuen Strömungen mit dem Monotheismus zu verknüpfen, eine Möglichkeit, an die Pico glaubte, den ich Ihnen gleich vorstellen werde. Eine Gewaltenteilung herrschte nunmehr in der Welt der Ideen. Die Aktionen der Kirche, wie das eben erwähnte Verbot, sowie Inhaftierungen, Bücher- und Menschenverbrennungen lassen sich als Versuche begreifen, die Gewaltenteilung zurückzudrängen und Alternativen abzubauen.

Ich möchte an einem berühmten Text zeigen, wie ein gestärktes Selbstbewusstsein und magische Vorstellungen miteinander verwoben wurden. Der Text stammt aus dem Nachlass des Philosophen Pico della Mirandola (1463–1494). Für einen geplanten Kongress in Rom stellte er 900 Thesen zusammen, die aus unterschiedlichen philosophischen Schulen und religiösen Lehren stammten. In einer freien Diskussion, so Picos Hoffnung, sollte sich zeigen, dass sie in Einklang zu bringen sind. Doch die Behörde des Papstes verbot kurzerhand das ganze Unternehmen. Auf der Flucht vor der Inquisition wurde der Philosoph 1488 in Paris verhaftet. Vertreter des italienischen Adels erreichten seine Freilassung, und Pico della Mirandola genoss fortan den Schutz der mächtigen Medici in Florenz, die Künste und Wissenschaften förderten. Pico behauptet in seiner posthum veröffentlichten Schrift «Über die Würde des Menschen», einer nie gehaltenen Rede, dass wir «das sein sollen, was wir sein wollen» (Pico della Mirandola, 13). Als privilegierter Mensch konnte er eine «Wahrheitserkenntnis um ihrer selbst willen» (ebd., 39) hoch halten. Zu seinen philosophischen Studien gehörten auch «Untersuchungen zur Magie» (59). Es gibt, so Pico, eine verwerfliche Variante der Magie, die sich böser Geister bedient, und eine andere, die «nichts anderes ist als die absolute Vollendung der Naturphilosophie» (ebd.). Er verweist auf Roger Bacon, einen Vertreter der «natürlichen Magie». Der Magier ist ein Diener der Natur und gewinnt auf diese Weise an Macht. *Er arbeitet nicht gegen sie, sondern nutzt ihre Kräfte.* Richtig verstandene Magie hilft dabei, die harmonische Schöpfung Gottes besser zu verstehen. Selbstbewusst beeinflusst der Magier diese Schöpfung, er wird selbst zu einem Schöpfer, der das sein soll, was er sein will.

Über Grenzen gehen: Entdeckungsreisen

Inzwischen ist mehr als deutlich geworden, dass die Geschichte der Wissenschaft eine reichlich verwickelte Angelegenheit darstellt. Vor allem laufen mehrere Geschichten ineinander, Geschichten, die das Abenteuer der wissenschaftlichen Erkenntnis möglich machen und antreiben. Eine davon bahnt sich am Ende des 13. Jahrhunderts an: die Geschichte der Entdeckungsreisen. Diese beginnt selbstverständlich nicht abrupt, auch die Seefahrer der Antike beispielsweise lernten Teile der

Welt bei ihren Reisen kennen. Doch um 1300 setzten sich Italiener, Spanier und Portugiesen das Ziel, die ganze Welt zu erschließen, die Grenzen der großen Meere zu überschreiten. Das war kein wissenschaftliches Unternehmen. Die moderne portugiesische Flotte, an deren Aufbau sich Seefahrer aus Genua beteiligten, diente zunächst einmal militärischen Zwecken. Mit ihr gelang es den Portugiesen, die Piraten zurückzudrängen, die an der Algarve ihr Unwesen trieben, dort, wo heutzutage Touristen ihren Urlaub genießen. Neben der militärischen erfüllte die Flotte politische und wirtschaftliche Funktionen. Sie war ein Instrument der Expansion. Die Entdeckungsreisen – ein beschönigender Ausdruck – wären nicht möglich gewesen, ohne Figuren wie Marco Polo, Christoph Kolumbus, Vasco da Gama und viele andere, die sich auf die gefährlichen Seefahrten einließen, angetrieben von Ruhmsucht, Abenteuerlust und der Aussicht, das ganz große Geld zu machen. Um die Bedeutung dieser Expeditionen für die Wissenschaft zu verstehen, müssen wir uns vor Augen halten, dass niemand die Erde wirklich kannte. Die meisten Menschen wussten lediglich über den Teil der Welt Bescheid, den sie bewohnten. Diejenigen, die Handel und Seefahrt betrieben, lernten größere Teile der Welt kennen. Unklar war noch immer die Größe der Erde – obwohl bereits ein Denker im antiken Griechenland den Erdumfang annähernd richtig geschätzt hatte. Mehr über den Planeten zu erfahren, seine Meere und Landmassen kennen zu lernen, gehörte zu den entscheidenden Voraussetzungen vieler Wissenschaften. Denken Sie nur an die Geologie, die Zoologie, die Klimaforschung, die Evolutionsbiologie und die Ethnologie.

Der anheimelnde Globus des Christoph Kolumbus

Westwärts über den Atlantik zu fahren, war die Idee, die Kolumbus (1451–1506) nicht mehr losließ. Er hegte diesen Plan zu einer Zeit, in der die Herrscher Portugals sich vor allem für den Seeweg nach Indien um Afrika herum interessierten. Als Kolumbus im Jahre 1479 die Tochter des verstorbenen Kapitäns von Porto Santo heiratete, der Nachbarinsel Madeiras, erbte er unter anderem eine wertvolle Bibliothek mit kartografischen Werken. Dass Kolumbus auf dieser kleinen Insel eine Zeit lang leben konnte, gehörte schon zu den Folgen der portugiesischen Expansion – 1419 hatte Portugal Madeira kolonialisiert. So manches Strandgut, das der Westwind dorthin trieb, zeugte von fremden Kulturen, die irgendwo im Westen siedeln mussten. Sein großes Projekt stellte Kolumbus erstmals im Jahre 1483 dem König von Portugal vor. Doch die königliche Kommission lehnte den Vorschlag ab, unter anderem deshalb, weil Kolumbus einer Theorie der kleinen Erde folgte. *Er unterschätzte also die Größe des Planeten*, ein Umstand, der in den Augen seiner Kritiker das Unternehmen besonders waghalsig erscheinen ließ. Besessen von seinem Plan bemühte sich Kolumbus jahrelang in Spanien darum, die notwendige Unterstützung zu erfahren. Er schwärmte – vielleicht aus taktischen Gründen – von einer christlichen Missionierung der Welt. Doch seine Stunde kam erst, als 1492 in Granada die islamischen Herrscher besiegt wurden. Im selben Jahr konnte er seine erste Reise antreten, die ihn, so dachte Kolumbus, westwärts nach Indien führte. Er bekam drei Schiffe, von denen übrigens zwei auf Konstruktionen zurückgingen, die in der islamischen Welt entwickelt worden waren. Christoph Kolumbus erreichte mit seiner aus rund 90 Leuten bestehenden Besatzung die Karibik, wo er etliche Inseln fand, darunter auch Haiti, die er Hispaniola taufte. In seinem Brief bzw. Reisebericht bemerkt Kolumbus hierzu, er habe «auch alle anderen Inseln im Namen unseres unbesiegbarsten Königs feierlich in Besitz genommen (und damit ist ihm uneingeschränkte Herrschaft über diese gegeben…)». Kolumbus nahm teil an dieser Herrschaft. Er beanspruchte den Titel eines Vizekönigs, dem Anteile aus den Handelseinkünften zustanden, eine Quelle seines beträchtlichen Reichtums. 1493 trat er seine zweite Reise an, diesmal mit 17 Schiffen. Auf

Haiti wurde er mit den Folgen einer blutigen Auseinandersetzung konfrontiert. Die Insulaner hatten alle Besatzungsmitglieder getötet, die der Vizekönig nach der feierlichen Besitzergreifung dort zurückgelassen hatte. Auf seiner dritten Reise erreichte Kolumbus den südamerikanischen Kontinent. Die vierte und letzte Reise, die 1502 begann, führte ihn nach Nicaragua, das er irrtümlich mit China identifizierte. Seine Theorie einer kleinen, überschaubaren Erde schöpfte Kolumbus aus dem Weltmodell des Ptolemaios, der Karte seines Zeitgenossens Toscanelli (1397–1482) und er vertraute wohl auch seiner Erfahrung und Intuition.

Doch diese These brach bald endgültig zusammen. Im Jahre 1500 entdeckte der Portugiese Cabral das weiter im Süden gelegene Brasilien. Zwischen 1519 und 1522 umsegelte Magellan, der bei diesem Unternehmen getötet wurde, die Welt. Das erlebte Kolumbus nicht mehr. Er starb im Jahre 1506, noch immer davon überzeugt, die Größe der Erde richtig eingeschätzt zu haben. Es war eine anheimelnde, überschaubare Welt, die den Menschen der Renaissance die Hoffnung gab, sie bald zu kennen und zu beherrschen.

Vielleicht machen Sie sich die Mühe, mit dem Finger auf einem Globus den Weg zu verfolgen, den Kolumbus zurücklegte. Von der iberischen Halbinsel führt die Reise zu den Azoren, die schon weit draußen im Atlantik liegen. Von dort geht es weiter nach Haiti, an Cuba vorbei, von dort aus nach Veracruz, zum südamerikanischen Festland. Bewegen Sie Ihren Finger an der Küste entlang Richtung Süden bis nach Panama. *Diesen Weg ebnete Kolumbus*, bis dahin bildete der Atlantik eine *Grenze*. Doch jenseits des amerikanischen Kontinents liegt ein Teil der Erde, von dem Kolumbus und viele seiner Zeitgenossen, keine rechte Vorstellung hatten: der ungeheuer weite und fremde pazifische Ozean.

Mit einer schrecklichen Konsequenz der Welterkundungen konnte niemand rechnen, weil das hierfür erforderliche Wissen fehlte. Im 3. Kapitel habe ich über die verheerenden Krankheiten berichtet, die sich mit der Zähmung von Tieren ausbreiteten. Die Entdeckung Amerikas führte Menschen zusammen, die vorher völlig getrennt voneinander lebten. So erreichten tödliche Krankheiten die neue Welt. Ob Haiti, Peru oder Mexiko – für die Einheimischen begann ein großes Sterben, das sich über dreihundert Jahre hinzog. Es gelingt nicht auf Anhieb, sich das Ausmaß dieser Katastrophe klarzumachen, ein Vorgang, den die Eroberer auslösten, aber nicht wirklich begreifen konnten. Und obwohl sie anderes im Sinn hatten als die Vermehrung unseres Wissens, trugen sie doch zum Aufschwung der Wissenschaften bei.

Der neuzeitliche Aufschwung der Wissenschaften

Um die Mitte des 15.Jahrhunderts bahnte sich eine mediale Revolution an, die weitreichende Folgen hatte: Der *Buchdruck* wurde erfunden. Diese Neuerung machte es nicht nur möglich, Wissen rasch zu verbreiten. Sie war auch *eine* der Voraussetzungen dafür, viele Menschen am Wissen teilhaben zu lassen. Zu den weiteren Voraussetzungen hierfür gehörte und gehört selbstverständlich die Fähigkeit zu lesen – und das beherrschten die meisten Menschen in dieser Zeit nicht. Aber immerhin: Unaufhaltsam nahm die Produktion von wissenschaftlichen und anderen Texten zu. Im Jahre 1543 erschienen zwei herausragende Werke, die für die Entwicklung der Wissenschaft große Bedeutung gewannen. Eines, das bekanntere von beiden, heißt «Über die Kreisbewegungen der Himmelskörper». Der Autor Nikolaus Kopernikus (1473–1543) verhalf damit dem heliozentrischen Weltbild, das uns noch beschäftigen wird, zum Durchbruch. Im selben Jahr veröffentlichte Andreas Vesalius (1514–1564) das anatomische Lehrbuch «Über den Bau des menschlichen Körpers». Dieses Buch lässt nicht nur die Herzen der Medizinhistoriker höher schlagen. Um seine Bedeutung richtig würdigen zu können, werfen wir zunächst einen Blick auf die bis in die Neuzeit hinein vorherrschende Theorie der Medizin. Sie geht auf Galen zurück, der

Ihnen im ersten Abschnitt dieses Kapitels schon begegnet ist. Er vertrat die Ansicht, dass Krankheiten auf ein *Ungleichgewicht der 4 Körpersäfte* – Blut, gelbe Galle, schwarze Galle und Schleim – zurückgehen. Sie können sich leicht ausmalen, welche therapeutischen Konsequenzen diese Theorie nahe legt. *Therapieren heißt, die Mischung der Säfte zu beeinflussen, möglichst in Einklang zu bringen.* Dies kann zum Beispiel durch Blutentnahme oder durch Abführ- und Brechmittel erfolgen. Anatomische Kenntnisse spielen dabei eine untergeordnete Rolle, auf die Säfte kommt es an.

Das ist wahrscheinlich der tiefere Grund, weshalb die Sektionen (die auch in der mittelalterlichen Medizin praktiziert wurden) keine Erkenntnisfortschritte brachten. Wer sezierte, folgte einfach den Anweisungen Galens. Andreas Vesalius, der behauptete, ein Schüler Galens zu sein, hegte den Verdacht, dass der große Mediziner überwiegend oder gar ausschließlich Tiere seziert hatte. Vesalius dagegen sezierte die Leichen von hingerichteten Kriminellen. Und das Entscheidende dabei war: Seine Beobachtungen am menschlichen Körper zog er heran, um Galens Ansichten kritisch zu prüfen. Dabei wollte er den großen Meister vermutlich nicht vom Sockel stoßen. Doch seine sorgfältigen anatomischen Studien brachten so manche These Galens ins Wanken. Indem Vesalius die *theoretische und therapeutische Bedeutung anatomischer Kenntnisse* hervorhob, drängte er die traditionelle Säftelehre in den Hintergrund. Später wunderte er sich selbst über sein «zu großes Vertrauen in die Schriften Galens und anderer» (zit. n. Porter 2000, 182). Er ebnete Anatomen wie Realdo Columbo (1516–1559) den Weg, der eine Erklärung für den Herzschlag vorschlug und dem es fast gelungen wäre, den Blutkreislauf zu beschreiben, eine Leistung, die schließlich William Harvey (1578–1657) vollbrachte.

In dieser Phase der Neuzeit wurden noch andere Wege geebnet. Einer davon führte ins Innere der Erde. 13 Jahre nach den beiden Publikationen von Kopernikus und Vesalius erschien die Arbeit «Über die Metalle». Der Autor, Georg Agricola (1494–1555), vollzog damit in gewissem Sinne die «kopernikanische Wende des Montanwesens» (H. Böhme 1988, 79). Bergbau zu betreiben, tief ins Innere der Erde einzudringen, war alles andere als selbstverständlich. Besorgte Zeitgenossen fragten, ob damit nicht eine unzulässige Grenze überschritten würde. Sie diskutierten über ökologische Schäden (die damals nicht so genannt wurden) sowie über Unfall- und Krankheitsrisiken. Agricola betonte dagegen den Nutzen des Bergbaus für die Menschheit. Wissenschaftliche Erkenntnisse – so seine Überzeugung – werden dabei helfen, den Bergbau voranzubringen und die schädlichen Auswirkungen zu bannen. Der Bergbau lenkte das Interesse auf Gesteine und Metalle, ein Impuls für die Chemie und die Geologie, deren Erkenntnisse später wiederum auf den Bergbau zurückwirkten.

Die Wissenschaften wurden gepriesen und verdammt; es gab kluge Fürsprecher ebenso wie besonnene Kritiker. Als in der Mitte des 14. Jahrhunderts die Pest wütete, konnte die Wissenschaft nichts dagegen ausrichten. Das Vertrauen schwand. Fortschritte in moralischer Hinsicht waren nicht zu verzeichnen, wie Intellektuelle an der Schwelle zum 16. Jahrhundert feststellten. Doch im 17. Jahrhundert, als die Hexenverfolgungen ihren Höhepunkt erlebten, betraten enthusiastische Fürsprecher die Bühne, Optimisten und Propagandisten, die hohe Erwartungen an die Wissenschaft formulierten. Wie sein Namensvetter Roger Bacon im 13. Jahrhundert entwickelte Francis Bacon (1561–1626) im 17. Jahrhundert utopische Vorstellungen vom wissenschaftlichen Fortschritt. Diese Ideen überflügelten die Verheißungen der Denker aus dem 13. Jahrhundert. Was für Roger eine vage spekulative Aussicht gewesen war, schien Anfang des 17. Jahrhunderts schon näher zu rücken. Die Erfindung von Unterseebooten und Flugapparaten, die auch Michelangelos (1475–1564) Fantasie ein paar Jahrzehnte zuvor beflügelten, war für manche Intellektuelle nur eine Frage der Zeit – für sie existierten keine unüberschreitbaren Grenzen, die solche Durchbrüche hätten vereiteln können. Die Vision einer von Wissenschaft durchdrungenen Welt finden wir in Bacons Utopie Nova Atlantis. Dort ist von einem «Haus Salomons» die Rede, in dem Eingeweihte die Wissenschaft zum Wohle der Menschen betreiben. Dieses Haus hat einerseits gewisse Ähnlichkeit mit den später gegründeten wissenschaftlichen Akademien, deren Rolle wir im nächsten Abschnitt kurz beleuchten. Andererseits erinnert es auch an Gelehrtenzirkel und Geheimbünde im Umfeld der Rosenkreuzer und an die später zur Blüte gelangten Freimaurerei. Das Ziel dieser Institution schildert Francis Bacon so:

«Unsere Gründung hat den Zweck, die Ursachen des Naturgeschehens zu ergründen, die geheimen Bewegungen in den Dingen und die inneren Kräfte der Natur zu erforschen und die Grenzen der menschlichen Macht so weit auszudehnen, um alle möglichen Dinge zu bewirken» (Bacon 1982, 43).

Bacon, weit davon entfernt, ein bloßer Utopist zu sein, dachte über die Methoden der Wissenschaft nach. In seiner Schrift «Neues Organ der Wissenschaften» bezeichnet er den Menschen als einen «Diener und Ausleger der Natur» (Bacon 1981, 26). «Denn der Natur bemächtigt man sich nur, indem man ihr nachgibt ...» (ebd.). Bacon gehört zu denjenigen Theoretikern, die die Wissenschaft auf Erfahrungen gründen wollten. Es ging ihm dabei auch um Sicherheit und sichere Erkenntnisse. Ich eröffne dem Geiste, so Bacon selbstbewusst, «einen neuen und sicheren Weg» (22). Mit induktiven Verfahren, also einer Methode, die von Erfahrungen ausgeht, sollte die Wissenschaft fortschreiten. Allerdings dachte er dabei keineswegs an bloße Beobachtungen. Das aristotelische Vertrauen in die Wahrnehmung war dahin. Bacon wusste: «Die Sinne nun an sich sind schon schwach und wankend ...» (37). Es ging auch Bacon darum, die Kräfte hinter den Erscheinungen zu erkennen – und zu nutzen. Doch wenn die Sinne «schwach und wankend» sind, stellt sich die Frage, wie Bacon eine empirische Auffassung vertreten konnte. Woher kommen die Erfahrungen, auf deren Grundlage wir unsere Theorien errichten sollen? Bacons Antwort: *Experimente* machen dies möglich. «... die wahre Naturforschung muss durch Instanzen und zweckmäßig angestellte Versuche betrieben werden, wobei die Sinne nur über den Versuch, der Versuch aber über die Natur und die Sache selbst entscheidet» (37): Das heißt also, dass wir mit Hilfe unserer Sinnesorgane die *Ergebnisse* von Versuchen registrieren; den Versuch selbst, der die Erkenntnisse bringt, verdanken wir nicht der Erfahrung. Er ist vielmehr eine Folge des experimentellen Aufbaus, des Arrangements, mit dem wir der Natur Antworten auf unsere Fragen entlocken. Nach Bacon dienen die Wissenschaften letztlich der «Bereicherung des menschlichen Geschlechts mit neuen Kräften und Erfindungen» (60). Das war seine Vision. Solche Visionen haben zwei Seiten. Sie können die Zeitgenossen beflügeln, sie können zu einem Klima beitragen, in dem die Wissenschaften gut gedeihen. Sie bergen aber auch ein hohes Enttäuschungspotential. Wer viel erwartet, wird leicht um seine Hoffnungen betrogen. Außerdem verlegen solche visionären Entwürfe die Segnungen der Wissenschaft in eine unbestimmte Zukunft. Aber sie machen auch Mut, an Fortschritten mitzuwirken. Die Erkenntnisse fallen uns nicht in den Schoß, wir gewinnen sie nach und nach. Das Wissen schreitet fort, weshalb es wenig hilfreich ist, sich an den großen Meistern der Vergangenheit zu orientieren. «Mit Recht nennt man die Wahrheit eine Tochter der Zeit, nicht des Ansehns» (63).

Ideen der Aufklärung: Vernunft und Fortschritt

Hipparch, Seneca, Roger Bacon – diese und weitere Denker zeigen uns, dass die Idee des Fortschritts weder eine Erfindung der Neuzeit noch der Aufklärung ist. Doch während dieser historischen Phase gelangte der Fortschrittsgedanke zu einer bis dahin unbekannten Blüte und veränderte sich auf eine charakteristische Weise. In der Mitte des 18. Jahrhunderts tauchten die sogenannten *Geschichtsphilosophien* auf, die die Geschichte als einen einheitlichen, globalen Prozess darstellten. An die Stelle vieler Geschichten trat eine einzige umfassende Emanzipationsgeschichte, *eine Geschichte des Fortschritts, an der die gesamte Menschheit teil hat.* So wurde auch der Fortschritt allumfassend. Viele Aufklärer hegten insbesondere die Hoffnung, dass Erkenntnisfortschritte mit einer «moralischen Vervollkommnung» einhergehen. Die Rede vom Fortschritt bekam eine euphorische Note. In einer Besprechung eines geschichtsphilosophischen Werkes schreibt der Aufklärer Kant (1724–1804): «Die Bestimmung des menschlichen Geschlechts im ganzen ist unaufhörliches Fortschreiten» (Kant 1977b, 45).

Der Prozess der Aufklärung vollzog sich in England anders als in Deutschland und dort wiederum anders als in Frankreich. So kritisierten fast alle Aufklärer in England und Frankreich entschieden die gesellschaftlichen Zustände. Die Aufklärung in den deutschsprachigen Ländern hatte dagegen einen eher gelehrt-akademischen Charakter und war mehr an einer reformwilligen Obrigkeit orientiert (van Dülmen 1994). Vor allem in England erkannte man die Rolle der Gewaltenteilung als eine institutionelle Voraussetzung für Aufklärung. Auch wenn, wie nicht anders zu erwarten, die Idee der Vernunft in verschiedenen Varianten auftat, herrschte doch Einigkeit darüber, den eigenen Kopf zu benutzen, Argumente abzuwägen, zu kritisieren, nach Gründen zu suchen. Hinweise auf heilige Schriften, auf Autoritäten überhaupt, hatten nun endgültig ausgedient. Die «Selbstbefreiung durch das Wissen» (Popper) machte keineswegs an den Grenzen der Stände halt. Alle waren dazu in der Lage, jedenfalls im Prinzip. Ein großes Hindernis auf dem Weg zu einem mündigen, aufgeklärten Menschen bildete das Analphabetentum – noch immer konnten die meisten Menschen weder lesen noch schreiben. Es war daher nur konsequent von den Aufklärern, dass sie die ersten groß angelegten Projekte der Alphabetisierung förderten und den Wert allgemeiner Bildung betonten. Im 18. Jahrhundert erlebte deshalb auch die Pädagogik einen ungeheuren Aufschwung. Die Denker der Aufklärung beschränkten sich nicht darauf, ihre Ideen am Schreibtisch zu entwickeln. Turgot

(1727–1781) zum Beispiel brachte Reformen auf den Weg, um die Infrastruktur einer Region in Frankreich zu verbessern. Von 1774 bis 1776 arbeitete er als Finanzminister unter Ludwig XVI. In diesem Amt setzte er sich u.a. für die Handels- und Gewerbefreiheit ein. Der Aufklärer Turgot erwartete eine *Beschleunigung des Fortschritts*, den er mit der Friedenssicherung größerer Staatsgebilde zusammenbrachte: «Indem der Ehrgeiz große Staaten aus den Trümmern vieler kleiner bildet, setzt er seinen Verwüstungen selbst Schranken ... die Aufklärung verbreitet sich schneller und weiter; und die Künste, Wissenschaften und Sitten machen raschere Fortschritte» (Turgot 1990, 143). Während viele Intellektuelle danach strebten, Erkenntnisfortschritte sicher zu machen und Irrtümer zu vermeiden, erkannte Turgot, dass wir bei unserer «Suche nach der Wahrheit» immer wieder irren. Die Arbeit eines Wissenschaftlers beschreibt Turgot folgendermaßen:

«Der Naturforscher bildet Hypothesen, verfolgt sie in all ihren Konsequenzen, vergleicht sie mit dem Wunder der Natur, probiert sie sozusagen an den Tatsachen aus, wie man ein Siegel überprüft, indem man es auf seinen Abdruck legt» (ebd., 145).

Wissenschaft in der Gesellschaft der Aufklärer

Wie müssen wir uns die Organisation des Wissens und der Bildung etwa in der Mitte des 18. Jahrhunderts vorstellen? Die Universitäten gaben jedenfalls nicht den Ton an. Akademien, Lesegesellschaften, Logen, private Initiativen, die Forschung von Amateuren sowie wissenschaftliche Projekte, die einzelne Personen förderten – das waren die gesellschaftlichen Instanzen des Wissens. Die erste Akademie, die es sich zur Aufgabe machte, die Naturwissenschaften zu fördern, wurde 1662 im wirtschaftlich fortgeschrittenen England gegründet: die Royal Society of London for the Promotion of Natural Knowledge.

Bemerkenswert ist, dass deren Gründer Beziehungen zur Bruderschaft der Rosenkreuzer und zur Freimaurerei pflegten; beide Bewegungen waren durchdrungen von den Lehren der Hermetik und der Alchemie. Diese Traditionen spielten also noch immer eine Rolle in der Wissenschaft, ja sie gewannen im 18. Jahrhundert sogar an Bedeutung. Die Royal Society besaß durchaus eine gewisse Macht, wenn es um wissenschaftliche Belange ging. *Sie betrieb Wissenschaftspolitik*, wie ein berühmtes Beispiel zeigt. Der Seefahrer James Cook (1728–1779), Abenteurer, Forscher, Geschäftsmann, plante eine lange Reise, um herauszufinden, was es mit dem «Südkontinent» auf sich hat. Noch immer war derjenige Teil der Welt weitgehend unbekannt, an dessen Existenz Kolumbus gar nicht hatte glauben wollen. Verbarg sich dort, weit draußen im Süden, ein unbekannter Kontinent? Diese Frage interessierte die europäischen Seemächte brennend – nicht aus wissenschaftlichen Gründen, nein, im Vordergrund stand vielmehr die politische Absicht, die Welt aufzuteilen. Doch die Royal Society intervenierte im Namen der Wissenschaft. Sie bestand darauf, Wissenschaftler an der abenteuerlichen Expedition zu beteiligen. Joseph Banks, Botaniker und Mitglied der angesehenen Gesellschaft, ging schließlich mit einigen Hilfskräften an Bord. 1768 stach die Endeavour in See. Mit von der Partie war außerdem Banks schwedischer Kollege Daniel Solander, ebenfalls ein Mitglied der Royal Society. Als sie mit gut der Hälfte der Besatzung im Jahre 1771 wieder zurückkehrten, brachten sie viele neue Erkenntnisse mit. Das Bild von unserer Erde hatte an Konturen gewonnen. Im Gepäck der Wissenschaftler befanden sich auch viele bis dahin unbekannte Pflanzen. Und der Südkontinent? Ihn entdeckt zu haben, gehörte nicht zu den Erträgen dieser großen und gefahrvollen Fahrt. Auf Cooks nächster Weltreise wurde die Hypothese vom Südkontinent endgültig fallen gelassen. Nun besaßen die Menschen eine realistische Vorstellung von der Verteilung der Land- und Wassermassen auf dem Planeten Erde. James Cook war ein Kind der Aufklärung, überzeugt von den Idealen dieser Epoche. Doch auch auf seinen Expeditionen kam es zu Gewalttätigkeiten. Er starb während seiner 3. Weltreise bei einer bewaffneten Auseinandersetzung mit den «Eingeborenen» von Haiti. Der Rachezug seiner Landsleute soll grausam gewesen sein.

Die vielen Vereinigungen – Freimaurerlogen, Lesegesellschaften, gelehrte Gesellschaften u.a. – schufen nicht nur ein günstiges Klima für die Wissenschaften, sie trugen darüber hinaus zur Entwicklung der bürgerlichen Gesellschaft bei. Im 18.Jahrhundert jedenfalls sorgten diese Vereinigungen unter anderem auch dafür, dass die Wissenschaft zu einem Modethema avancierte. Grenzgänger traten auf den Plan, Gestalten zwischen Wissenschaft, Schaustellerei und Scharlatanerie, die aus der Wissenschaft ein Spektakel machten. Der Aufklärer Georg Christoph Lichtenberg (1742–1799) beschreibt in zwei Briefen eine solche Person, nämlich den Österreicher Martin Berschütz. «Er macht einige recht herrliche Versuche», so Lichtenberg 1782, «worunter der, da er Zunder ansteckt, einer der vorzüglichsten mit ist. Seine Schmelzungen sind ebenfalls sehr nett, indessen macht er etwas zu viel Lärmens davon» (Lichtenberg 1983, 432). Wenig später nannte Lichtenberg ihn einen «Windbeutel». Solche Darbietungen richteten sich an die *Öffentlichkeit*, an ein interessiertes, schaulustiges Publikum – Berschütz zeigte seine Versuche u.a. in einem Göttinger Kaufhaus. Diese Art, Wissenschaft zu präsentieren, erreichte in den ersten Jahren des 19.Jahrhunderts in England – und dort insbesondere in London – ihren Höhepunkt (Hamblyn 2001). Dabei fällt auf, dass auch angesehene, seriöse Wissenschaftler ihre spektakulären Experimente einem neugierigen Publikum darboten. Humphry Davy (1778–1829), Mitglied der Royal Society, zeigte seinem Publikum, das ihm zu Füßen lag, chemische und elektrische Versuche. Er füllte die Säle und wurde dabei berühmt und reich. Damals hatte die Wissenschaft keine Legitimationsprobleme. Der Glaube an den wissenschaftlich-technischen Fortschritt schien unerschütterlich zu sein.

Die Entstehung der Öffentlichkeit, der bürgerlichen Öffentlichkeit, hing auch mit den technischen Möglichkeiten zusammen, Ideen rasch und preiswert zu verbreiten. Gedruckte Ideen wurden gehandelt, nachgefragt, diskutiert, manchmal verboten. Die Aufklärer entdeckten die Öffentlichkeit als einen Adressaten für ihre Anliegen. Zum ersten Male in der Geschichte kam es zu einer *breit angelegten Popularisierung des Wissens*. Auch die von Denis Diderot (1713–1784) herausgegebene Enzyklopädie diente der Verbreitung von Wissen. Sie ist *das* Buch-Projekt des 18. Jahrhunderts. Die großen Denker der Zeit – darunter Turgot, aber auch weniger bekannte Autoren – verfassten Artikel für die Enzyklopädie. Der erste von 17 Textbänden erschien 1751. Nicht wenige Zeitgenossen versuchten das Werk zu Fall zu bringen, beispielsweise die Jesuiten. Der Mitherausgeber d'Alembert legte 1758 die Arbeit nieder, wahrscheinlich wegen der zahlreichen Anfeindungen. Doch trotz aller Widerstände erschienen bis 1772 alle Text- sowie die 11 Bildbände. Die Autoren betonten den praktischen Nutzen des Wissens. Sie zögerten auch nicht, für bestimmte Praktiken einzutreten, von denen sie sich einen Nutzen für die Menschen erhofften. So heißt es in dem Artikel «Impfung» (Inoculation): «Die *Impfung* … wird eines Tages in Frankreich eingeführt werden, und man wird sich dann wundern, daß man sie sich nicht schon früher zunutze gemacht hat, aber wann wird dieser Tag endlich kommen?» (Diderot 2001, 249).

Die Variolation, ein Vorläufer der Pockenimpfung, gehörte zu den – theoretisch noch völlig ungeklärten – Maßnahmen, die ins Blickfeld der Mediziner gerückt waren. Während die Mediziner in England schon häufiger impften, mussten in Frankreich und anderswo auf dem Kontinent erst die moralischen und religiösen Bedenken gegen diesen Eingriff ausgeräumt werden.

Für die Autoren der Enzyklopädie gehörten die Mathematik und das Experiment in den Naturwissenschaften zu den Selbstverständlichkeiten. Dies hing nicht zuletzt mit den theoretischen Leistungen Newtons zusammen. Auch die Idee der Tiefe, also die Vorstellung, mit Hilfe der Wissenschaften zu den verborgenen Aspekten der Welt vorzudringen, war den Verfassern geläufig. D'Alembert unterschied beispielsweise die alltägliche und greifbare von der «okkulten Physik», die sich experimenteller Methoden bediente, um «die Natur tiefer zu erforschen» (ebd., 175).

Die Autoren der Enzyklopädie – das waren Männer. Die großen Wissenschaftler und Erfinder des Jahrhunderts, also u. a. Newton (er starb 1727), Priestley, Lavoisier, James Watt, waren ebenfalls Männer. Doch auch die Frauen kamen allmählich zum Zuge. Auf welche Weise, das erfahren Sie im nächsten Abschnitt.

> Richard van Dülmen: Die Gesellschaft der Aufklärer, Frankfurt 1994
>
> Eva Rieger: Nannerl Mozart. Leben einer Künstlerin im 18. Jahrhundert, Frankfurt 1991
>
> Barbara Stollberg-Rilinger: Europa im Jahrhundert der Aufklärung, Stuttgart 2000

Gelehrte Männer, gelehrte Frauen

Aufklärung, das war Männersache, und zwar in einem doppelten Sinne: Männer betrieben nicht nur das Geschäft der Aufklärung. Viele Aufklärer dachten auch über die Natur der Frau nach. Und Natur galt im 18. Jahrhundert oft als eine normative Größe, die Männern und Frauen die Plätze zuwies. Mit ihren Hypothesen über die Weiblichkeit beeinflussten die Aufklärer daher das Schicksal ihrer Zeitgenossinnen. Ein Beispiel hierfür ist die Karriere einer begabten Musikerin, nämlich Mozarts Schwester. Deren Vater, Leopold Mozart, gehörte zu den Vertretern der frühen deutschen Aufklärung. Er schätzte das Werk Christian Fürchtegott Gellerts (1715–1769), der um die Jahrhundertmitte der beliebteste deutsche Dichter war. In Fabeln und Romanen verarbeitete er seine Vorstellungen von den Geschlechtern, der Liebe und der Ehe. Gellert billigte den Frauen durchaus Verstand zu, warnte aber vor Gelehrsamkeit, Unmoral, Ausgelassenheit und übertriebener Frömmigkeit. Nur in einer Ehe, so Gellerts Botschaft, lassen sich Liebe und Vernunft in Einklang bringen. Eine von Vernunft getragene eheliche Gemeinschaft kommt nicht nur den Eheleuten zugute, sondern dient auch den Kindern, die zu moralischen, vernünftigen, bürgerlichen Menschen erzogen werden sollen. Diese Ideale spielten im Leben der Mozarts eine Rolle. Doch Mozart widersetzte sich den Vorbehalten seines Vaters und ging eine Liebesheirat ein, die Leopold schließlich billigte. Anders Nannerl – Ende der siebziger Jahre trat ein Mann in ihr Leben, Franz d'Ippold, der ihr Verehrer und Freund wurde. Die beiden dachten wohl auch an Heirat. Im September 1781 unterbreitete Wolfgang seiner Schwester und ihrem Freund den Vorschlag, nach Wien zu kommen, um dort eine Karriere als Musikerin zu machen. Schon am 19. Mai hatte er seinem Vater geschrieben: «Meiner schwester würde es hier auch besser anstehen als in salzburg – es sind viele Herrschaftshäuser wo man bedenken trägt, eine Mansperson zu nehmen – ein frauenzimmer aber sehr gut bezahlen würde» (Mozart 1987, 227).

Doch daraus wurde nichts, aus Gründen, die wir nicht genau kennen. Aber sicherlich spielte auch Leopold Mozarts Frauenbild eine Rolle. Nannerl heiratete jedenfalls vernünftig, d. h. einen anderen Mann, der ökonomische Sicherheit verhieß. Mit ihm lebte sie in St. Gilgen am Wolfgangsee, «von der Welt ganz abgesondert», wie sie einmal feststellte (Rieger 1991).

Gebildete Frauen traten häufiger als Gastgeberinnen von Wissenschaftlern, Künstlern und Schriftstellern in Erscheinung. Diese Treffen fanden in den Salons statt, den halböffentlichen Orten der Geselligkeit. Dort begegneten sich die intellektuellen Eliten, Freimaurer, hohe Beamte, Philosophen, Mediziner, reiche Bürger und Adlige. Die Grenzen zu den oben erwähnten Aufklärungsgesellschaften sind fließend. Häufig nahmen dieselben Personen an diesen Zusammenkünften teil. Charakteristisch für die Treffen in den Salons ist vor allem die Tatsache, dass sie von Frauen organisiert wurden, genauer gesagt: von gebildeten Frauen gelehrter Männer. Im Wien zur Zeit der Aufklärung gehörte Gräfin Maria Wilhelmine von Thun zu den herausragenden Frauen, die solche Veranstaltungen organisierten. Ihr Mann war ein Freimaurer, der sich für Alchemie interessierte. Seine Loge «Zur wahren Eintracht» wurde 1781 von Ignaz von Born gegründet, einem Naturwissenschaftler, der Beiträge zum Bergbau und zur Metallurgie leistete. Auch der Naturforscher und Aufklärer Georg Forster (1754–1794) besuchte häufiger die Gräfin, als er im Jahre 1784 sieben Wochen in Wien weilte. Die Intellektuellen und Künstler dieser Stadt bewunderten Forster, der an Cooks zweiter Weltreise teilgenommen und einen wissenschaftlichen Reisebericht verfasst hatte. Nicht zuletzt dieser Bericht machte aus James Cook einen Helden der Aufklärung. Wissenschaftshistorisch ist die Publikation deshalb bedeutsam, weil Forster damit eine neue Form der Wissenschaftsliteratur schuf, an der sich andere Forscher – darunter Alexander von Humboldt – orientierten. Forster zeigte sich tief beeindruckt von der Atmosphäre im Hause der Gräfin. Er schrieb dieser schönen Frau voller Überschwang, bei ihr habe er gelebt «unter jener Gattung von Menschen, von denen Nathan sagt, *dass es ihnen genügt Menschen zu seyn*!» (zit. n. Braunbehrens 1986, 172 f.). Standesunterschiede spielten dort also kaum eine Rolle, was völlig dem Ideal der Freimaurer entsprach. Forster besuchte auch deren Vereinigungen. Über Ignaz von Borns Loge berichtet er: «Die Loge zur wahren Eintracht ist diejenige, welche am allermeisten zur Aufklärung wirkt ... Die besten Köpfe Wiens unter den Gelehrten, und die besten Dichter sind Mitglieder darinnen» (ebd., 254 f.).

Zu den Künstlern, die bei der Gräfin Thun aus- und eingingen, gehörte auch Mozart. In ihrem Salon wurde nicht nur diskutiert, gelesen, gegessen und gespielt – dort fanden außerdem musikalische Aufführungen statt. Der Salon war für Mozart ein halböffentlicher Auftrittsort. Die Gräfin nahm regen Anteil an seiner Musik. Ihr spielte Mozart 1781 die jeweils komponierten Teile seiner Entführung aus dem Serail vor; «ich habe ihr was fertig ist hören lassen», berichtete er seinem Vater.

Es kam auch vor, dass Frauen an der Seite gelehrter Männer eigenständige Beiträge zum Abenteuer der Erkenntnis leisteten. Zu diesen Persönlichkeiten gehörte Caroline Herschel (1750–1848). Ihr Bruder Friedrich Wilhelm machte eine erstaunliche Karriere. Zunächst war er Musiker, und zwar, nach allem, was wir wissen, ein durchaus erfolgreicher Musiker. 1757 siedelte er nach England über, um dem Siebenjährigen Krieg zu entkommen. Dort gab er Konzerte und er komponierte. Einige Jahre lebte er als Kirchenmusiker in Bath, wo er so viel Geld verdiente, dass er seine Geschwister einladen konnte, nach England überzusiedeln. 1772 kam seine Schwester Caroline. Um diese Zeit begann Friedrich Wilhelm Herschel damit, ein faszinierendes Hobby zu pflegen. Er beschäftigte sich mit Astronomie, baute Teleskope und beobachtete systematisch den Sternenhimmel. Ein Bekannter, der sein lebenslanger Freund wurde, ebnete ihm den Weg zur Royal Society. 1781 machte Herschel eine sensationelle Entdeckung. Er stieß auf einen Himmelskörper, der, wie sich alsbald herausstellte, zu den Planeten unseres Sonnensystems gehört und – von der Erde aus betrachtet – hinter dem Saturn seine Kreise zieht. Der Hobby-Astronom hatte den Uranus entdeckt, wie man den neuen Planeten bald nannte. Noch konnte sich Herschel nicht dazu entschließen, seinen Beruf an den Nagel zu hängen. Doch dann bot ihm der König eine Stelle als Hofastronom an. Obwohl die Bezahlung nicht an sein Musiker-Gehalt heranreichte, zog er 1782 mit Caroline in die Nähe von Schloss Windsor. Dort erhielt Caroline von ihrem Bruder Privatunterricht in Astronomie. Sie führte den Haushalt und unterstützte ihn bei der Arbeit. Sie lernte bald, den Nachthimmel eigenständig zu erkunden und entdeckte dabei mehrere Kometen. Caroline befasste sich mit einem Sternen- und einem Nebelkatalog, mit denen Forscher nach ihr weiter arbeiten konnten. Allmählich wurde sie bekannt und geehrt. Sie schaffte es, als erste

Frau die Goldmedaille zu bekommen, die höchste Auszeichnung der Königlichen Astronomischen Gesellschaft.

Bevor wir im nächsten Abschnitt der Frage nachgehen, warum die Wissenschaften ausgerechnet in Europa rasante Fortschritte zu Stande brachten, lade ich Sie zu einer kleinen erkenntnistheoretischen Reflexion ein.

Wenn Sie an einige Episoden der Wissenschaft denken, die ich Ihnen an Beispielen in diesem Kapitel vorgeführt habe, fällt Ihnen bestimmt auf, dass die Wissenschaft ein vielgestaltiges, buntes Unternehmen ist. Philosophen, Wissenschaftstheoretiker und die Wissenschaftler selbst neigen dazu – heute allerdings weniger als früher – die Wissenschaft zu sehr festzulegen. Die Wissenschaftler gehen dabei oft von ihrer eigenen Disziplin aus, die sie gerne als Maßstab auch für andere Disziplinen betrachten. Beispielsweise wurde behauptet, die Biologie sei weniger wissenschaftlich als die Physik. Denn in der Physik – so das Argument – spiele die Mathematik eine größere Rolle. Und vor allem Philosophen suchten nach bestimmten Methoden, die sie den Wissenschaften vorschreiben wollten. Eine dieser Methoden ist die Induktion, die, vereinfacht gesagt, darin besteht, von Beobachtungen auszugehen, Daten zu sammeln und daraus Theorien zu gewinnen. Aber die Beispiele in diesem Kapitel haben (hoffentlich) gezeigt, dass in manchen Fällen sorgfältige Beobachtungen, in anderen eher zufällige Entdeckungen und in wiederum anderen Fällen kühne, theoretische Modelle zum Erkenntnisfortschritt beitrugen. Andererseits sind weder die Methoden der Wissenschaftler noch ihre Theorien willkürliche Erfindungen. Deshalb ist es vernünftig, nach Merkmalen zu suchen, die für alle Wissenschaften – wie verschieden diese auch sein mögen – charakteristisch sind. Also müssen wir die Methoden studieren, die Wissenschaftler in ihren Disziplinen verwenden, die Theorien betrachten und nach geistigen, materiellen und institutionellen Voraussetzungen der Wissenschaft fragen. Wir wollen nicht nur die Welt besser verstehen, sondern auch die Wissenschaften, die die Welt erforschen.

Warum Europa?

Die Wissenschaften sind von vielen Faktoren abhängig. Sie gedeihen nicht von selbst. Das zeigt schon die Tatsache, dass die Entwicklung des Wissens in verschiedenen Kulturen unterschiedlich verläuft. Besonders rasant entwickelt sich die Wissenschaft seit etwa 300 Jahren in der europäischen Welt. Dies festzustellen bedeutet keine eurozentrische Überheblichkeit. Ich weiß natürlich, dass manche Zeitgenossen, darauf bedacht, politisch korrekt und fair zu urteilen, diesen Befund nicht so ohne weiteres akzeptieren. Andere Kulturen, so argumentierten sie, haben eben andere Leistungen vorzuweisen, auch andere Formen des Wissens. Das ist durchaus richtig, aber umso dringlicher stellt sich doch die Frage nach den Voraussetzungen der wissenschaftlichen Dynamik im Westen – und zwar unabhängig davon, wie Sie und ich diese Entwicklung bewerten und welche ihrer Folgen wir begrüßen. Denken wir einmal an China, an ein Land, in dem viele kulturelle Erfindungen gemacht wurden. Eine Auswahl dieser Leistungen Chinas zeigt die folgende Tabelle:

Tabelle 2

Kulturelle Leistungen in China	
1750 v. Chr.	Schrift
1600 v. Chr.	Bronzeguss
1000 v. Chr.	Rechenbrett
200 v. Chr.	Papierherstellung
100 n. Chr.	Schubkarre
200	Kompass
450	weißes Porzellan
980	Kanalschleusen
1050	Druck mit Lettern aus gebranntem Ton

Bevor Europa seinen Aufschwung nahm, war China in technischer Hinsicht das führende Land. Was die Wissenschaft angeht, übernahm die islamische Welt eine Zeit lang die Führungsrolle. Warum also Europa?

Verglichen mit Europa stellt China einen geografisch zusammenhängenden Raum dar – ein Umstand, der die zentrale Ausübung von Macht begünstigt. Deshalb konnten die Herrscher in China leichter unliebsame kulturelle Entwicklungen unterdrücken. Das geschah oft genug. Als Kolumbus versuchte, einen neuen Seeweg zu erschließen, stoppte China die Hochseeschifffahrt. Auch die Herrscher in Europa zögerten nicht, kulturelle Entwicklungen zu bekämpfen, und sie schreckten dabei auch nicht vor Gewalt zurück. Aber Europa war vielfältiger, geografisch und politisch. Es gab in Europa mehr Nischen. Was die einen bekämpften, förderten oder duldeten die anderen. Eine zentrale Herrschaft wie die in China beansprucht *Herrschaftswissen*. In Europa bildeten sich dagegen *Inseln relativer Freiheit*, wie die nach außen abgegrenzten Städte mit ihren Bildungsinstitutionen. Die Vertreter kirchlicher wie weltlicher Mächte – Kaiser und Päpste – konkurrierten miteinander. So wurden die gebildeten Schichten nicht mit einer zentralen Gewalt, sondern mit *geteilten Gewalten* konfrontiert. Wenn keine der Mächte sich auf Kosten aller anderen durchsetzt, wächst die Chance für Spielräume. Es ist nicht so, dass die Mächtigen diese Spielräume gewollt oder auch nur ausreichend verstanden hätten. Außerdem traten in der westlichen Welt, und nur dort, einige Theoretiker der Freiheit auf, die erkannt hatten, wie wichtig es ist, die Macht zu zähmen, um kulturelle Entwicklungen zu ermöglichen. *Sie waren dem Stoff auf der Spur, aus dem die Freiheit ist.* Deren Ideen, also etwa die Ideen vieler Aufklärer des 17. und 18. Jahrhunderts, trugen zu einem Klima bei, das die Wissenschaft förderte. Zu den kulturellen Leistungen, die die Wissenschaft vorantrieben, gehörte auch die hohe Wertschätzung der theoretischen Neugier, die wir im nächsten Kapitel noch genauer betrachten werden. In der chinesischen Philosophie dagegen herrschte die Tendenz, das Erkennen dem Handeln unterzuordnen. Wissen sollte nahe am Menschen bleiben. Solche philosophischen Standpunkte begrenzen das Wissen.

In China wie in allen Hochkulturen fielen überdies *Herrschaft und Eigentum* zusammen. Wer herrschte, besaß auch das Land. In Europa dagegen entstanden *Märkte*, die einigen Schichten, etwa den Kaufleuten, die Chance boten, Geld zu verdienen und Eigentum zu erwerben, das aufgrund von gesetzlichen Regelungen geschützt war und vererbt werden konnte (Albert 1986). In Europa gelang es auch, *Religion und Staat zu trennen*, eine Regelung, die den Zugriff der Kirchen auf die Entwicklung von Bildung und Wissen begrenzt. Die Idee, nicht auf Autoritäten, sondern auf Argumente zu setzen, konnte sich daher in der westlichen Welt eher durchsetzen als anderswo.

7. Wie sich das Wissen entwickelt

Die Vorstellungen darüber, wie sich das Wissen entwickelt, unterliegen selbst einem Wandel. Auch die Antworten auf die Frage «Was ist eigentlich Wissen?» oder «Was genau sind Erkenntnisse?» fallen unterschiedlich aus und haben sich im Laufe der Zeit verändert. Es gibt also keine festgelegte Definition von «Wissen» oder «Erkenntnis». Das hängt u. a. damit zusammen, dass die Erforscher des Wissens unterschiedliche Probleme auswählen. Einige Wissenschaftler – meist sind es Philosophen – befassen sich ausschließlich mit dem Wissen der Wissenschaften, vielleicht nur mit einer einzigen Disziplin oder mit einer Gruppe von Disziplinen, etwa den Geisteswissenschaften. Weil die Wissenschaftler ihre Beobachtungen, Hypothesen und Theorien niederschreiben, läuft die Beschäftigung mit den Wissenschaften oft darauf hinaus, Texte zu lesen, logisch zu analysieren und herauszufinden, wie sich das schriftlich festgehaltene Wissen entwickelt. Wer so vorgeht, fragt zum Beispiel: «Welche Probleme löst diese Theorie?», «Welche anderen Theorien schließt sie aus?» Bei dieser Herangehensweise wird die Wissenschaft vor allem als ein *System von Sätzen bzw. von Aussagen* betrachtet. So vorzugehen ist grundsätzlich möglich, weil sich, wie wir im 3. Kapitel festgestellt haben, unsere Erkenntnisse mittels der Sprache von der Person abkoppeln lassen. Doch die Philosophen, die das schriftlich fixierte Wissen erforschen, müssen dabei nicht in der Welt der Ideen verharren. Manche hoffen, bei dieser Arbeit mehr über die Wissenschaftler selbst herauszufinden. Denn wer eine These aufstellt, verrät dabei etwas über sich selbst. Deshalb können wir, wenn wir einen Text lesen, auch

Fragen an den Autor richten: «Was hat er sich dabei nur gedacht?», «Wie ist sie auf diese Lösung gekommen?», «Wieso ignoriert sie die Theorie ihres Kollegen Müller?»

Die Philosophen, die wissenschaftliche Texte untersuchen, wollen oft auch wissen, wie wir Theorien *beurteilen* können. Sie suchen nach *Qualitätsmerkmalen für Theorien*. Damit bekommt die Arbeit dieser Philosophen einen normativen Akzent. Denn sie analysieren nicht nur die Theorien, sondern machen darüber hinaus Vorschläge, wie eine gute Theorie auszusehen hat. Sie richten ihre *Empfehlungen* an die Wissenschaft: «Formuliert eure Theorien so, dass sie leicht zu prüfen sind! Wenn zwei Theorien ein und dieselbe Sache erklären, dann entscheidet euch für die einfachere Theorie!» Wie Sie sehen, treten in diesem Fall die Philosophen mit dem Anspruch auf, die wissenschaftliche Praxis zu verbessern. Manchmal schlüpfen auch die Wissenschaftler selbst in diese Philosophen-Rolle. Sie unterbreiten dann ihren Kolleginnen und Kollegen Anregungen für die wissenschaftliche Praxis. So hat der Historiker Evans ein Buch über die «Grundlagen historischer Erkenntnis» geschrieben. Darin fragt er beispielsweise, wie eine objektive Geschichtsschreibung möglich ist, und er richtet an seine Zunft den Appell, das Bemühen um «eine wahre, redliche und angemessene Darstellung» nicht aufzugeben. (Evans 1998, 242). Sie können sich vorstellen, dass diejenigen, die in der Forschung tätig sind, ganz verschieden auf solche Anregungen reagieren, zustimmend, ablehnend, achselzuckend, milde lächelnd, offen und abwägend.

Die Wissenschaften werden aber noch auf eine andere Weise erforscht, etwa von den Soziologen. Sie untersuchen die *Tätigkeiten* der Wissenschaftler. Sie beobachten die Männer und Frauen bei ihrer Arbeit – zum Beispiel im Labor – und interviewen sie. Soziologen wollen auch wissen, ob und wie die Auftraggeber der Forschung die Resultate der Forschung beeinflussen. Während Philosophen und Wissenschaftstheoretiker dazu neigen, die großen Helden der Wissenschaft und ihre Theorien zu betrachten, kümmern sich manche Soziologen –

und übrigens auch Historiker – um die kleinen Leute, die vielen Wissenschaftler, die Routinearbeit erledigen. Historiker untersuchen die *Lebensbedingungen* von Wissenschaftlern in vergangenen Zeiten und schreiben eine Geschichte der wissenschaftlichen *Institutionen*. Sie wollen herausfinden, was die Wissenschaft antreibt. Sind es eher externe Bedingungen, Anstöße oder Blockaden, wie politische Entscheidungen, Geld, Anerkennung durch die Öffentlichkeit, Widerstände der Kirchen? Oder haben die Wissenschaften ihre eigene Dynamik? Ist, wie Francis Bacon meinte, die Wahrheit wirklich eine Tochter der Zeit, die sich letztlich durchsetzt?

Hypothesen über die Entwicklung des Wissens enthalten stets Annahmen über die Qualität der Erkenntnisse. Für viele Denker stand die Frage im Vordergrund, wie wir sicheres, bewiesenes Wissen gewinnen können. Wer das Problem so anpackt, macht sich auf die Suche nach einem Fundament der Erkenntnis, auf dem die Theorien erbaut werden können. Ein Kandidat für eine solche feste Basis sind Erfahrungen, nicht irgendwelche natürlich, sondern ganz bestimmte, etwa Sinneseindrücke oder systematische Beobachtungen. Wer Erkenntnisse sicher errichten will, braucht eine Bauanleitung, eine oder mehrere *Methoden*. Eine bekannte Kandidatin für eine solche Methode ist die Induktion, die von Erfahrungen zu sicheren Theorien führen soll. Viele Denker haben hierfür Vorschläge unterbreitet, so dass es inzwischen etliche Varianten dieser Methode gibt. Sollte sich die Hoffnung erfüllen, sichere (bewiesene, methodisch begründete) Erkenntnisse zu gewinnen, müssten diese Erkenntnisse auch stabil sein. Vielleicht lassen sie sich noch ein wenig verbessern, deutlicher formulieren und ergänzen – aber wir können nicht mehr viel daran rütteln. Die Frage ist, *ob wir tatsächlich über stabile Erkenntnisse verfügen*, eine Frage, die wir am Ende des Buches noch einmal stellen werden.

Etwa 200 Jahre lang galt die Theorie Newtons, die klassische Physik, als ein stabiles Wissen. Viele Philosophen und Wissenschaftler hielten sie für unumstößlich. Daher vermuteten sie auch, dass wesentliche Teile der Physik schon vollendet sind. Doch im 20. Jahrhundert zeigten Einstein und andere Physiker nach ihm: Newtons grandiose Theorie ist nicht das letzte Wort. Was einst so sicher, so überaus stabil erschien, erwies sich plötzlich als eine zweifellos brillante Theorie, aber als eine Theorie, die auf Hypothesen beruht, die nur begrenzt gültig sind. So stimmen Newtons Vorstellungen über Ursache und Wirkung nicht ganz, zumindest nicht in der Mikrowelt, in der Welt der kleinsten Teilchen. Das Abenteuer der Erkenntnis im Bereich der Physik, das viele für beendet hielten, ging auf einmal rasant weiter. Nicht wenige Intellektuelle in dieser Zeit erlebten diese Entwicklung als eine Krise, auch als eine persönliche, existenzielle Krise. Philosophen, die über Erkenntnis und Wissenschaft nachdachten, versuchten, diese Situation zu berücksichtigen. Zwar gab es bereits in der Vergangenheit Denker, die bestritten hatten, dass wir sichere, endgültige Erkenntnisse gewinnen könnten. Doch im 20. Jahrhundert tauchten Modelle der Wissensentwicklung auf, die den dramatischen Wandel der wissenschaftlichen Erkenntnisse verständlich machen wollten. Karl Popper (1902–1994) behauptete in seiner 1934 erschienenen «Logik der Forschung»: Die Wissenschaften schreiten voran, wenn wir uns darum bemühen, Theorien zu Fall zu bringen und bessere zu erfinden. Keine Theorie ist auf einem Fundament aus Erfahrungen gebaut. Aber Theorien können manchmal an Erfahrungen scheitern. Erfolgreiche Theorien sind nicht besser begründet als andere. Sie sind vielmehr deshalb erfolgreich, *weil sie unseren Widerlegungsversuchen Stand halten.* Schon bald entwickelten andere Theoretiker ihre eigenen Modelle der Wissensentwicklung, die dem Popper'schen Ansatz widersprachen (oder ihn ergänzten). Aber alle Modelle betonten die Dynamik, die Krisen, die Revolutionen im Bereich des Wissens. Man war sich im Großen und Ganzen einig: *Unser Wissen ist instabil.* Aber stimmt das auch? Trifft das auf alle Bereiche des Wissens zu? Heute stellen jedenfalls Philosophen und Wissenschaftler erneut die Frage nach der Stabilität, der Endgültigkeit von Erkenntnissen. Jetzt lade ich Sie dazu ein, in den nächsten Abschnitten den Wandel unserer wissenschaftlichen Erkenntnisse etwas genauer zu betrachten.

Theorien und Erfahrungen

Alle Wissenschaftler, denen wir im vorangegangenen Kapitel begegnet sind, wollten zur besseren Erkenntnis der Welt beitragen. Sie entwickelten Hypothesen, von deren Qualität sie – mehr oder weniger – überzeugt waren. Die meisten von ihnen verbanden mit ihren wissenschaftlichen Ergebnissen einen *Anspruch auf Wahrheit.* Es bestand aber auch die Möglichkeit, geo- oder heliozentrische Weltmodelle als raffinierte Rechenmittel zu betrachten, um damit die Phänomene zu retten. Manche Denker glaubten eher an die Kraft der Erfahrung, an den Erkenntnisgewinn durch empirische Forschung, wie zum Beispiel Andreas Vesalius – er berief sich auf Beobachtungen, um eine Hypothese zu belegen oder zu kritisieren. Andere wiederum setzten mehr auf kühne Spekulationen und scharfsinnige Überlegungen, wie etwa Anaximander. Sie entwickelten also Theorien, ohne dabei behaupten zu können: Das habe ich so beobachtet, und du kannst dich davon überzeugen, indem du dieselben Beobachtungen machst. Es ist daher nicht weiter verwunderlich, dass die Interpreten der Wissenschaft, wie beispielsweise Francis Bacon, ebenfalls unterschiedliche Standpunkte vertraten. Auch in unserem Alltag ziehen wir sowohl theoretische Überlegungen als auch Erfahrungen heran, wenn wir eine Entscheidung treffen, oder wenn wir neugierig fragen: Stimmt das eigentlich, was da gerade behauptet wird.

Stellen Sie sich einmal vor, einer Person zu begegnen, die vorgibt, ein «Medium» zu sein, besondere, unerklärliche Kräfte zu besitzen. Sie zieht ein Pendel aus der Tasche, hält es völlig ruhig zwischen Daumen und Zeigefinger, den Ellenbogen aufgestützt. Eine Weile geschieht gar nichts. Doch dann beginnt das Pendel zu kreisen, sagen wir, nach rechts. Jetzt

bittet das «Medium» darum, gemeinsam an die entgegengesetzte Richtung zu denken. Und tatsächlich – das Pendel fängt
zu trudeln an, um dann in der entgegengesetzten Richtung zu
kreisen. Sie machen also eine Beobachtung, eine bestimmte
Erfahrung. Nur: Wie deuten Sie diese Erfahrung? Und: Trau-
en Sie überhaupt dem, was Sie gerade sehen? Jedenfalls bestehen für Sie *mehrere Möglichkeiten, mit dieser Beobachtung
umzugehen*. Sie könnten an einen bloßen Trick denken, an
einen verborgenen Magneten zum Beispiel. In diesem Falle
bestreiten Sie, dass Ihre Beobachtung eine kognitive Bedeutung hat. Was Sie über Physik und Biologie wissen, wird
durch diese Erfahrung überhaupt nicht angetastet. Was Sie
gerade wahrnehmen, mag Sie amüsieren oder unangenehm berühren – doch ihr Weltbild bleibt unverändert. Dieselbe Beobachtung kann Sie aber auch neugierig machen, herausfordern. Sie wollen verstehen, was hier geschieht. Zwar schließen
Sie einen Trick nicht aus, aber der Mensch, der Ihnen gegenüber sitzt, erscheint Ihnen glaubwürdig. An übersinnliche Fähigkeiten denken Sie trotzdem nicht. Sie sind ganz Naturalist.
Alles geht mit rechten Dingen zu. Also suchen Sie nach einer
Erklärung, die mit unseren bewährten wissenschaftlichen
Theorien in Einklang steht. Ob Sie nun selbst dahinter kommen oder irgendwo nachschlagen – wenn Sie die Erklärung
finden, haben Sie etwas gelernt. Vielleicht beeindruckt Sie diese Erfahrung aber so sehr, dass Sie einen *begrenzten* Naturalismus in Betracht ziehen. Es gibt eben doch Dinge, denken
Sie, die wir prinzipiell mit unseren Wissenschaften nicht aufklären können. Manchmal machen wir eindringlichere Erfahrungen als die Wahrnehmung eines kreisenden Pendels. Jemand träumt vom Tod einer Person, die kurze Zeit später
tatsächlich stirbt. Eine solche Erfahrung veranlasst nicht wenige Menschen zu glauben, es gebe eine geheimnisvolle Verbindung zu der ihnen nahe stehenden Person, ein physikalisch
kaum erklärbares Band. Doch diese Überzeugung oder Vermutung ist nur eine Möglichkeit. Wie jede Erfahrung ist auch
dieser Traum, dem der Tod folgt, mit verschiedenen Annah-

men verträglich. Doch wir stellen unsere Annahmen über die Wirklichkeit nicht aus solchen Erfahrungen her. Wir deuten vielmehr unsere Erfahrungen mit Hilfe von Annahmen, die uns überzeugend erscheinen. Sollte der Statistiker Walter Krämer je eine solche Erfahrung machen, dürfte sie ihn wohl kaum dazu verleiten, nach sonderbaren Zusammenhängen zu suchen. Er argumentiert nämlich so: Der Traum und der Tod treffen *zufällig* zusammen, und es ist wahrscheinlich, dass dies öfter geschieht. Eine kausale Beziehung gibt es aber nicht. Denn Menschen träumen öfter vom Tod nahe stehender Personen, und jährlich sterben allein in Deutschland hunderttausende Menschen – zufällige Zusammentreffen sind daher wahrscheinlich. Um diese Erfahrungen richtig einzuschätzen, müssen wir auch die vielen, vielen Fälle berücksichtigen, in denen jemand einen Todestraum hat, ohne dass anschließend etwas passiert. Und vielleicht kommt darüber hinaus noch ein kausales Moment ins Spiel. Wir denken häufiger an nahe stehende Menschen, die tatsächlich gefährdet sind, und wir träumen auch häufiger von ihnen (Krämer 1995).

In den Wissenschaften sind die Erfahrungen ebenfalls vieldeutig, *mit unterschiedlichen Hypothesen verträglich*. Auch dort werden Erfahrungen im Lichte von Annahmen verstanden, zurückgewiesen oder ignoriert. Erfahrungen sprechen nicht für sich, die Wissenschaftler bringen sie zum Sprechen, indem sie über die Erfahrungen nachdenken.

Betrachten Sie als Beispiel die Erfahrung, auf einer ruhigen, festen Erde zu leben. Sogar Kartenhäuser können wir auf ihr erbauen. Diese hartnäckige Erfahrung brachten die Kritiker von Kopernikus, Kepler und Galilei immer wieder ins Spiel. Die Vorstellung, dass die Erde mit hoher Geschwindigkeit um die Sonne kreist und sich um ihre Achse dreht, erschien diesen Kritikern allzu gewagt. Sie fanden noch weitere Einwände, die auf Erfahrungen gestützt waren: An windstillen Tagen, so argumentierten sie, sehen wir oft eine Wolke, die regungslos am Himmel steht. Aber die Wolke müsste doch rasch zurückbleiben, wenn sich die Erde unter ihr tatsächlich drehte. Eines der berühmtesten Argumente, das sogenannte Turmargument der Aristoteliker, lautet: Werfen wir einen Stein von einem hohen Turm, prallt der Stein unmittelbar neben dem Turm auf. Hätte sich die Erde während des Falles weiter bewegt, müsste der Stein an einem Ort ankommen, der sich ein Stück vom Turm entfernt befindet. Ob dieses Experiment je durchgeführt wurde, wissen wir nicht. Jedenfalls sind die empirischen Belege in den beiden Argumenten keineswegs frei von Hypothesen. Das Wolken-Argument bricht zusammen, wenn wir die annehmen, dass die Wolke – als Bestandteil der Erde bzw. ihrer Atmosphäre – die Bewegung mit vollzieht. Genau dies tat Kopernikus. Die Luft, so argumentierte er, ist doch mit Staub und Dampf vermischt; sie ist also *verwandt mit der Erde,* und deshalb bewegt sich die Luft genau so wie die Erde. Mit Hilfe solcher Annahmen deuten Wissenschaftler die Erfahrungen, wobei sie nicht immer in der Lage sind, die Annahmen zu überprüfen. Oftmals verzichten sie auch darauf, weil ihnen die Annahmen aus theoretischen Gründen plausibel erscheinen. Das war wohl einigen Kritikern der heliozentrischen Hypothese nicht ganz klar. Sie maßen, wie Aristoteles, dem Augenschein eine zu hohe Bedeutung bei. Anders Galilei: In seiner 1632 erschienenen Schrift «Dialog über die Weltsysteme» widmet er sich auch erkenntnistheoretischen Fragen; insbesondere denkt er über die Beziehungen zwischen Theorien und Erfahrungen nach. Gegen den Einwand, eine so mächtige Bewegung – wie die postulierte Bewegung der Erde – müsste man doch spüren, bietet Galilei ein «Gedankenexperiment» auf:

«Schließt Euch in Gesellschaft eines Freundes in einen möglichst großen Raum unter dem Deck eines großen Schiffes ein ... sorgt auch für ein Gefäß mit kleinen Fischen darin; hängt ferner oben einen kleinen Eimer auf, welcher tropfenweise Wasser in ein zweites enghalsiges daruntergestelltes Gefäß träufeln lässt. Beobachtet nun sorgfältig, solange das Schiff stillsteht ... Nun lasst das Schiff mit jeder beliebigen Geschwindigkeit sich bewegen: Ihr werdet – wenn nur die

Bewegung gleichförmig ist ... bei allen genannten Erscheinungen nicht die geringste Veränderung eintreten sehen. Aus keiner derselben werdet Ihr entnehmen können, ob das Schiff fährt oder stillsteht ... Die Tropfen werden wie zuvor in das untere Gefäß fallen ...» (Galilei 1980, 189 f.).

Das Schiff steht hier für die Erde, deren Bewegung wir ebenfalls nicht wahrnehmen. Es handelt sich, wie gesagt, um ein Gedankenexperiment. Galilei beschreibt übrigens häufiger Experimente, die vielleicht niemals durchgeführt wurden. Wenn Galilei aufgrund theoretischer Erwägungen den Ausgang eines Experimentes zu kennen glaubte, verzichtete er auf die Prüfung.

> Albrecht Fölsing: Galileo Galilei. Prozess ohne Ende, München 1989
> Galileo Galilei: Siderus Nuncius. Nachricht von neuen Sternen, mit einer Einleitung von Hans Blumenberg (Das Fernrohr und die Ohnmacht der Wahrheit), Frankfurt 1980

Wie sehr Hypothesen unsere Einstellungen gegenüber Erfahrungen beeinflussen, zeigen die Auseinandersetzungen um die Beobachtungen, die Galilei mit dem Fernrohr machte. Als er sein Instrument auf den Mond richtete, sah er einen Himmelskörper, der unserer Erde ähnelte. Entgegen der damals verbreiteten Überzeugung bemerkte er, «dass die Oberfläche des Mondes nicht glatt, regelmäßig und von vollkommener Rundung ist ..., sondern uneben, rauh und ganz mit Höhlungen und Schwellungen bedeckt ... nicht anders als das Antlitz der Erde selbst» (ebd., 87 f.): Galilei entdeckte auch vier Monde des Jupiters. Bis dahin glaubte man, nur die Erde besäße einen solchen Trabanten. Für Galilei war dies ein weiteres Indiz dafür, dass die Erde den anderen Himmelskörpern ähnelte. Die weltanschaulichen Konsequenzen dieser These werden uns noch beschäftigen. Hier geht es um das folgende Problem: Einige Kritiker Galileis weigerten sich einfach, einen Blick durch das Fernrohr zu werfen. Aber warum? Andere interpretierten die Befunde als optische Täuschungen. *Warum nur misstrauten sie*

dem Gerät, während Galilei das Fernrohr als Forschungsin-
strument ausgiebig nutzte? Von den jeweiligen Antworten auf
solche Fragen hängt es ab, was als eine wissenschaftliche Argumentation gilt. Welche Erfahrungen dürfen überhaupt verwendet werden, um Theorien zu kritisieren oder zu verteidigen?
Wir machen es uns zu leicht, wenn wir diejenigen, die den Daten des Fernrohres ihre Anerkennung versagten, für sture religiöse Dogmatiker halten. Zwar hatte Galilei viel unter der Kirche zu leiden – aber es gab durchaus Theologen, die ihn
schätzten und seine Arbeit mit Wohlwollen verfolgten.

Zunächst einmal enthielt das traditionelle, von Aristoteles
geprägte Weltbild ein *«Sichtbarkeitspostulat»* (Blumenberg).
Die Natur zu erkennen, lief darauf hinaus, sie zu betrachten,
in ihr zu lesen. Schließlich war sie für den Menschen – als
Schöpfung Gottes – *bedeutsam*, ein Gesichtspunkt, den die
christlichen Denker hervorhoben. Sicher, dieses Natur-Modell
galt längst nicht mehr unangefochten. In der Wirklichkeit
existierten ja auch verborgene (okkulte), nicht wahrnehmbare
Kräfte. Aber, so konnte ein Traditionalist argumentieren, diese
verborgenen Kräfte sind im Schoße der Erde wirksam, also
nahe beim Menschen. Und außerdem: Sollte nicht, was Gott
verborgen hat, dem Menschen auch vorenthalten bleiben? Die
Seefahrer verwendeten Fernrohre, ohne Anstoß zu erregen.
Sie rückten damit Landschaften und Schiffe – Dinge dieser
Erde – ein wenig näher. Ob ihnen je in den Sinn kam, mit den
Instrumenten in den Himmel zu schauen, wissen wir nicht.
Galilei jedenfalls tat diesen Schritt – und das war kühn genug,
zu kühn, wie einige Zeitgenossen dachten.

Doch die Geschichte verlief, wie Sie sicher schon vermuten,
noch verwickelter. Der eine Bereich, der dem Menschen zu
Lebzeiten tatsächlich verborgen blieb, war das Reich Gottes.
Von dort konnten zwar Offenbarungen die Erde erreichen,
aber wo Gott thronte, war eine andere Welt, eine Welt ohne
Wandel. Die Erde dagegen galt als ein dunkler, problemati-
scher Ort, hin- und hergerissen zwischen Gut und Böse, kein
leuchtender Stern, keine Einrichtung auf Dauer, sondern eine

dem Untergang geweihte Welt. Physik zu betreiben hieß, sich mit diesem Ort zu beschäftigen, der übrigens bis zum Mond reichte. Nur diese *sublunare Sphäre* war der Gegenstand der Physik. Galilei aber blickte in der Sternenhimmel und fand, dass die Orte dort droben der Erde gleichen. In ihm tauchte daher folgende Idee auf: Die Erde ist, wie Mond, Saturn und Jupiter, wenn man sie von außen betrachtet, gar kein dunkler Ort. *Sie leuchtet vielmehr, wie andere Sterne.* Dieser merkwürdige Gedanke kam einer Ketzerei gleich, widersprach er doch einem Bestandteil der christlichen Lehre. Aus alledem konnten Zeitgenossen Galileis leicht den Schluss ziehen, dass mit dem Instrument etwas nicht stimmte. Galileis Hypothesen, die er auf seine Beobachtungen stützte, schienen auf Sand gebaut.

Bevor wir fortfahren, die Dynamik der Wissensentwicklung zu enträtseln, folgt eine zusammenfassende Reflexion über das Verhältnis von Theorie und Erfahrung. Erfahrungen sind nicht voraussetzungslos gegeben. Vielmehr *machen* die Wissenschaftler Erfahrungen – und zwar mit Hilfe von Hypothesen. Ich erinnere Sie hier an das 2. Kapitel, wo wir uns mit den biologischen Voraussetzungen des Wissens beschäftigt haben, mit den Erkenntnisorganen, die manche Philosophen und Biologen als Vorläufer von Hypothesen oder als ‹fleischgewordene› Hypothesen betrachten. Ohne sie könnten die Wissenschaftler (und alle anderen Organismen) überhaupt keine Erfahrungen machen.

In ihrer Praxis verwenden die Forscher bestimmte Erfahrungen, um Theorien zu untermauern oder zurückzuweisen. Theorien sind mehr als zusammengefügte Erfahrungen. *Sie reichen über die Erfahrungen hinaus.* Das wird besonders deutlich, wenn Theorien benutzt werden, um zu *erklären, wie Erfahrungen zu Stande kommen.* Warum machen wir zum Beispiel die Erfahrung, auf einer ruhenden Erde zu leben? Eine mögliche hypothetische Antwort lautet: Die Erde steht still. Wie erklären wir uns die Beobachtung der auf- und untergehenden Sonne? Ganz einfach, die Sonne kreist um die Erde. Doch vielleicht kreist die Erde um die Sonne. Ein und dieselbe Erfahrung lässt sich meistens mit mehreren – konkurrierenden – Hypothesen bzw. Theorien vereinbaren. Und die wohl *wichtigste Aufgabe der Wissenschaft* besteht darin herauszufinden, *welche der Theorien stimmt.* Also müssen diese Theorien überprüft werden. Eine Methode ist, mit den Theorien Erfahrungen vorherzusagen, vielleicht auch Erfahrungen, die noch kein Mensch gemacht hat. Ich glaube, es ist klar, dass wir *andere* Erfahrungen vorhersagen müssen als diejenigen, die uns veranlasst haben, die Theorie aufzubauen. Denn diese Erfahrungen würden die Theorie natürlich immer wieder bestätigen. Aus guten Theorien folgen viele Vorhersagen, weshalb wir prüfen können, ob das, was vorhergesagt wird, auch eintritt. Scheitert eine Vorhersage, dann ist dies schlecht für die Theorie. Versagt eine Theorie häufiger, wächst unter den Wissenschaftlern die Bereitschaft, die Theorie als widerlegt zu betrachten. Die vorhergesagten Ereignisse können auch in der Vergangenheit liegen. Aus der Evolutionstheorie folgt, dass es Zwischenformen gibt, zum Beispiel Tiere zwischen Land- und Wasserbewohnern, wie unser Fischschwanz-Wesen im 2. Kapitel (Abb. 4). Die Evolutionstheorie hat viele Forscher beflügelt, nach solchen längst verstorbenen Organismen zu suchen bzw. nach den entsprechenden Versteinerungen. Eine Versteinerung zu entdecken, ist zwar auch eine Erfahrung. Doch ab dem 17. Jahrhundert wurden derartige Funde von bloßen Erfahrungen unterschieden. Insbesondere die meisten Aufklärer sahen in diesen Naturgegebenheiten harte *Tatsachen*, *Fakten.* Und in der Tat: Über eine Versteinerung können wir stolpern. Sie ist nicht von Menschen hergestellt und insofern auch frei von Hypothesen. Allerdings müssen wir dabei bedenken, dass wir solchen Tatsachen theoriengeleitet begegnen. Bis weit ins 19. Jahrhundert hielten nicht wenige Wissenschaftler die Versteinerungen für Launen der Natur – und eben nicht für Fossilien. Heute betrachten wir diese Tatsachen im Lichte der Evolutionstheorie.

Wissenschaftler arbeiten keineswegs nur mit ausgefeilten, sondern auch mit wackligen Theorien, mit gut bewährten und mit vagen Annahmen. Während Theorien Netzwerke von Hypothesen sind, die in logischen Beziehungen zueinander stehen, erfinden die Wissenschaftler zuweilen auch einzelne Hypothesen, um bestimmte Erfahrungen zu deuten. Caroline Herschels Bruder entdeckte mit seinen leistungsfähigen Teleskopen kleine nebelartige Gebilde im All. Er hatte diese seltsamen Gebilde nicht erwartet und schon gar nicht vorhergesagt. Also erfand er nachträglich, nach der Beobachtung, eine Hypothese. Die Nebel – so Herschel – sind nicht das, was sie zu sein scheinen, nämlich Nebel oder Gase im All. Es handelt sich vielmehr um weit, weit entfernte riesige Sternenhaufen. Sie gehören nicht zu unserer Milchstraße. Für Herschel gab es natürlich keine Möglichkeit, diese kühne These zu prüfen. Um besser zu verstehen, wie Wissenschaft funktioniert, sollten wir uns klar machen, dass Herrschels Idee dennoch kein Akt reiner Willkür war. Die These existiert nicht isoliert, sondern in einem theoretischen Umfeld. Wer eine solche Hypothese erfindet, muss zwangsläufig andere Hypothesen anerkennen (oder versuchsweise benutzen). Herschels Hypothese setzt voraus, dass das Weltall sehr groß ist, noch viel, viel größer als Galilei dachte. Diejenigen, die sich mehr als 200 Jahre zuvor geweigert hatten, durch Galileis Fernrohr zu schauen, hätten Herschel für verrückt erklärt, vielleicht auch eingesperrt und gefoltert. Für sie wäre eine solche Annahme undenkbar gewesen. Heute wissen wir: Herschel hatte Recht. Zu seiner Zeit war eine solche These immerhin *denkbar*, weil sich die Annahmen über die Größe des Universums entsprechend gewandelt hatten. Denkbar, aber kühn, so kühn, dass Herschel diese These wieder fallen ließ.

Hintergrundannahmen in der Wissenschaft

Im letzten Abschnitt haben wir uns mit dem Problem beschäftigt, dass Fakten und Quellen nicht für sich selbst sprechen, sondern der theoretischen Erschließung bedürfen. Aber auch die wissenschaftlichen Theorien – also zum Beispiel die Optik Alhazens oder Newtons Mechanik – sind keineswegs reine, vom Zeitgeist entrückte Gedankengebäude. Sie hängen vielmehr mit dahinter liegenden Weltbildern zusammen. Eine Sorte solcher Annahmen haben wir schon kennen gelernt, nämlich metaphysische Forschungsprogramme, wie den Atomismus, die der Forschung eine Richtung verleihen. Wir können sie kaum – oder gar nicht – überprüfen. Doch das ändert sich im Laufe der Wissensentwicklung. Heute ist es ohne Weiteres möglich, den Atomismus einer gründlichen Kritik zu unterziehen, weil wir inzwischen mehr über die Mikrowelt wissen.

Ein weiteres metaphysisches Forschungsprogramm ist die Uhrwerktheorie. Sie behauptet, dass wir den Kosmos und die Teile des Kosmos mechanistisch deuten müssen. Auch den Körper des Menschen versteht man am besten als eine Maschine, in der die einzelnen Teile ineinandergreifen. Solche Annahmen haben die Wissenschaft beflügelt, obwohl viele davon mittlerweile als überholt gelten. Hinter diesen metaphysischen Thesen verbergen sich häufig weitere metaphysische, meist religiöse Überzeugungen, beispielsweise die These, Gott habe eine geordnete harmonische Welt geschaffen. Es gibt demzufolge ganz *allgemeine Hintergrundannahmen, die in konkretere Forschungsprogramme und in wissenschaftliche Theorien eingehen.* Wir können sie nicht sauber voneinander trennen. Auch das antike Programm, die «Phänomene zu retten», dem wir im 5. Kapitel begegnet sind, hing mit allgemeinen Vorstellungen über den Aufbau der Welt zusammen, insbesondere mit der Idee, dass es vollkommene Kreise gibt.

Unter den Annahmen, die den Hintergrund wissenschaftlicher Theorien bilden, finden wir auch erkenntnistheoretische Ideen, zum Beispiel die Überzeugung, sich auf den Augenschein – auf das Zeugnis der Sinne – im Großen und Ganzen verlassen zu können. Diese erkenntnistheoretischen Ideen korrespondieren wiederum mit metaphysischen Thesen über die Beschaffenheit der Welt, etwa mit der These, dass es jenseits unserer Sinneswahrnehmung keine anderen Welten gibt.

Auch *Metaphern* können Bestandteile des metaphysischen Hintergrundes sein. Ein Beispiel hierfür ist die Rede vom «Buch der Natur», in dem wir bedeutungsvolle Dinge lesen. Augustinus machte diese Metapher populär. Er wollte damit sagen, Gott habe sich neben der Bibel noch in einem zweiten Buch, der Natur, offenbart. Diese Metapher benutzte auch Galilei – allerdings auf seine Weise. Das Buch der Natur, behauptete er, sei in der Sprache der Mathematik geschrieben.

Zu den Faktoren, die für die Dynamik der abendländischen Wissenschaft sorgen, gehört die *theoretische Neugierde*, von der schon kurz die Rede war. Sie ist keineswegs selbstverständlich, wie der Vergleich mit anderen Kulturen zeigt. Diese «kognitive Leidenschaft» (Daston 2001a) betrachten wir nun ein wenig genauer.

Fest steht, dass Augustinus' Verdammung der Neugierde nachhaltige Folgen zeigte. Er war gewiss nicht der einzige, der die «eitle Wissbegier» als unvereinbar mit dem Glauben betrachtete. Aber er tat dies mit besonderem Nachdruck. Wie wir oben schon kurz erörtert haben, lenkt die Wissbegier den Menschen von dem ab, was wirklich zählt: vom Glauben an Gott und der Sorge um das Heil. Jede Ablenkung, auch Unterhaltung, Kunst und Spiel, geraten daher in den Verdacht, den Menschen zu schaden. Interessanterweise bringt Augustinus auch die *Vorhersage*, eine wichtige Leistung der Wissenschaft, direkt mit der sträflichen Neugierde in einen Zusammenhang. Die von Wissbegier getriebenen Menschen messen nicht nur Himmelsräume aus und zählen die Sterne, sie sagen auch Sonnen- und Mondfinsternisse voraus, «ohne sich zu verrechnen» (Augustinus 1982, 114). Offenbar war sich Augustinus über die Möglichkeiten der Wissenschaft im Klaren. Er spielt keineswegs deren Leistungen herunter. Augustinus weiß, wovon er spricht, aber er stellt fest: «Die künftige Finsternis der Sonne sehen sie lange voraus, ihre eigene gegenwärtige sehen sie nicht» (ebd., 115).

Solche Ideen begrenzen die Entwicklung des Wissens. Auch in anderen Kulturen wurden Erkenntnisse nicht nur durch

Herrschaftsstrukturen, sondern außerdem noch durch philosophische Standpunkte in Schranken gehalten. Erkenntnisse hatten sich *anderen kulturellen Mächten anzupassen,* insbesondere der Politik und der Religion, wie etwa in der islamischen Welt. *Die Rehabilitierung der theoretischen Neugierde in Europa lief darauf hinaus, alle Vorschriften für das Wissen abzuschaffen.* Sicher, die Hoffnung, mit Hilfe der Wissenschaften praktische Erfolge zu erzielen, etwa Krankheiten zu heilen, stand für viele westliche Wissenschaftler im Vordergrund. *Aber sie maßen die Leistungen der Wissenschaft nicht – oder nicht nur – an ihren praktischen Konsequenzen.* So machten die Menschen die bittere und enttäuschende Erfahrung, dass die Mediziner völlig hilflos auf die Pest reagierten (Flasch 2000). Gemessen an den Verheißungen eines Roger Bacon waren die Erfolge der Medizin mehr als kläglich. Aber die theoretische Neugierde ist eine Quelle, die auch dann sprudelt, wenn die nützlichen Wirkungen ausbleiben. Als Galilei voller Neugier sein Fernrohr in den Himmel richtete, befassten sich bereits namhafte Philosophen mit dieser Leidenschaft. Thomas Hobbes (1588–1679) preist die Neugierde als eine typisch menschliche Leidenschaft, die er neben die Vernunft stellt. Im Unterschied zum «heftigen, aber kurzen Trieb der Sinnlichkeit» begreift Hobbes die Neugier als einen «beständigen und unermüdlichen Trieb nach immer neuer Wissenschaft» (Hobbes 1980, 53).

Hans Blumenberg: Der Prozeß der theoretischen Neugierde, Frankfurt 1973
Lorraine Daston: Wunder, Beweise und Tatsachen. Zur Geschichte der Rationalität, Frankfurt 2001

Die Theoretiker der Neugier ahnten wohl die Dynamik, die allmählich in Gang kam. Deshalb dachten auch sie über die – positiven wie negativen – Folgen der Wissensentwicklung nach. Weder Descartes noch Bacon und Hobbes waren unkritische Enthusiasten. Theoretische und praktische Neuerungen können die Menschen irritieren und verunsichern, wie Francis

Bacon illusionslos feststellt. Das unerwartet Neue «tut einigen wohl und anderen weh» (Bacon 1993, 30). Er gibt aber auch zu bedenken, «dass ein starrköpfiges Festhalten am Herkommen ebensoviel Unruhe stiftet wie eine Neuerung. Und wer alten Zeiten zu sehr nachhängt, wird von der neuen nicht mehr ernst genommen» (ebd., 29f.).

Mit der enormen Aufwertung der Neugierde, die Neues hervorbringt, geriet das Staunen in den Hintergrund. Staunen geht mit Kontemplation einher. Und wir staunen, wenn wir etwas nicht verstehen, wenn uns Erkenntnisse fehlen. Deshalb neigten die Theoretiker der Neugierde dazu, das Staunen als eine Haltung zu betrachten, die auf ein Defizit hinweist, das es zu überwinden gilt, indem man das Wissen vermehrt.

Wie man Experimente macht

Im Buch der Natur zu lesen – das reicht offensichtlich nicht aus. Schlimmer noch: Wir täuschen uns dabei allzu oft. Die Wirklichkeit ist nicht so, wie sie zu sein scheint. Deshalb erfinden Wissenschaftler Hypothesen und Theorien über verborgene, tiefer liegende Strukturen und Prozesse, beispielsweise über Atome und Moleküle. Aber auch was aus den Theorien folgt – Vorhersagen, Erwartungen – lässt sich häufig nicht so einfach beobachten. Vielmehr müssen die Forscher ihre *Daten erzeugen.* Aus diesem Grund führen Wissenschaftler Experimente durch. In der Enzyklopädie der Aufklärer heißt es dazu:

«Die Beobachtung, die weniger originell und tiefgründig ist, beschränkt sich auf die Tatsachen, die man vor Augen hat, das heißt darauf, Erscheinungen aller Art, die uns das Schauspiel der Natur darbietet, gut zu betrachten und ausführlich zu beschreiben; dagegen sucht das Experiment die Natur tiefer zu erforschen, ihr das zu entreißen, was sie verbirgt, und durch mannigfache Kombination der Körper neue Erscheinungen hervorzubringen, um diese wiederum zu studieren – kurz, es beschränkt sich nicht darauf, die Natur zu belauschen, sondern es befragt sie und zwingt sie zur Auskunft» (d'Alembert, in Diderot 2001, 175).

Das Experiment wurde lange vernachlässigt, trotz der erfolgversprechenden Anfänge in der antiken Welt. Einige Historiker führen dies auf den Einfluss der beiden großen philosophischen Autoritäten zurück, auf Platon und Aristoteles. Vor allem Platon stand der experimentellen Vorgehensweise ablehnend gegenüber. Und Aristoteles vertraute – entsprechend seiner erkenntnistheoretischen Hintergrundannahme – vor allem der Beobachtung. Allerdings argumentierte er in seiner Schrift «Über Jugend, Alter, Leben und Tod» mit einem experimentellen Eingriff. Nach seiner Überzeugung befand sich das übergreifende Sinnesorgan, ein Charakteristikum aller Tiere, in der Mitte des Körpers. Dort hatte das Zentralorgan seinen angemessenen Platz. Deshalb, Sie erinnern sich, bestritt Aristoteles auch, dass das menschliche Gehirn diese Funktion ausübt. Für seine Hypothese sprechen – so Aristoteles – sowohl theoretische Überlegung als auch Beobachtung:

«denn bei vielen Tierarten ist es so: Schneidet man an einem der beiden äußeren Körperteile, also den Kopf oder den Teil, der die Nahrung verdaut, ab, so lebt das betreffende Exemplar mit demjenigen Teil weiter, mit welchem der Mittelteil des Körpers verbunden bleibt. Dieses Phänomen zeigt sich deutlich an Insekten wie Wespen und Bienen» (Aristoteles 1997, 148).

Kurz gesagt: Der Teil mit dem Mittelstück lebt eine Zeit lang weiter. Also, so die Schlussfolgerung des Aristoteles, befindet sich das Steuerungsorgan in der Mitte der Lebewesen. Dieses Beispiel zeigt, dass auch die experimentellen Befunde nicht für sich selbst sprechen. Aristoteles interpretierte sie im Sinne seiner Theorie, die er bestätigt fand. Bleiben wir zunächst bei Experimenten mit Lebewesen.

Abraham Tremblys (1710–1784) Interesse galt sehr kleinen Hohltieren, den Süßwasserpolypen, die mit ihren winzigen Tentakeln Wasserlebewesen erbeuten, beispielsweise junge

Wasserflöhe. Meist sitzen sie regungslos auf einer Unterlage, etwa den Stielen und Blättern von Wasserpflanzen. Gerne lassen sie sich auch an den Glasscheiben eines Aquariums mit Wasser aus einem Teich oder Tümpel nieder. Deshalb wusste Trembly zunächst nicht, ob er Pflanzen oder Tiere beobachtete. Erst als er ihre Fortbewegungsweise entdeckte, war er davon überzeugt, Tiere zu erforschen. Überhaupt blieben ihm viele Einzelheiten verborgen, wie die giftigen Nesselkapseln der Tiere, die erst Jahrzehnte später entdeckt wurden. Er arbeitete mit Lupen und einem einlinsigen Mikroskop. Trembly fand heraus, dass sich diese Organismen doch bewegen können, und zwar, wie es ihm schien, bevorzugt dem Licht entgegen. Diese – durch Beobachtungen nahe gelegte – Vermutung *überprüfte Trembly in einem Experiment.* Er dunkelte sein Glas vollständig mit Pappe ab bis auf einen kleinen Spalt, durch den das Licht drang. Und siehe da: Dort versammelten sich die Polypen. Sie orientierten sich am Licht, ohne Augen zu haben. Abraham Trembly war der «Phototaxis» auf die Spur gekommen. Wenig später beobachtete er, dass aus einem Teil eines Tieres wieder ein vollständiger Organismus wachsen kann. Auch in diesem Fall beließ es Trembly nicht bei der Beobachtung. Er experimentierte. So zerteilte er einen Polypen – und tatsächlich: Zwei vollständige Tiere entstanden aus diesen Hälften. Diese Erkenntnis widersprach den damals geltenden Vorstellungen über die ausschließlich geschlechtliche Vermehrung der Tiere. So etwas passiert in der Geschichte der Wissenschaften häufig. Eine Beobachtung oder ein experimenteller Befund *widerspricht der herrschenden Theorie.* Doch deswegen lassen die Wissenschaftler nicht gleich die gängige Theorie fallen. Ein solcher Widerspruch veranlasst aber einige Forscher, der Sache auf den Grund zu gehen. Tremblys Ergebnisse erregten jedenfalls das Interesse seiner gebildeten Zeitgenossen. Die gelehrten Männer und Frauen in den Salons erhielten einen neuen Gesprächsstoff. Vermehrung bei Tieren – das geht auch ohne Sex? Ein Lebewesen ist doch ein Individuum, ein Geschöpf, eine Einheit – wie kommt es, dass aus Teilen dieses Ganzen ein vollständiges Tier entstehen kann? Und die Seele eines Tieres – was geschieht damit, sie kann doch nicht teilbar sein?

Tremblys Experimente an sehr kleinen Organismen veranlassten andere Forscher, in seine Fußstapfen zu treten. Sie machten sich daran, einen bis dahin unbekannten Bereich der Wirklichkeit zu erkunden. Wieder war eine Grenze überschritten.

Betrachten wir ein weiteres Beispiel: Die Sinnesleistungen von Lebewesen zu erforschen, gibt uns Aufschlüsse darüber, wie sie in der Welt zurecht kommen und Erkenntnisse gewinnen. Um 1913 versuchte Karl von Frisch die Frage zu beantworten, ob Bienen tatsächlich Farben unterscheiden können. Soviel stand am Anfang des Jahrhunderts schon fest: Bienen lassen sich auf Farben dressieren, wenn man sie mit Futter belohnt. Nur: Sehen die Bienen wirklich Farben oder orientieren sie sich bloß an den Helligkeitswerten? Die Dressur reicht folglich nicht aus, um darüber zu entscheiden. Deshalb dachte sich Karl von Frisch ein Experiment aus. Um auszuschließen, dass Bienen die Helligkeitswerte für ihre Futtersuche nutzen, müssen diese Helligkeiten experimentell kontrolliert werden. Von Frisch verteilte Papiere mit verschiedenen Grautönen und ein Papier in blauer Farbe auf einem Tisch. Ein farbenblinder Mensch hätte nur Grautöne wahrgenommen und das blaue Papier mit anderen verwechselt, die denselben Helligkeitswert haben. Über jedes Stück Papier stellte von Frisch ein Glasschälchen, aber nur in dem einen Glas auf blauem Papier befand sich eine Zuckerlösung. Die Bienen ließen sich mal hier und mal dort nieder. Bald flogen sie bevorzugt das blaue Papier an, wo der Zuckersaft stand. Nun veränderte von Frisch mehrmals die Positionen der Papiere mit den jeweiligen Glasschalen. Die Bienen bevorzugten weiterhin das blaue Papier – unabhängig von der Position, an der es sich gerade befand. In diesen Experimenten ging es also darum, andere Orientierungsmöglichkeiten auszuschließen. Ein Fehler wäre zum Beispiel gewesen, das Gefäß mit Zucker auf ein größeres

Papierstück zu stellen. Denn in diesem Fall hätten die Bienen auch die Chance gehabt, sich an der Größe des Objekts zu orientieren. Mit diesem Experiment – und einigen weiteren – war der Nachweis erbracht, dass Bienen tatsächlich in der Lage sind, Farben zu unterscheiden (Dettner/Peters 1999). Doch die schönen Experimente wiesen noch auf etwas anderes hin: auf die Lernprozesse der Bienen. Denn sie hatten eine Lernleistung vollbracht, indem sie die Farbe Blau mit der Zuckerlösung verknüpften. Zwar war dies nicht die Fragestellung, die von Frisch mit seinem Experiment verknüpfte – aber das Problem «Lernen bei Insekten» lauerte sozusagen im Hintergrund der Versuchsanordnung. Dass Insekten dazu überhaupt in der Lage sind, ist eine Erkenntnis, die sich am Anfang des 20. Jahrhunderts allmählich durchsetzte. Auch Karl von Frisch arbeitete jahrelang an diesem Thema. Und ihm verdanken wir eines der Meisterstücke der Wissenschaft: die Erforschung der Bienentänze. Er beobachtete zunächst, wie Bienen, die in ihren Stock zurückgekehrt waren, einen Rundtanz aufführten. Normalerweise ist es in einem Bienenstock völlig dunkel. Die Bienen schauen ihrer Artgenossin nicht zu, sondern laufen der tanzenden Nektarsammlerin hinterher. Dabei vollziehen sie dieselben Bewegungen. Anschließend verlassen sie den Stock, um ganz in der Nähe des Bienenstocks Nektar zu sammeln. Die «nächstliegende Annahme» (v. Frisch), dass die Bienen nach dem Tanz ihrer Artgenossin hinterherfliegen, konnte Frisch durch «sorgsame Beobachtung» ausschließen. Der Tanz bedeutet etwas, er informiert darüber, dass es in der Nähe des Stockes Nahrung gibt. Weil an der tanzenden Biene Moleküle der Blütenpflanze haften, erhalten die Artgenossinnen auch eine Information über das Futter. Nun wollte von Frisch herausfinden, ob der Rundtanz auch über die Richtung informiert, in der die Bienen suchen müssen. Das ist nicht der Fall, wie Frisch in einem einfachen Experiment zeigen konnte. Er und seine Mitarbeiter fütterten Bienen an einem bestimmten Ort, zehn Meter vom Stock entfernt. Anschließend stellten sie auch an andere Orte rund um den Stock Futterschälchen. Die Bienen fanden alle Futterquellen, weil sie nicht in einer bestimmten Richtung suchten. Bei weiter entfernten Futterquellen ist die Mitteilung an die anderen Bienen nur dann hilfreich, wenn sie auch über die Richtung informiert – der Aufwand für die Suche wäre ja sonst sehr hoch. Während alle «Nahsammler» Rundtänze aufführen, machen alle «Fernsammler» die sogenannten «Schwänzeltänze» (Abb. 6a). Die Biologen fanden zunächst einen Zusammenhang zwischen Tanztempo und Entfernung. Die Futterquelle ist umso weiter entfernt, je langsamer die Bienen tanzen. Wie die Bienen über die Richtung informieren, hängt davon ab, ob sie im Freien – im Licht der Sonne – oder in der Finsternis des Stockes tanzen. Draußen ist es einfacher: Die Bienen tanzen in einem bestimmten Winkel zu den einfallenden Lichtstrahlen und informieren damit direkt über die Flugrichtung. Im dunklen Stock funktioniert diese Methode natürlich nicht. Was Bienen dann tun, beschreibt Karl von Frisch so: «Sie übertragen den Winkel zur Sonne, den sie beim Flug zum Futterplatz einzuhalten hatten, auf die Richtung der Schwerkraft, wobei sie sich des folgenden Schlüssels bedienen: Schwänzelläufe nach oben bedeuten, dass der Futterplatz in Richtung Süden liegt; Schwänzelläufe nach unten sagen die entgegengesetzte Richtung an» (von Frisch 1977[9], 132f.). Indem sie in einem bestimmten Winkel links oder rechts zur Senkrechten – also in Richtung Schwerkraft – laufen, informieren die Bienen über den Winkel zum Licht (Abb. 6b). Eine erstaunliche Leistung, so erstaunlich, dass hin und wieder Zweifel an Karl von Frischs Hypothese laut wurden. Niemand bestritt die Existenz der Tänze. Aber verarbeiten die Bienen tatsächlich die Informationen, die der Schwänzeltanz enthält? Diese Frage veranlasste den amerikanischen Wissenschaftler James L. Gould zu einem Experiment, einem «der intelligentesten Experimente der biologischen Forschung insgesamt», so Richard Dawkins (1996, 116). Er bot den Bienen im Stock eine Glühbirne als Lichtquelle an. Dann teilten die fündig gewordenen Bienen ihren Artgenossen den Futterplatz auf die ein-

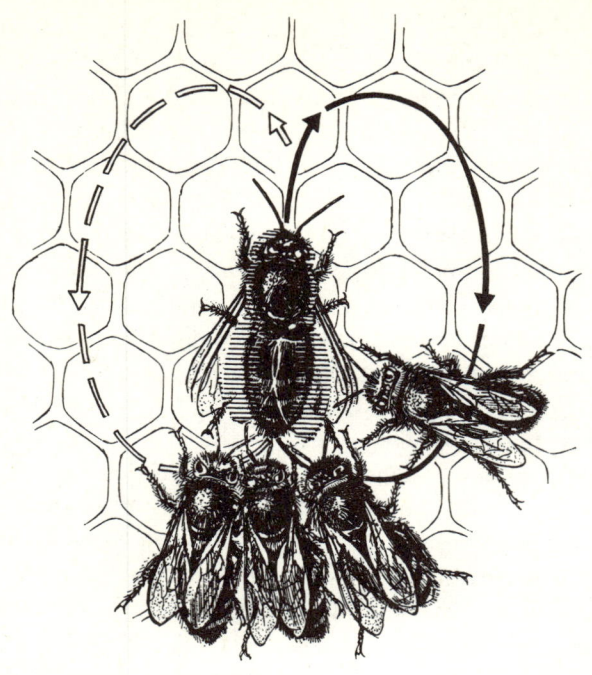

Abb. 6a: Der Schwänzeltanz

fache Weise mit; sie tanzten also in einem Winkel zur Lichtquelle hin. Gould bemalte die Augen einer tanzenden Biene
mit Schelllack. Für sie schien die Sonne nicht mehr. Wie Frisch
es beschrieben hatte, übertrug sie den Winkel zum Licht auf
die Richtung der Schwerkraft. Die anderen Bienen interpretierten den Tanz aber so, als schiene die Sonne. Sie erhielten auf diese Weise eine falsche Information und verfehlten
ihr Ziel in vorhersagbarer Weise. Gould führte dieses Experiment mit mehreren Bienen und verschiedenen Winkeln durch.
«Eigentlich zwang Gould die Biene dazu, über die Richtung
der Nahrungsquelle zu lügen ...» (Dawkins 1996, 118). Seither
ist jede Kritik an Frischs Hypothese verstummt.

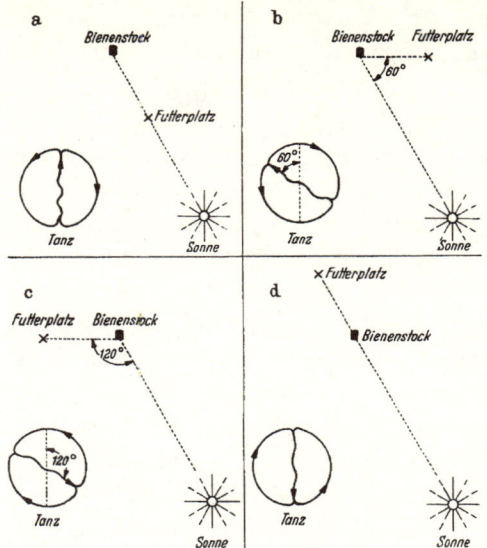

Abb. 6 b: Richtungsweisung nach dem Sonnenstand beim Tanz auf der vertikalen Wabenfläche. Links ist jeweils dargestellt, wie bei der gegebenen Lage des Futterplatzes der Schwänzeltanz auf der vertikalen Wabe orientiert ist.

Drei weitere Beispiele möchte ich Ihnen noch präsentieren, zwei Versuche mit Menschen sowie ein chemisch-physikalisches Experiment. Das nächste Beispiel soll zeigen, wie ein Versuch Zusammenhänge belegt, die aber nicht ganz richtig interpretiert werden. Kehren wir zurück in die Zeit, in der James Cook, einer der Helden unseres Buches, seine Entdeckungsreisen unternahm. Eine Krankheit, nämlich Skorbut, bereitete erhebliche Probleme. Die Symptome dieser Erkrankung sind brüchige Blutgefäße, eine verzögerte Wundheilung und Zahnausfall. James Cook hatte das Problem weitgehend im Griff. Er schwor auf Sauberkeit und eine abwechslungsreiche Ernährung, zu der Zwiebeln, Sauerkraut und Orangen gehörten. Ein Marinearzt aus London, James Lind (1716–1794), wollte es genauer wissen. Seine Beobachtungen führten ihn zu der folgenden Hypothese: Zitrusfrüchte enthalten ein unbekanntes, aber wirksames Mittel gegen Skorbut. 1754 testete er diese Vermutung. Er wählte 12 Skorbutkranke aus, die er unterschiedlich behandelte. Jeweils zwei Personen verabreichte er zum Beispiel Apfelwein, Knoblauch oder Meerwasser und zwei erhielten Orangen und Zitronen. Nur diese beiden waren nach ein paar Tagen wieder gesund. Lind fand seine Hypothese bestätigt. Er meinte, der Wirkstoff in den Früchten wirke wie ein Reinigungsmittel, das giftige Partikel entfernt. Sicherlich ist Ihnen schon aufgefallen, dass diese spezielle Hypothese nicht durch das Experiment bestätigt wird; die Befunde sprechen lediglich für irgend einen Zusammenhang zwischen den Zitrusfrüchten und der Heilung von Skorbut. Nehmen wir einmal an, Linds These wäre durch das Experiment widerlegt worden, die Zitrusfrüchte hätten (auch bei größeren Fallzahlen) keine Wirkung gezeigt – in diesem Fall wären auch alle speziellen Hypothesen über die Wirkungsweise der Früchte gescheitert. Eine solche Widerlegung kann daher sehr aussagekräftig sein. Heute wissen wir: Linds Hypothese ist falsch; denn bei Skorbut handelt es sich um eine Vitamin-C-Mangelerscheinung. Dies konnte James Lind noch nicht einmal ahnen. Erst rund 170 Jahre später begann die Wissenschaft, die Geheimnisse der Vitamine zu lüften. Vitamin C wurde 1932 isoliert; seit 1933 heißt es Ascorbinsäure (Porter 2000).

Eine wichtige Rolle spielen Experimente auch in der Psychologie. Ein berühmtes Experiment stammt von Schachter und Singer. Sie führten es Anfang der sechziger Jahre durch, um zu zeigen, dass Emotionen von unseren Kognitionen, Erwartungen und Erkenntnissen, beeinflusst werden. Das teilten sie aber ihren Versuchspersonen nicht mit. Statt dessen erklärten sie ihnen, die visuelle Wirkung eines Vitaminpräparates zu untersuchen. Sie erhielten eine Injektion und wurden dann in einen «Warteraum» gebeten. Einer Gruppe verabreichten die Forscher Adrenalin, das zu physiologischen Erregungszuständen führt (beschleunigte Atmung, erhöhte Herzfrequenz). Die Kontrollgruppe dagegen bekam eine Placebo-Injektion, die keine Wirkungen hatte. Den Versuchspersonen, die in drei Gruppen aufgeteilt wurden, gaben die Forscher unterschiedliche Erklärungen mit auf den Weg. Die erste Gruppe erfuhr, dass das neue Medikament vorübergehende Nebenwirkungen hat: Zittern, schnelles Atmen, Herzklopfen. Der zweiten Gruppe erzählten die Wissenschaftler, das Medikament zeige keinerlei Nebenwirkungen, während die dritte Gruppe über andere Nebenwirkungen informiert wurde, wie zum Beispiel Juckreiz. Diese beiden letzten Gruppen hatten also keine Erklärung für ihren Erregungszustand, in den sie bald hineingerieten. Sie würden aber, so lautete die Vorhersage der Psychologen, nach einer Erklärung suchen. Im «Warteraum» traf jede Versuchsperson eine andere «Versuchsperson», die ebenfalls am Experiment teilnahm. Diese vermeintlichen Mitspieler spielten den echten Versuchspersonen bestimmte Gefühlslagen vor. Die einen verhielten sich fröhlich, gut gelaunt, zu Späßen aufgelegt. Die anderen zeigten sich verärgert, verwirrt, wütend. Psychologen beobachteten dieses Treiben durch eine Einwegscheibe. Schließlich füllten alle Versuchspersonen – auch die aus der Kontrollgruppe – einen Fragebogen aus, in dem es um ihre Gefühle ging. Weder die Kontrollgruppe noch die Gruppe, die über eine angemessene Erklärung ihrer Erregungszustände verfügte, ließen sich von den vorgespielten Emotionen beeinflussen. Die anderen dagegen spürten Freude oder Ärger. Sie übernahmen also die Hinweise der vermeintlichen Versuchsperson im Warteraum, *um ihre eigenen Befindlichkeiten zu deuten.* Ein ausgeklügeltes Experiment! Trotzdem kann man kritisch fragen, ob tatsächlich eine Kognition, also die durch Freude oder Ärger angebotene Hypothese über den augenblicklichen Erregungszustand der entscheidende Faktor war. Vielleicht lassen sich Personen, die erregt sind, ohne einen Grund dafür zu kennen, einfach nur leichter von anderen anstecken – so wie Gähnen ansteckt. Das behaupte ich nicht, um Zusammenhänge zwischen Kognitionen und Emotionen zu bestreiten. Ich will an diesem Beispiel lediglich noch einmal zeigen, dass auch experimentell erzeugte Befunde häufig mit verschiedenen Hypothesen erklärt werden können.

Wie die Geschichte der Wissenschaften zeigt, sind die begnadeten Theoretiker nicht unbedingt die gewieftesten Erfinder von Experimenten. Wichtige Theorien, also solche, die viel zum Verständnis unserer Welt beitragen und/oder mit bislang akzeptierten Theorien kollidieren, rufen meist eine ganze Schar von Wissenschaftlern auf den Plan, die Experimente anstellen, um die fragliche Theorie zu testen. Experimente entscheiden häufig über das weitere Schicksal von Theorien. Längst nicht alle Experimente dienen der Überprüfung von Hypothesen, mit Experimenten erkunden die Wissenschaftler auch mehr oder weniger verborgene Bereiche der Wirklichkeit. Wahrscheinlich erinnern Sie sich an Ihren Unterricht in Chemie, dem Fach, in dem viele Experimente vorgeführt werden. Beispielsweise gießt die Lehrerin eine Säure über ein Salz und leitet das entweichende Gas in ein Auffanggefäß. Die Arbeit der Chemiker unserer Tage unterscheidet sich erheblich von dieser experimentellen Praxis. Aber in der zweiten Hälfte des 18. Jahrhunderts, als die Chemie rasche Fortschritte zu machen begann, waren es solche Versuche, die der Chemie auf die Sprünge halfen. Einer der Helden dieser jungen Wissenschaft heißt Henry Cavendish (1731–1810). In seinem Londoner Privatlabor befasste er sich mit vielerlei Problemen, unter anderem mit der «tierischen Elektrizität», ein Forschungsgebiet, das seine aufgeklärten Zeitgenossen in helle Aufregung versetzte. Schließlich machte Cavendish die Luft zu seinem Problem. Das dürfen wir getrost so formulieren: Er *machte* das Problem. Denn die Luft nehmen wir bei jedem unserer Atemzüge auf. Das erscheint uns selbstverständlich – was sollte daran also problematisch sein? Als Cavendish mit Salpetersäure arbeitete, entdeckte er eine Sorte Luft (ein Gas), die anders roch und nicht mit der Atemluft identisch war. Hatten Aristoteles und viele Wissenschaftler nach ihm nicht behauptet, es gebe vier Elemente, neben Feuer, Erde und Wasser eben auch die Luft? Passte Cavendishs Beobachtung zu dieser ehrwürdigen Theorie? Vielleicht, denn die vier Elemente kamen auf der Erde in Mischungen vor. Wein ist so ähnlich wie Wasser, aber doch anders, und das ist ein Ergebnis der Mischung. Seine Sorte Luft bestand eben aus einer anderen Mischung. Ich weiß nicht, ob Cavendish diese Überlegungen genau so anstellte. Ich habe sie mir ausgedacht, um zu zeigen: Wer will, findet, zumindest ein Zeit lang, Möglichkeiten, um Theorien und Befunde in Einklang zu bringen. Doch Cavendish wollte der Sache auf den Grund gehen. Und so wurde ihm das Selbstverständliche, die Luft, zu einem Rätsel. Er experimentierte mit Säuren, Metallen und Salzen, probierte mal dieses, mal jenes. So sammelte er ein Gas, das wir heute Wasserstoff nennen, in Zylindern und Schweinsblasen. Erstaunlicherweise stiegen die Schweinsblasen nach oben an die Decke seines Labors. Daraus konnte Cavendish nur folgern, dass sich in den Blasen Luft befand, die leichter war als die Luft, die wir einatmen. Existiert auch schwerere Luft? Ja, wie Cavendish zeigen konnte, indem er Kalksteine ($CaCO_3$) in verschiedene Säuren legte. Füllte er die dabei entweichende Luft (CO_2) in seine Schweinsblasen, sanken diese zu Boden. Es gelang Cavendish, diese Unterschiede *quantitativ* zu erfassen, mit Hilfe einer Waage nämlich. So hielt die Mathematik Einzug in die Chemie.

Ian Hacking: Einführung in die Philosophie der Naturwissenschaften, Stuttgart 1996

Fassen wir zusammen: Die experimentelle Praxis ist äußerst vielfältig. Deshalb dürfen wir das wissenschaftliche Experiment nicht auf eine Funktion festlegen, etwa auf die Überprüfung von Theorien. Experimentieren heißt, in die Wirklichkeit eingreifen. Wir erkunden dabei Teile der Wirklichkeit, die wir im Experiment *erweitern* (Heidelberger 1998). Manchmal experimentieren Wissenschaftler und lassen sich von dem überraschen, was dabei passiert. Manchmal veranlasst ein Versuchsergebnis die Wissenschaftler dazu, eine neue Hypothese zu entwickeln, manchmal prüfen sie eine Hypothese und manchmal führen sie ein Experiment durch, um eine Entscheidung über zwei konkurrierende Theorien fällen zu können. Die Beziehungen zwischen Experiment und Theorie verändern sich im Lauf der Wissenschaftsgeschichte. So wie es Phasen gibt, in denen die Wissenschaftler Daten sammeln, zum Beispiel Sterne zählen, gibt es auch Phasen, in denen experimentell ausprobiert wird, was da wohl passiert. Dennoch: Letztlich kommt es auf die Theorien an, auch wenn die experimentelle Praxis eine «Vielzahl von Eigenleben» (Hacking 1996, 276) führt. Heute mehr denn je dienen Experimente auch der Simulation von Bedingungen, die sonst nicht zugänglich wären. Bei alledem spielen Instrumente eine Rolle, die wir technischen Innovationen verdanken. Deshalb hängen Erkenntnisfortschritte in vielen Fällen mit Fortschritten der experimentellen Praxis zusammen.

Wissenschaft und Technik – verwickelte Beziehungen

Ohne Fernrohr hätte Galilei die Jupitermonde nicht entdecken können. John Herschel brauchte schon ein sehr leistungsfähiges Instrument, um die weit entfernten Nebel im All zu beobachten. Cavendish benutzte eine empfindliche Waage, mit der er das Gewicht der Gase bestimmte.

Wissenschaftler bauen oft Instrumente, um neue – oder genauere – Erkenntnisse zu gewinnen. So konstruierte beispielsweise Friedrich Wilhelm Herschel verschiedene Teleskope. Das tat er nicht nur im Dienste der Wissenschaft, sondern auch aus kommerziellen Gründen. Er verkaufte nämlich seine Instrumente und verdiente gut dabei. Doch einige seiner Instrumente benutzte Herschel, um damit den Sternenhimmel zu erkunden. Allerdings dürfen wir uns den Zusammenhang zwischen Astronomie und Instrumentenbau, jedenfalls in der

Anfangszeit, nicht zu eng vorstellen. Denn wer auch immer das Fernrohr erfunden haben mag – die ersten Exemplare tauchten um 1600 auf –, wollte bestimmt nicht Astronomie betreiben. Wissenschaftler greifen öfter technische Neuerungen auf und nutzen diese für ihre Forschungen. Technische Hilfsmittel werden nicht nur mit dem Ziel verwendet, unbekannte Welten zu erschließen. Es geht dabei häufig auch um die Erzeugung *objektiver* Befunde. Die Vorstellungen über die *Objektivität* in den Wissenschaften unterliegen einem historischen Wandel. Was als «objektiv» gilt, beeinflusst wohl auch den Bau und die Anwendung von Instrumenten. Und umgekehrt: Vorhandene Technik veranlasst Wissenschaftler darüber nachzudenken, welches Potenzial sie enthalten, um objektive Befunde zu gewinnen.

Das Stethoskop, 1816 von einem Mediziner namens René Laennec (1781–1826) konstruiert, bedeutete für die Medizin einen Durchbruch. Es erlaubte nämlich erstmals, Daten aus dem Inneren des lebenden Menschen zu bekommen. Vor dieser Erfindung mussten sich die Ärzte mit den äußerlich erhobenen Befunden und den *subjektiven* Auskünften ihrer Patienten begnügen. Das ursprüngliche Instrument bestand aus einer hölzernen Röhre mit knapp vier Zentimeter Durchmesser. Ein Ende der Konstruktion war für das Ohr des Arztes bestimmt, das andere drückte man auf den Körper des Patienten. Ein paar Weiterentwicklungen folgten, bis in der Mitte des 19. Jahrhunderts in Amerika ein Instrument für beide Ohren konstruiert wurde. Moderne Varianten dieses Typs benutzen die Mediziner bis zum heutigen Tage. Das Stethoskop wurde rasch zum «Markenzeichen der wissenschaftlichen Medizin» (Porter 2000); es verhieß bessere Diagnosen auf der Grundlage objektiver Daten. Sicher, die Ärzte mussten lernen, die Geräusche, die aus dem Körper dringen, zu deuten. Aber die Geräusche selbst – an denen gibt es nichts zu rütteln. Oder? Genau genommen werden selbst diese naturwüchsigen Daten erzeugt. Denn wir bzw. die Mediziner nehmen die Signale aus dem Körper mit Hilfe der organischen «Erkenntnisapparate» wahr, die im Laufe der Evolution entstanden sind. Außerdem verstärkt das Gerät die Geräusche, es bereitet sie für das menschliche Gehör auf. Ferner sind Bedienungsfehler möglich. Die Routine des Arztes im Umgang mit dem Stethoskop spielt ebenfalls eine Rolle. Also sind die Daten zwar erzeugt, aber keineswegs willkürlich konstruiert. Objektiv erscheinen sie in dreierlei Hinsicht: Sie lassen sich – nach einer Übersetzung in die Fachsprache – *mitteilen,* wie entsprechende Krankenberichte nach der Erfindung des Stethoskops zeigen. Und mehrere Ärzte können sich *unabhängig voneinander* über den Patienten beugen, um die Befunde zu erheben. Und die Daten sind objektiv in dem Sinne, dass sie eben nicht auf die *subjektiven* Erlebnisse und Einschätzungen der Patienten zurückgehen. Nach Laennecs Erfindung hatten die Ärzte aber keineswegs nur die Möglichkeit, die Klagen der Patienten, ihre tatsächlichen oder eingebildeten Leidenserfahrungen zu ignorieren. Sie konnten die mit dem Stethoskop gewonnenen Daten zu den subjektiven Berichten in eine Beziehung setzen, die beklagten Symptome mit den Befunden vergleichen und die einen mit Hilfe der anderen untermauern oder zur kritischen Prüfung verwenden.

Heutzutage dient die Technik vielen Wissenschaftlern dazu, Prozesse zu simulieren oder auch unter Laborbedingungen ablaufen zu lassen, die ihnen sonst unzugänglich oder schwerer zugänglich blieben. Das herausragende Beispiel hierfür sind Computersimulationen. Kognitionspsychologen zum Beispiel verwenden Programme, mit denen sie ökologische und soziale Systeme simulieren, um das Problemlöseverhalten zu erforschen. Die Versuchspersonen bekommen die Aufgabe, die ökologischen (oder sozialen) Probleme zu analysieren und die Situation zu verbessern, indem sie geschickt in die Computerwelten eingreifen. Hier versuchen die Forscher also mit Hilfe der Technik, realitätsnahe Bedingungen zu schaffen, unter denen sie den Umgang mit Problemen untersuchen. So verändert sich die simulierte Wirklichkeit auch dann, wenn die Versuchspersonen nichts unternehmen oder nur zögerliche

Eingriffe wagen (Dörner 1989). Übrigens sind auch die Berichte der Versuchspersonen wichtig, wenn die Forscher zum Beispiel wissen wollen, welche Hypothesen eine Versuchsperson ausprobiert. Mit Computerprogrammen gelingt es auch, hypothetische ökologische Entwicklungen zu simulieren, etwa das zukünftige Klima.

Mein nächstes Beispiel stammt aus den Geowissenschaften. Die Erforschung des Planeten hat in den letzten Jahrzehnten große Fortschritte gemacht. Doch es gibt auch große Hindernisse. So ist es nicht möglich, ins Erdinnere zu reisen – oder gar zum Mittelpunkt der Erde, wie in dem Roman von Jules Verne. Das tiefste Bohrloch hat immerhin eine Tiefe von über neun Kilometern. So bemerkenswert diese technische Leistung auch ist – die Geologen stochern damit in der Erdkruste herum. Der Erdmantel reicht bis in eine Tiefe von 2900 km herab, und der Erdkern ist rund 6000 km von der Oberfläche entfernt (Abb. 7). Ein wichtiger Faktor im Inneren der Erde ist der extrem hohe Druck, ein anderer die hohe Temperatur. Geowissenschaftler sind inzwischen in der Lage, extrem hohe Druckverhältnisse im Labor zu erzeugen. Eine technische Möglichkeit hierfür bietet die Diamantstempel-Apparatur, wie sie die Abbildung 8 zeigt. Verschiedene Elemente und chemische Verbindungen wie zum Beispiel Nickel, Eisen und Silikate werden von zwei Diamanten zusammengepresst und von außen erhitzt. Die Physiker machen sich hierbei die Tatsache zu Nutze, dass Druck eine Beziehung von Kraft und Fläche ist. Die Fläche ist bei diesem Versuchsaufbau extrem klein, die untersuchte Probe winzig. So gelingt es, Vorgänge im Inneren der Erde zu simulieren und zu erforschen, ohne die Reise zum Mittelpunkt der Erde antreten zu müssen.

Verborgenes kommt also mittels *erzeugter Daten* ans Licht. Die Geophysiker erforschen den Untergrund der Meere, indem sie Druckwellen mit einem Gerät erzeugen, das von Schiffen durchs Wasser gezogen wird. Andere Instrumente, die sich ebenfalls unter Wasser befinden, registrieren die reflektierten Druckwellen. Daraus erstellt der Computer Profile,

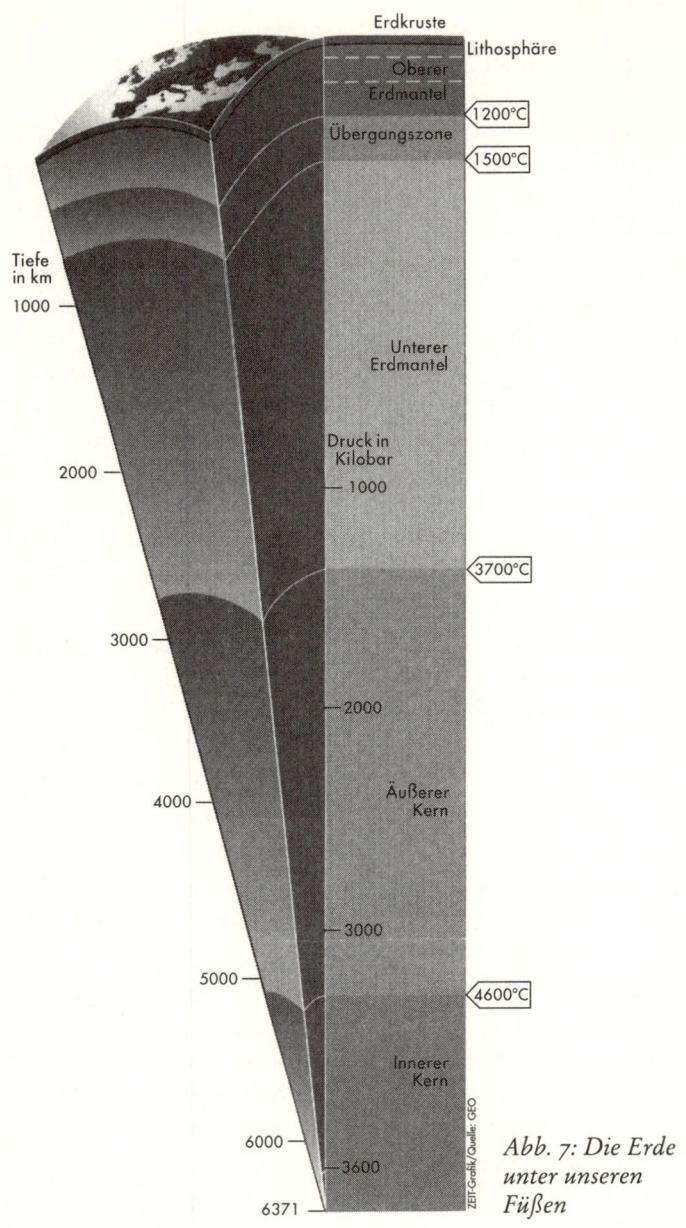

Erdkruste

Lithosphäre

Oberer
Erdmantel

⟨1 200°C⟩

Übergangszone

⟨1 500°C⟩

Tiefe
in km

1000 —

Unterer
Erdmantel

Druck in
Kilobar

— 1000

⟨3700°C⟩

2000 —

— 2000

Äußerer
Kern

3000 —

— 3000

4000 —

⟨4600°C⟩

5000 —

Innerer
Kern

ZEIT-Grafik/Quelle: GEO

*Abb. 7: Die Erde
unter unseren
Füßen*

6000 —

— 3600

6371 —

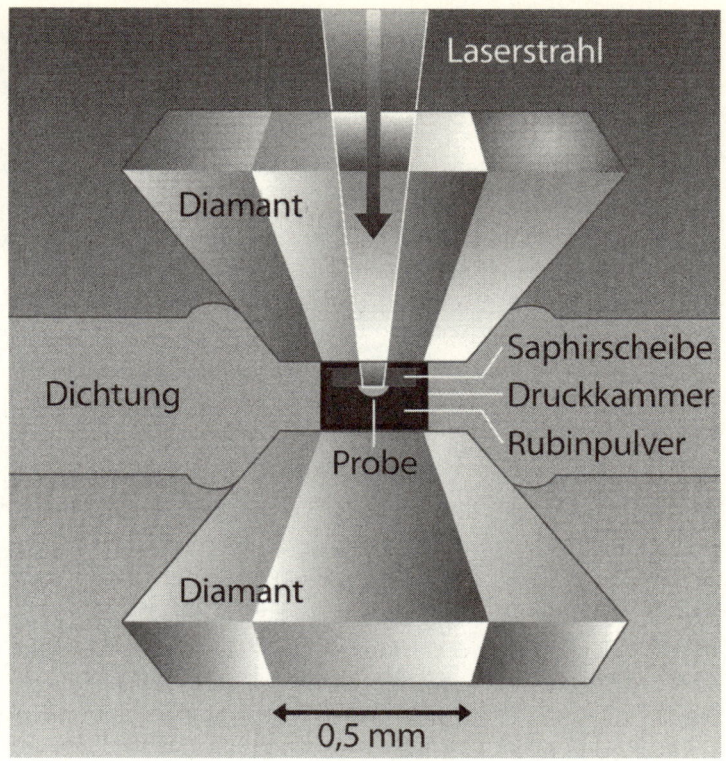

Abb. 8: Erforschung des Unzugänglichen: das Innere der Erde im Labor

die den Wissenschaftlern die Strukturen in der Tiefe des Meeres zeigen. Dieses Verfahren ähnelt weniger der Stethoskopie, sondern vielmehr der modernen Ultraschalldiagnostik, die Bilder aus dem Körperinneren liefert.

Der in diesen beiden Beispielen erwähnte Computer ist das Ergebnis einer spektakulären Erfolgsgeschichte. Es dürfte sinnvoll sein, diese Geschichte mit der Erfindung der sogenannten arabischen Ziffern, die aus Indien stammen, beginnen zu lassen. Die berühmte Null spielt dabei eine wichtige Rolle. Sie tauchte in Indien im 8. Jahrhundert n. Chr. auf. Dank der Araber gelangten die Zahlen zwischen dem 11. und 16. Jahrhundert nach Europa. Sie waren die wohl wichtigste Voraussetzung dafür, effektive Rechenmaschinen herzustellen. Das geschah im 17. Jahrhundert in Europa. Diese Maschinen trugen zum Aufschwung der Naturwissenschaften bei, ein Prozess, der sich mit immer leistungsfähigeren Computern bis zum heutigen Tage fortsetzt.

Die Technik kann also, wie die Beispiele deutlich zeigen, im Dienste der Erkenntnisgewinnung stehen. Neue Techniken sind zugleich auch *Konsequenzen neuer Erkenntnisse*. Natürlich werden sie nicht einfach aus Theorien abgeleitet. Vielmehr entwickeln Techniker und Wissenschaftler mit Hilfe von Theorien neue Instrumente. Welchen Nutzen – und welchen Schaden – eine Theorie mit sich bringt, das steht keineswegs von vornherein fest. Ein Wissenschaftler, der eine Theorie entwickelt, hat oft keine Ahnung, was künftig daraus werden wird. «Nicht einmal die Primzahlen sind unschuldig», meint der Philosoph Gerhard Vollmer. Die Primzahlen – in der antiken Welt entdeckt – dienten im ersten Weltkrieg der Verschlüsselung militärischer Botschaften. Als Pierre und Marie Curie begannen, mit Röntgenstrahlen zu experimentieren, ahnten sie noch nicht, dass Marie Curie rund 15 Jahre später viele französische Soldaten, Opfer des ersten Weltkrieges, durchleuchten würde. Obwohl die Strahlenbelastung bei diesen ersten Röntgenapparaten beträchtlich war, konnte Marie Curie, die an der gesamten Frontlinie Dienst tat, vielen Menschen helfen. Heutzutage eilt das Wissen zumeist den Techniken voraus. In der Vergangenheit machten die Menschen häufig technische Erfindungen, ohne sie theoretisch zu verstehen. Die Herstellung von Bier ist hierfür ein Beispiel. Bereits die Babylonier, deren Wissen uns im 2. Kapitel beschäftigt hat, stellten ein ähnliches Getränk her. Doch welche Prozesse dieser Technologie zu Grunde liegen, blieb die längste Zeit unbekannt. Um zu verstehen, wie Bier (oder auch Wein) entsteht, benötigen wir u. a. Erkenntnisse aus dem Bereich der Mikrobiologie. So stellten die Wissenschaftler erst in der Mitte des zwanzigsten Jahrhunderts fest, dass der Hopfen Substanzen enthält, die das Wachstum von Bakterien hemmen (Postgate 1994). Inzwischen hat unser Wissen viele solcher unverstandenen Techniken eingeholt.

Nun gibt es zahlreiche technische Errungenschaften, die nicht primär der Wissenschaft dienen, die aber dennoch von Wissenschaftlern genutzt werden können. Ein Beispiel haben wir schon kennen gelernt: die Schiffe, ohne die jene spektakulären Entdeckungsreisen natürlich nicht möglich gewesen wären. Eine andere Errungenschaft beflügelte sofort die Wissenschaft. Nach einigen Versuchen mit unbemannten Ballons fand 1783 die *erste Ballonfahrt* in Paris statt, ein Ereignis, das die Menschen tief beeindruckte (Hamblyn 2001). 400000 Zuschauer erlebten dieses Spektakel – niemals zuvor waren so viele Menschen zusammen gekommen. Sie sahen mit eigenen Augen, wie eine Grenze überschritten wurde. Ein Menschheitstraum ging in Erfüllung, der Traum vom Fliegen. Henry Cavendish, der die Luft zu seinem Problem gemacht hatte, nutzte die neue Technik sogleich, um ein Experiment durchzuführen. 1784 ließ er kleine Flaschen mit destilliertem Wasser in verschiedenen Höhen leeren und wieder verschließen. So erhielt er Luftproben, die er in seinem Labor analysierte. Er konnte zeigen, dass der Anteil des Sauerstoffs in der Luft mit zunehmender Höhe niedriger wird. Einen experimentellen und theoretischen Auftrieb erhielt auch die Meteorologie, der nun die Möglichkeit offen stand, Wolken aus unmittelbarer Nähe zu studieren und den Luftdruck zu messen.

Nachdem wir nun die Dynamik der Wissensentwicklung etwas näher betrachtet haben, präsentiere ich Ihnen im folgenden Kapitel einige interessante Erkenntnisse, die im 19. und 20. Jahrhundert gewonnen wurden. Erst danach werden wir die Frage erörtern, ob und inwiefern wir den dramatischen Wandel des Wissens als Fortschritt interpretieren können.

8. Kontroversen, Durchbrüche und Entdeckungen im 19. und 20. Jahrhundert

Beispiel Nr. 1: Die Theorie der Wolken

Blitz und Donner, so haben wir weiter oben festgestellt, sind Ereignisse, für die schon antike Denker eine natürliche Erklärung suchten. Leukipp ließ diese flüchtigen und kaum vorhersehbaren Erscheinungen in den Wolken entstehen. Doch was sind Wolken? Woraus setzen sie sich zusammen? Wie entwickeln sie sich und auf welche Weise verschwinden sie wieder? Nicht alle Denker fanden solche Fragen interessant. Platon zum Beispiel, der auf der Suche nach unvergänglicher Ordnung und Harmonie war, hielt gar nichts davon, instabile, nicht fassbare Erscheinungen zu erforschen. Tatsächlich scheinen sich die Wolken prinzipiell von vollkommenen Kugeln, Kreisen und Planetensphären zu unterscheiden. Keine würdigen Gegenstände also – weder für die Wissenschaft noch für richtig verstandene Kunst. Andere Denker – darunter Descartes – betrachteten die Wolken gerade wegen ihrer Flüchtigkeit als eine Herausforderung für die Wissenschaft. Wenn es nämlich gelänge, die nicht fassbaren Wolken auf eine natürliche Weise zu erklären, wäre dies ein Triumph für die Wissenschaft.

Am Anfang des 19. Jahrhunderts waren die meisten gebildeten Zeitgenossen von der *Bläschentheorie der Wolken* überzeugt, die folgendes behauptet: Die Sonne verformt kleine Wassertröpfchen in der Luft zu Blasen. Ist die darin enthaltene Luft leichter als die Luft der Umgebung, steigen diese Blasen nach oben – wie die mit Gas gefüllten Schweinsblasen von

Henry Cavendish. Sobald die Blasen platzen, fallen sie als Regen auf die Erde. Der Privatgelehrte und Lehrer John Dalton (1766–1844) dagegen brachte den Regen mit der Kondensation in Verbindung, die er in seinem Labor untersuchte. Wenn aus Dampf Wasser wird, sorgt die Schwerkraft dafür, dass die Tropfen auf die Erde fallen. Die Gebilde unterliegen also den Gesetzen der Physik. Luke Howard (1772–1864) griff diese Idee auf. Wasserdampf kondensiert beispielsweise auf Glasscheiben zu Wasser – die Scheiben beschlagen, ein Vorgang, der leicht zu beobachten ist. In der Luft, so Howards Hypothese, spielen Schwebeteilchen die Rolle der Glasscheiben. Dort kondensiert das Wasser, und so entstehen Wolken. Solange die Tröpfchen klein sind und der Auftrieb die Wirkung der Schwerkraft übersteigt, bleiben die Wolken oben. Howard verbrachte viele Stunden seines Lebens damit, Wolken zu beobachten. Er klassifizierte sie und führte die verschiedenen Sorten von Wolken auf physikalische Prozesse zurück. In großer Höhe gefrieren die Tropfen und bilden faserige Wolken. Sinken diese – aufgrund der Gravitation – verformen sie sich zu den streifigen Cirruswolken. Mit diesen Hypothesen ebnete Luke Howard auch den Weg zu einer neuen Theorie der Blitze. Er schlug vor, Blitze als Folgen unterschiedlicher elektrischer Ladungen von Eisteilchen und Wassertropfen zu erklären, eine Annahme, zu der unsere antiken Blitze-Theoretiker nicht vordringen konnten.

Beispiel Nr. 2: Die Entstehung der Arten

Im Jahre 1796 ließ Georges Cuvier (1769–1832) in Paris die Katze aus dem Sack. Er behauptete, dass es ihm gelungen sei, Versteinerungen bereits ausgestorbener Tiere zu identifizieren. Fossile Überreste verglich Cuvier, ein routinierter Anatom, mit noch lebenden Arten. Sie ähnelten sich, gehörten aber nicht zur selben Art. Cuviers Behauptung brachte einige Überzeugungen seiner Zeitgenossen ins Wanken. Erstens hatte Gott alle Tiere auf einmal geschaffen, am sechsten Tag der Schöpfung. Und zweitens stellte sich die Frage nach den Ursachen des Aussterbens. Cuvier vermutete Katastrophen, die die Erde in der Vergangenheit erschütterten. (War nicht auch die Sintflut ein solches Ereignis?) Drittens passte das ganze nicht zu der Harmonie-Idee, die wir im nächsten Kapitel gründlich betrachten werden. Eine katastrophenträchtige Welt – das ist gewiss kein angenehmer Gedanke.

65 Jahre nach Cuviers Auftritt in Paris, im Jahre 1859, erschien Charles Darwins Werk «Die Entstehung der Arten». Darwin gehört zu den größten Wissenschaftlern aller Zeiten. Er hinterließ ein gewaltiges Werk. Auffallend daran ist, dass Darwins Interesse der gesamten Vielfalt der Natur galt. Er erforschte eigentlich alles, was ihm in die Hände geriet, Orchideen, Rankenfüßler, Finken, Menschen. Auch die «Bildung der Ackererde durch die Tätigkeit der Würmer» gehörte zu den zahlreichen Erkenntnissen, die er im Laufe der Zeit zusammentrug. Darwin verzettelte sich dabei wahrscheinlich deshalb nicht, weil seine Evolutionstheorie, an der er ein Forscherleben lang bastelte, den roten Faden bildete – oder besser: die theoretische Klammer, die jene komplexe Welt seiner Hypothesen, Beobachtungen und Experimente zusammenhielt.

> Charles Darwin: Die Entstehung der Arten, Stuttgart 1995
> Adrian Desmond/James Moore: Darwin, Reinbek 1994
> Richard Hamblyn: Die Erfindung der Wolken. Wie ein unbekannter Meteorologe die Sprache des Himmels erforschte, Frankfurt/Leipzig 2001

Zu Darwins Zeiten hatte man sich schon ein wenig mit dem Gedanken vertraut gemacht, *dass das Leben auf der Erde eine Geschichte hat*. So entwickelte bereits vor Darwin der Naturforscher Lamarck (1744–1829) eine Theorie der Evolution. Darwins Leistung – ein enormer Durchbruch in der Geschichte der Wissenschaft – bestand vor allem darin, diesen Wandel zu erklären. Er stellte folgende Hypothesen auf:

1. Die Vielfalt des Lebens geht auf einen gemeinsamen Ursprung zurück. Ein einfacher Organismus ist unser aller Vorfahre.

2. Angetrieben wird die Evolution durch verschiedene Faktoren, insbesondere: Reproduktion, Variation und Selektion (Auslese).

3. Alle Lebewesen vermehren sich in einer Welt, in der die Ressourcen knapp sind – so knapp, dass bei weitem nicht alle Organismen, die auf die Welt kommen, überleben können. Bei der Vermehrung treten häufiger Veränderungen auf, die vererbt werden. Manchmal bringen solche Veränderungen Vorteile mit sich, die Chance für ein Lebewesen wächst, Nachkommen auf die Welt zu bringen. Eine Motte, die besonders geschickt ausweicht, wenn eine Fledermaus sie ortet, kann entkommen. Und die Gazelle, die besonders schnell flieht, gewinnt das Wettrennen mit dem Jaguar. Sowohl Motte als auch Gazelle *konkurrieren dabei mit ihren eigenen Artgenossinnen*. Denn an der Stelle der geschickten Motte, fällt eine andere Motte der Fledermaus zum Opfer. Und manche Gazelle ist eben schneller als ihre Artgenossin, die der Jaguar erbeutet.

4. Neben der Selektion, der natürlichen Auslese, wie Darwin sagt, gibt es die *sexuelle Auslese*. Sie beruht darauf, dass Organismen, die sich sexuell fortpflanzen, bestimmte Partner gegenüber anderen bevorzugen. Dabei spielen die Weibchen die Hauptrolle. Sie paaren sich mit männlichen Artgenossen, die ein besonders glänzendes Fell haben, lange Federn oder aufwändig balzen. Diese beiden Varianten der Auslese sind keineswegs aufeinander abgestimmt. Sie führen zu unterschiedlichen Resultaten. Balzende Männchen gehen ein höheres Risiko ein, ihren Fressfeinden zum Opfer zu fallen. Entscheidend ist der Fortpflanzungserfolg und nicht das lange Leben. Effektive Wahrnehmungssysteme, wie das Statolithen-Messsystem, gehen also auf die natürliche Auslese zurück. Die prächtigen Schwanzfedern eines männlichen Pfaus dagegen hängen mit dem Einfluss der sexuellen Selektion zusammen.

5. Arten werden manchmal auch voneinander getrennt. So verschlägt es beispielsweise einige Exemplare einer Vogelart, die auf dem Festland zu Hause ist, auf eine Insel. Dort pflanzen sich diese Individuen fort, wobei sie eine andere Evolution durchlaufen als die Population auf dem Festland. Allmählich entsteht eine neue Art, die sich nicht mehr mit den ehemaligen Artgenossen vom Festland paart.

Darwin verdankte seine Idee der natürlichen Auslese sicherlich auch seinen Kontakten zu Züchtern. Wer züchtet, wählt Tiere mit bestimmten Merkmalen aus. Der Züchter bestimmt über deren Fortpflanzungserfolg. In der Natur – so Darwin – passiert etwas Ähnliches. Dort verläuft dieser Prozess allerdings völlig ungeplant, weil der Züchter fehlt, der ein Ziel verfolgt, wenn er in Zukunft Tauben mit schneeweißen Federn haben will oder Kühe, die viel Milch geben. Doch auch die natürliche Auslese bewirkt, dass der Prozess nicht völlig zufällig verläuft. Denn die Lebewesen müssen den natürlichen Bedingungen Stand halten. Bei der Erörterung seiner Theorie verwies Darwin auf die Lückenhaftigkeit der geologischen Funde. «Die Erdrinde ist ein großes Museum, aber ihre naturgeschichtliche Sammlung ist unvollständig.» (Darwin 1995, 231). Aber er wagte auch die Vorhersage, dass wir weitere Fossilien finden werden, die seine Theorie bestätigen. Darwin forderte die Wissenschaftler auf, «nach Formen (zu) suchen, die zwischen den Arten und ihrem unbekannten gemeinsamen Vorfahren stehen ...» (ebd., 430). Lange brauchte Darwin nicht zu warten. Bereits Anfang der sechziger Jahre wurde ein reptilienähnliches, gefiedertes Fossil gefunden, eine Art Urvogel. Darwins Zeitgenosse Robert Owen, einer seiner Kritiker, verlieh dem fossilen Wesen vor der Royal Society den Namen «Archaeopteryx». Zwei Einwände waren es, die Kritiker gegen die darwinistische Deutung des Fossils ins Spiel brachten: 1. Es handelt sich um eine Fälschung, die fossilen Überreste sind gar nicht echt. 2. Archaeopteryx ist zwar echt, aber kein Wesen zwischen Saurier und Vogel – oder ein primitiver Urvogel –, sondern schlicht ein Saurier, ein Flugsaurier. Nun, der erste Einwand kann heute nicht mehr überzeugen, weil die Wissenschaftler mit raffinierten Methoden das Alter bestimmen und daher den Fälschungen leichter auf die Spur kommen. Inzwischen verfügen wir über sechs weitere fossile Exemplare dieses Lebewesens. Der zweite Einwand scheitert an anatomischen Vergleichen, die an den unterschiedlichsten Fossilien durchgeführt werden. Darwin beschränkte sich bei seinen Erörterungen keineswegs auf fossile Belege. Er diskutierte darüber hinaus konkurrierende Hypothesen, die seiner Theorie widersprechen. So dachten nicht wenige seiner Kritiker, «dass mancherlei Bildungen nur aus Schönheitsgründen entstanden sind, um dem Menschen oder dem Schöpfer selbst zu gefallen»: «Wären solche Lehren richtig, so müssten sie meiner Theorie unbedingt schaden» (270). Darwin machte die Probe aufs Exempel. Zu seiner Zeit erfreute sich die Orchideenzucht in England großer Beliebtheit. Also versuchte er die bizarren, geheimnisvoll anmutenden und schönen Orchideen mit Hilfe seiner Theorie zu entzaubern. Die Blüte, so fand Darwin, erwies sich als ein Mechanismus der Pflanzen, um Bienen und Schmetterlinge zu steuern. Sie dienten daher einer natürlichen Funktion. Deren Schönheit richtete sich nicht an den Menschen, war nicht für ihn gemacht. Aber es kommt noch besser. Bienen nehmen auch im Ultraviolettbereich wahr. Das brachte Karl von Frisch auf die Idee, UV-Fotos von Orchideen herzustellen. Und da entdeckte er Muster auf den Blüten, an denen sich die Bienen orientieren, Muster, die der menschlichen Wahrnehmung entzogen bleiben. (Bienen nehmen auch Farben wahr, die wir sehen, aber etwas anders, vor allem im Rotbereich.) Darwin hätte über diese Entdeckung wohl gejubelt, untergräbt sie doch weiter die Idee, Formen in der Natur, die uns schön vorkommen, wären auch für uns da.

Beispiel Nr. 3: Mozarts Scheitern

In einer einflussreichen Studie über Mozart lesen wir: «Er war als freier Künstler nach wenigen Jahren vollständig gescheitert» (Einstein 1968, 69). Diese 1947 erstmals in deutscher Sprache erschienene Arbeit prägte unser Mozart-Bild der Nachkriegsära. Zu der Vorstellung des Scheiterns gehörte auch die These, Mozart hätte ein Armenbegräbnis erhalten. Daran knüpfte sich leicht der Gedanke vom unverstandenen Genie, dem die Zeitgenossen nicht gewachsen waren. In diesem Sinne schrieb Wolfgang Hildesheimer am Schluss seines Essays über Mozart, niemand habe geahnt, «dass hier die sterblichen Reste eines unfassbar großen Geistes zu Grabe getragen wurden, ein unverdientes Geschenk an die Menschheit, in dem die Natur ein einmaliges, wahrscheinlich unwiederholbares – jedenfalls niemals wiederholtes – Kunstwerk hervorgebracht hat.» (Hildesheimer 1977, 377). Gründlicher hätten sich Mozarts Zeitgenossen gar nicht blamieren können. Der Nachwelt bleibt nur übrig, missbilligend den Kopf zu schütteln. Es ist die Aufgabe von Historikern, Geschichte zu rekonstruieren und verstehbar zu machen. Sie müssen zeigen, *wie es wirklich gewesen ist*, wobei die Historiker oft interdisziplinär arbeiten, also Ergebnisse von Soziologen, Ökonomen und Archäologen heranziehen, aber auch auf naturwissenschaftliche Methoden zurückgreifen, um die Echtheit von Quellen zu prüfen. Die *Quellen* helfen dabei, Hypothesen zu erfinden, und sie dienen dazu, die mutmaßlichen Geschichten zu überprüfen. Eine Möglichkeit, Mozarts Situation besser einschätzen zu können und sein mutmaßliches Scheitern zu prüfen, besteht darin, seine Einkünfte zu ermitteln und diese mit den Einkünften anderer Berufsgruppen zu vergleichen. Genau dies taten einige Forscher und kamen dabei zu bemerkenswerten Ergebnissen. Ein Stubenmädchen verdiente höchstens 30 Gulden im Jahr, viele Beamte zwischen 300 und 900, ein Professor zwischen 600 und 3000 und ein Hofrat zwischen 4000 und 6000 Gulden. Friedrich Schiller erzielte zunächst ein Einkommen von 400, dann 800 und schließlich 1600 Gulden. Mozart bezog Einnahmen aus Auftragswerken wie Opern, aus Konzerten und Privatunterricht. Ab 1787 bekam er außerdem ein Gehalt als Kammerkompositeur in Höhe von 800 Gulden. Viele Einnahmen von Mozart kennen wir nicht; zum Beispiel wissen wir nicht, wieviel ihm die «Zauberflöte» einbrachte; für «Cosi fan Tutte» zum Beispiel erhielt er 900 Gulden. 1788 war sein wohl schlechtestes Jahr in Wien. Belegt sind Einnahmen von 1025 Gulden, 1791, im Jahr seines Todes also, verdiente er mindestens 4000 Gulden – das wären heute in etwa 90000 Euro. Solche Zahlen sagen wenig über das Leben des Musikers, aber wir wissen, dass Mozart auf großem Fuß lebte. Bekanntlich machte er auch Schulden – das war damals aber so üblich, wie heutzutage der Kredit für ein Eigenheim. Und Mozart verlieh Geld. Alles in allem gehörte Mozart ohne Zweifel zu den Besserverdienenden – und zwar innerhalb der kleinen Gruppe derer, die damals gut verdienten.

Wer behauptet, dass Mozart als freier Musiker «vollständig gescheitert» ist, läuft Gefahr, hierbei eigene Wertvorstellungen ins Spiel zu bringen, die Mozart vielleicht fremd waren. Woran messen wir also das Scheitern? Daran, dass Mozart, wie es scheint, sein Geld nicht anlegte? Geschichtswissenschaftler halten sich mit solchen Urteilen zurück. Sie versuchen, die Normen und Wertvorstellungen im Wien der Aufklärung und die Ansichten des Komponisten selbst ausfindig zu machen. Die Geschichte vom Armengrab bietet hierfür ein Beispiel. Wir mögen es als ungebührlich empfinden, dass sein Grab nicht für die Nachwelt erhalten wurde. Aber Mozart selbst, seine Frau und seine Zeitgenossen – wie dachten sie darüber? Dokumente können hierbei weiter helfen, zum Beispiel die Begräbnisordnung. Sie wirft Licht auf die Art und Weise, wie im Wien jener Tage mit Verstorbenen umgegangen wurde. Die Begräbnisordnung stammt aus dem Jahre 1784. Es ist ein Erlass im Geiste der Aufklärung, durch und durch vernünftig, so vernünftig, dass vermutlich viele Zeitgenossen ihre Gefühle beim Tod eines Angehörigen verletzt sahen. Die Begräbnisordnung schreibt vor, Tote in einer angemessenen Entfernung von der Stadt unter die Erde zu bringen – aus Gründen der Hygiene. Dem Pfarrer oblag es, die Leiche zum Grab zu bringen, nicht aber den Angehörigen. Damit die Verwesung schnell in Gang kommt, sollte der Tote nackt in einem Leinensack beerdigt werden. Diese Vorschrift, die auf Ablehnung stieß, nahm Joseph II. schon im darauf folgenden Jahr, also 1785, widerwillig zurück. Dass Mozarts Frau Constanze nicht mit zum Grab ging – worüber sich etliche Biographen ereiferten –, sondern an den Toren Wiens kehrt machte, entsprach also durchaus den Üblichkeiten. Am Grab gab es keine Totenfeier. Adlige konnten von der Begräbnisordnung abweichen, was sie häufig auch taten. Im Falle Mozarts müssen wir in Rechnung stellen, dass er ein Anhänger der Aufklärung gewesen war. Der Kaiser selbst verschmähte jeden Pomp und legte Wert darauf, in einem schmucklosen Sarg beerdigt zu werden. Jedenfalls dürfen wir aus Mozarts Begräbnis nicht den Schluss ziehen, niemand hätte für den unverstandenen und armen Künstler eine Totenfeier veranstalten wollen. Die Freimaurerloge zum Beispiel inszenierte ein Trauerritual – und dies war nicht die einzige Würdigung nach Mozarts Tod. Für Historiker sind natürlich auch Zeitungsberichte wichtige Quellen der Erkenntnis. Die Artikel über Mozarts Tod, über die Trauerfeiern und Benefizveranstaltungen für Constanze Mozart legen die folgende Vermutung nahe: Viele Zeitgenossen zeigten sich betroffen über Mozarts Tod, und etliche hatten durchaus eine Vorstellung von Mozarts Rang als Musiker. Dabei müssen wir bedenken, dass es heute, mehr als 200 Jahre nach Mozarts Tod, leichter fällt, die Musik zu beurteilen. Musikwissenschaftler, Musiker und Musikliebhaber vergleichen heute aus der Distanz.

Jedenfalls zeigt dieses Beispiel einmal mehr, wie vieldeutig die «Daten» bzw. die Quellen sein können. Wir müssen sie mit Hilfe von Hypothesen erschließen. Bei der wissenschaftlichen Beschäftigung mit einer Person wie Mozart kommt das folgende Problem hinzu: Die Wissenschaftler, wie der oben erwähnte Alfred Einstein, verehren oder lieben ihren Forschungsgegenstand allzusehr. Sie laufen dabei Gefahr, vorschnelle Urteile, etwa über Constanze Mozart, zu fällen. Es sind dann die jeweils anderen, die kritischen Kollegen, die solche Urteile und Hypothesen an den Quellen messen – und dabei manchmal zu Fall bringen.

Bitte denken Sie nicht, dass die Neigung, die Distanz zum Gegenstand der Forschung zu verlieren und dabei Fehler zu machen, nur typisch für die Geisteswissenschaftler wäre. Das wird zwar oft behauptet, aber es stimmt nicht. So wissen wir von Freilandforschern, die «ihren» Affen recht nahe kamen, dass sie nur widerstrebend deren aggressives Verhalten als eine natürliche und verbreitete Strategie akzeptierten. Auch Ethnologen und Anthropologen, die fremde, meist dem Untergang geweihte Kulturen erforschen, laufen immer wieder Gefahr, das zu sehen, was sie gerne sehen wollen. Ein recht bekannt gewordenes Beispiel liefert Margaret Mead, deren Studien über angeblich friedfertige Zustände in fernen Kulturen häufig zitiert wurden. So wie ein Mozartforscher das Objekt seiner Neugierde bewundert, bewundert oder liebt ein Biologe Schimpansen, Spinnen oder Schlangen. «Unsere Leidenschaft sind die Ameisen», stellen Hölldobler und Wilson (1995, 1) unumwunden fest, und ein Kapitel ihres Buches heißt: «Aus Liebe zu Ameisen». Solche Leidenschaften sind ein Antrieb für die wissenschaftliche Arbeit, aber sie bergen eben auch gewisse Risiken.

Beispiel Nr. 4: Auf dem Weg zu einer Theorie der Materie

In Mozarts Oper «Cosi fan tutte» tritt die Kammerzofe Despina auf, verkleidet als Arzt (1. Akt, 16. Szene). Der vermeintliche Doktor hält einen Block aus Eisen an die Köpfe und Körper der beiden Herren Ferrando und Guglielmo, die die Treue ihrer Geliebten auf eine Probe stellen wollen und jetzt reglos auf dem Boden liegen. «Dies ist ein Stück Magneteisen, der Mesmersche Stein», kommentiert die verkleidete Despina ihr ärztliches Handeln. Und tatsächlich: Die Gliedmaßen der beiden Männer, die simulieren, um das Mitgefühl der Frauen zu erwecken, beginnen zu zucken, offenbar wirkt die Therapie. Lorenzo da Ponte, der Textdichter, und Mozart schufen diese Szene mit Bedacht. Denn der Streit um die Kraft, die bei dieser Therapie und ähnlichen Verfahren ihre Wirkung entfaltet, gehörte zu den großen Auseinandersetzungen am Ende des 18.Jahrhunderts. Benjamin Franklin hatte bereits um 1750 aus Gewitterwolken Elektrizität abgeleitet. Es schien sich um dieselbe Energie zu handeln, die auftrat, wenn man ein Stück Bernstein an Wolle rieb. Dann knisterte dieser Stein und er hatte die Kraft, sehr leichte Gegenstände anzuziehen – wie ein Magnet. Elektrische Fische, schon seit der Antike bekannt, erregten in diesen Jahren erneut das Interesse der Wissenschaftler. Die «tierische Elektrizität» war ein Phänomen, das die Biologie beflügelte, die sich damals zu etablieren begann. Man versuchte, den geheimnisvollen Kräften auf die Spur zu kommen, sie besser zu verstehen und sie zu beeinflussen. Der Elektrizität verdankt das 19.Jahrhundert viele Erfindungen, auch die folgenträchtige Konstruktion einer Glühbirne. Technisch genutzte Elektrizität veränderte das Leben der Menschen nachhaltig, noch bevor sich die Wissenschaftler darauf einigen konnten, um was genau es sich dabei handelt. An der Schwelle zum 20.Jahrhundert schließlich rückten die Physiker und Chemiker einer Theorie der Materie näher, mit der auch die Elektrizität verständlicher wurde. Konrad Röntgen, der mit elektrischem Strom experimentierte, machte, eher zufällig, eine irritierende Entdeckung. Er stieß auf Strahlen, die feste Materie durchdringen. Mit Hilfe fotografischer Platten fand Röntgen, dass er innere Strukturen sichtbar machen konnte, zum Beispiel die Handknochen seiner Frau. Ein anderer Forscher, Henri Becquerel, entdeckte rätselhafte Strahlen in Uransalzen, weshalb er die Strahlen auch «uranisch» nannte. Doch blieben uranhaltige Stoffe nicht die einzige Strahlungsquelle. Pierre Curie (1859–1906) und Marie Curie (1867–1934) hegten die Vermutung, dass es sich dabei nicht um eine Besonderheit oder gar eine Anomalie handelt, sondern um ein grundlegendes Phänomen. Sie forschten in einer Zeit, als zwei konkurrierende Theorien unter den Chemikern und Physikern die Runde machten: die *Atomtheorie* und die *Äthertheorie*. Die erste von beiden verdankt ihren Namen dem antiken Atomismus. Dieser Theorie zufolge besteht die Materie aus sehr, sehr kleinen diskreten Einheiten, eben den unteilbaren Atomen. Die Äthertheoretiker dagegen vermuteten einen allgegenwärtigen kontinuierlichen feinen Stoff, in dem alles eingebettet ist. In den Auseinandersetzungen um die Jahrhundertwende spielten wieder einmal erkenntnistheoretische Überzeugungen eine Rolle. Die Atome, die der Privatgelehrte John Dalton (1765–1844) fast 100 Jahren zuvor ins Gespräch gebracht hatte, konnte niemand beobachten. Aus diesem Grund misstrauten etliche Wissenschaftler dieser Idee. Sie waren davon überzeugt, dass die Wissenschaft auf Erfahrungen aufbauen müsse. Auch Marie und Pierre Curie hatten ein eher empiristisches Verständnis von Wissenschaft, fanden die Atomtheorie allerdings von Anfang an «verführerisch», wie Marie dies einmal formulierte. Sie und ihr Mann zogen die Hypothese in Erwägung, dass die radioaktive Strahlung eine «Eigenschaft» des Atoms sei. Aber – so eine konkurrierende Annahme – die Strahlung könnte ja auch von außen kommen, die ganze Welt befindet sich in einem Ozean von Strahlen. Und radioaktive Substanzen sammeln in ihrem Inneren diese Energie, um sie dann wieder nach außen zu verströmen. Zwei deutsche Gymnasiallehrer kamen auf die gute Idee, diese These experimentell zu prüfen. Sie brachten radioaktive Proben tief unter die Erde des Harzgebirges und in einen Schacht von 850 Metern. Die Radioaktivität, so erwarteten die beiden Amateurforscher, müsste nach kurzer Zeit doch abnehmen, wenn sie von außen stammt.

Aber die Proben veränderten sich überhaupt nicht. Nach Julius Elster und Hans Geitel, so hießen die beiden Lehrer, widersprach dieser Befund der fraglichen These. Man hätte vielleicht dagegen halten können, die Strahlen gelangten von außen auch in die Tiefe des Berges. Aber andererseits war ja schon bekannt, dass die Strahlen verschiedene feste Materialien nicht – oder nicht so leicht – durchdringen, wie zum Beispiel Frau Röntgens Handknochen, die auf dem belichteten Film zu sehen waren, nicht aber das sie umgebende Gewebe. Pierre Curie jedenfalls fand die Experimente sehr überzeugend. Die theoretischen Durchbrüche kamen schließlich aus England, insbesondere von Joseph Thomson (1856–1940) und Ernest Rutherford 1871–1937). Sie schlugen eine Theorie vor, nach der die Radioaktivität die Folge einer Umwandlung der atomaren Struktur darstellt. Thompson fand das erste subatomare Teilchen, das Elektron, und er brachte diese Teilchen mit der Elektrizität in Verbindung. Ernest Rutherford konstruierte das erste Atommodell, in dem negativ geladene Elektronen um einen positiv geladenen Kern kreisen. Niels Bohr nahm dieses Modell zum Ausgangspunkt für seine verbesserte Variante, die er 1913 veröffentlichte. Die Physiker begannen, an die Realität der Atome zu glauben.

Hans Christian von Baeyer: Das Atom in der Falle, Reinbek 1996
Susan Quinn: Marie Curie, Frankfurt/Leipzig 1999

Beispiel Nr. 5: Der Baustein des Lebens

Auch die Gene waren lange Zeit unsichtbar. Darwin ahnte noch nicht einmal, dass es sie gibt. Trotzdem kamen die Wissenschaftler nach und nach auf die Spur der Gene. So führte Gregor Mendel seine Kreuzungsexperimente durch, die heute im Biologieunterricht besprochen werden. Zu Mendels Lebzeiten nahm kaum jemand Notiz von diesen Arbeiten, mit denen, wie wir im Rückblick feststellen können, die moderne Genetik ihren Anfang nahm. Beispielsweise kreuzte Mendel gelbe mit grünen Erbsen und beobachtete, wie sich diese Merkmale über Generationen fortpflanzten. Er vermutete für jedes sichtbare Merkmal – also beispielsweise auch für die Größe einer Pflanze – einen Erbfaktor. Doch wo befindet sich dieser Faktor? Und wie funktioniert er? Den Antworten auf solche Fragen kamen die Wissenschaftler näher, als sie Fortschritte bei der Erforschung der Zellen machten. Jene Zellstrukturen, die «Chromosomen» genannt werden, galten als aussichtsreiche Kandidaten für den «Sitz» der hypothetischen Erbfaktoren, der Gene. Herman Muller wies Anfang des 20. Jahrhunderts nach, dass Röntgenstrahlen Veränderungen und Missbildungen bei Taufliegen hervorrufen. Also vermutete er, dass die Strahlen chemische Prozesse in den Genen verursachen. Während der zwanziger Jahren gelang es dann, eine Nucleinsäure zu analysieren, die berühmte DNA. Sie spielt bei der Vererbung eine wichtige Rolle – aber welche? Die Geschichte der Entschlüsselung der DNA, des Bausteins des Lebens, ist schon oft erzählt worden, auch von Watson (1997) und Crick, deren Namen wir heute mit der Doppelhelix verbinden. Obwohl die Erzähler jeweils unterschiedliche Akzente setzen, zeigt die Geschichte dieses Durchbruchs, dass wir uns vor allzu einfachen Vorstellungen über das Fortschreiten des Wissens hüten sollten.

Der Physiker Maurice Wilkins und seine Assistentin Rosalind Franklin versuchten, mit Hilfe von Röntgenaufnahmen die Struktur der DNA zu durchschauen. Dieses ehrgeizige Ziel setzte sich auch der damals 23 Jahre alte Watson. Am Cavendish Laboratorium in Cambridge – an dem fast 50 Jahre zuvor Rutherford sein Atommodell konstruierte – lernte Watson den 35 Jahre alten Crick kennen. Beide beschlossen, das Ziel gemeinsam zu verfolgen. Es fällt auf, dass weder Watson noch Crick ausgewiesene Experten für ihr Forschungsvorhaben waren. Die Sache interessierte sie einfach, und sie wollten den Erfolg. Ein namhafter Wissenschaftler, Linus Pauling, arbeitete ebenfalls an der Lösung dieses Problems, und Watson und Crick hatten den Ehrgeiz, diesem berühmten Mann zuvorzukommen. Rosalind Franklin avancierte um das Jahr 1950 zu der herausragenden Expertin für Röntgenkristallografie. Ihre DNA-Aufnahmen führten sie zunächst zu der Vermutung, die DNA habe eine Helix-Struktur, eine Idee, der auch Watson und Crick nachgingen. Die beiden gehörten zu denjenigen Forschern, die Theorien und Modelle basteln, ohne allzusehr auf empirische Befunde zu achten, während Franklin sich eher als empirisch arbeitende Wissenschaftlerin verstand. Indem sie ihre Röntgenarbeiten weiter verbesserte, produzierte sie eine Sorte von Wissen, über das wir bislang noch nicht gesprochen haben. Es handelt sich um ein *Wissen, das nur teilweise veröffentlicht wird.* Dazu gehören Kniffe und Tricks beim Umgang mit Techniken und Methoden, außerdem die Fähigkeit, bestimmte Befunde zu interpretieren, eine Fähigkeit, die sich im Laufe eines Forscherlebens weiter entwickeln kann. Solche Kenntnisse finden häufig nicht den Weg in die Lehrbücher, weil sie schwer darstellbar sind und manchmal auch bewusst verschwiegen werden. Das macht unsere Hypothesen über den Wandel des Wissens komplizierter; ein tragfähiges Modell muss dieses *implizite Wissen* berücksichtigen. Die menschliche Sprache, so steht im 3. Kapitel, ermöglicht es, Person und Wissen zu entkoppeln. Hypothesen und Theorien sind insofern objektiv und führen ein gewisses Eigenleben, das sie, wie Platon kritisch anmerkte, unkontrollierbar macht. Für das implizite Wissen trifft dies nur mit Einschränkungen zu. Diese Sorte Wissen ist mehr an die Person gebunden. Hier begegnen wir einem weiteren Grund dafür, weshalb es nicht genügt, die Wissenschaften ausschließlich als Aussagensysteme zu analysieren, wie dies manche Philosophen getan haben. Jedenfalls lernten Watson und Crick, mit Franklins Hilfe die Fotos besser zu lesen. Rosalind Franklin verwarf eine Zeit lang wieder ihre Vermutung, die DNA habe eine Helix-Struktur – und zwar aufgrund einer neuen Aufnahme, die Crick und Watson ganz im Sinne ihrer Überzeugung deuteten, zu Recht, wie sich bald herausstellen sollte. Möglicherweise wäre Pauling seinen Kollegen Crick, Watson,

Franklin und Wilkins doch noch zuvorgekommen. Er schlug ein Drei-Ketten-Modell vor. Watson prüfte diesen Vorschlag und fand einen Fehler. Doch er hütete sich, öffentlich Kritik zu üben. Es war nur eine Frage der Zeit, bis Linus Pauling seinen eigenen Fehler finden würde. Die Zeit bis dahin wollten Crick und Watson für die Lösung des Rätsels nutzen, die nun in greifbare Nähe gerückt war, zumal Franklin Aufnahmen zu Stande gebracht hatte (Abb. 9), die, sofern man sie interpretieren konnte, nur zu einer Helixstruktur der DNA passten.

Die Entwicklung des Wissens – ein Fortschritt?

Fortschritte nennen wir diejenigen *Veränderungen, die wir positiv bewerten* und an denen wir beteiligt waren. Eine günstige Klimaveränderung ist in diesem Sinne kein Fortschritt. Wir brauchen Maßstäbe oder Indizien, um festzustellen, ob sich Fortschritte ereignet haben. Im Falle des Wissens kann Fortschritt mindestens dreierlei bedeuten: 1. Wir wissen heute (oder zu bestimmten anderen Zeitpunkten) *mehr* als in den Zeiten davor. Heute wissen wir mehr über die menschlichen Organe als Andreas Vesalius und mehr über die Gene als Rosalind Franklin. 2. Unsere Erkenntnisse haben an *Tiefe* gewonnen. Wir sind in der Lage, viele Warum-Fragen zu beantworten. Wir wissen nicht nur mehr über die Eigenschaften bestimmter Metalle, sondern auch, warum – aufgrund welcher atomarer Strukturen – sie diese Eigenschaften aufweisen. 3. Wir wenden unsere Erkenntnisse an, wir machen daraus *technische Mittel*, um bestimmte Ziele zu erreichen. Zum Beispiel heilen wir heute Krankheiten, gegen die wir in zurückliegenden Zeiten machtlos waren. Praktische Konsequenzen des Wissens, die wir positiv bewerten, müssen wir den negativen Folgen gegenüber stellen. Häufig sehen wir uns genötigt, zu bilanzieren, etwa zwischen der heilenden Wirkung einer Therapie und ihren ungünstigen Nebenwirkungen.

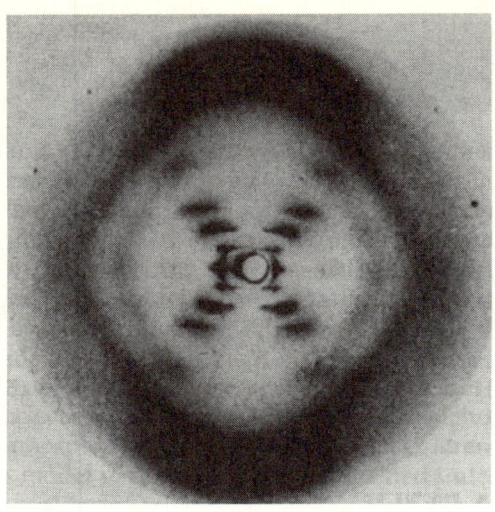

Abb. 9: Hier braucht man viel Wissen, um zu sehen: eine Aufnahme von Rosalind Franklin.

Ein Wechselspiel von Theorie und Erfahrung treibt die Wissenschaften an, wobei die kritische Prüfung mit Hilfe von Erfahrungen (wie dem Ausgang eines Experiments) eine entscheidende Rolle spielt. Ein Indiz für Erkenntnisfortschritt ist das nachhaltige Scheitern einer Theorie. Wir haben dann eine Möglichkeit ausgeschlossen, wir wissen zum Beispiel, dass die Sterne nicht an einer kristallinen Sphäre befestigt sind und dass die Unterscheidung von lunarer und sublunarer Welt falsch gewesen war. Die Wissenschaften werden wohl nie wieder auf diese Hypothesen zurückgreifen. Statt dessen verfügen wir heute über physikalische Theorien, die für den Planeten Erde, die Sonne, den Mond, ja für den gesamten Kosmos gelten sollen. Und wir hoffen natürlich, heute die besseren Theorien zu haben. Wenn wir das so feststellen, scheinen wir von einer altehrwürdigen Idee Gebrauch zu machen, der Idee der *Wahrheit*. Was das nun sei – darüber streiten die Menschen seit mindestens 2500 Jahren. Einige moderne Philosophen und Wissenschaftstheoretiker verzichten lieber auf den Gedanken, eine Theorie oder eine Behauptung könne wahr sein. Die meisten praktizierenden Naturwissenschaftler aber – und auch viele Sozialwissenschaftler – schleppen eine intuitive, vage Vorstellung von Wahrheit durch ihr Forscherleben mit. Sie wollen bei ihrer Arbeit herausfinden, was der Fall ist, was wirklich zutrifft. Warum scheitern manche Theorien, wie das geozentrische Weltmodell mit seinen undurchdringlichen Sphären? Eine Antwort darauf lautet: Weil die Wirklichkeit anders ist, als das Modell (die Theorie) sie beschreibt. Zwar ist jede Theorie, die wir erfinden, ein Konstruktion, aber bekanntlich gibt es mehr und weniger gelungene Konstruktionen.

Um ein umfassendes Verständnis von den Wissenschaften und ihren Erkenntnisfortschritten zu gewinnen, ist es sinnvoll, die Forscher selbst zu beobachten und zu interviewen, eine Aufgabe, der sich vor allem Soziologen widmen. Die Erforschung der Wissenschaften, der Wissenschaftlerinnen und Wissenschaftler ist mittlerweile selbst im Wissenschaftsbetrieb institutionalisiert. So leistet sich, um nur ein Beispiel von vielen zu nennen, die Deutsche Gesellschaft für Soziologie eine «Sektion Wissenschafts- und Technikforschung». Die dort vertretenen Forscherinnen und Forscher untersuchen zum Beispiel die Arbeitsbedingungen von Wissenschaftlern in der Industrie und gehen der Frage nach, inwieweit es neue Formen der Wissenserzeugung gibt (Bender 2001).

Auch wir bleiben dem Abenteuer der Erkenntnis auf der Spur. Im nächsten Kapitel geht es um einige Folgen von Wissensfortschritten, die das Selbstverständnis, die Hoffnungen und Befürchtungen vieler Menschen berühren.

9. Lust und Last der Erkenntnis

«Er sitzt manchmal in der größten Kälte fünf gegen sechs Stunden unter freiem Himmel», schrieb der Komponist Joseph Haydn an seine Freundin nach einem Besuch bei Wilhelm Herschel im Jahre 1791. Das war sicher eine denkwürdige Begegnung zweier berühmter Männer, von denen der eine, unser Astronom Herschel, früher selbst einmal Musiker gewesen war. Offenbar hatte ihn das Abenteuer der Erkenntnis so sehr in den Bann gezogen, dass ihn die Kälte nicht davon abbringen konnte. Es gibt sie gewiss, die Lust der Erkenntnis. Nicht wenige Wissenschaftler schildern die Faszination bei ihrer Arbeit. Denken Sie nur an die beiden Insektenforscher, die ihre Liebe zu Ameisen bekunden. Andererseits heißt es im Volksmund: «Was ich nicht weiß, macht mich nicht heiß», ein Hinweis auf die Ambivalenz des Wissens. Wahrheiten, so will uns dieser Spruch wohl sagen, können unbequem sein, sie können uns kränken und irritieren. Selbst einer der entschiedensten Befürworter der wissenschaftlichen Erkenntnis, nämlich Francis Bacon, schrieb 1625 in seinen Essays:

«Gerade die Wahrheit ist wohl wie ein blendendes offenes Tageslicht, das die Maskeraden, den Mummenschanz und die Festzüge der Welt nicht halb so prunkvoll und elegant erscheinen lässt wie Kerzenlicht ... Eine Beimischung von Lüge vermehrt stets das Vergnügen. Würden aus den Menschenherzen eitle Meinungen, schmeichelnde Hoffnungen, falsche Bewertungen, Einbildungen aller Art und dergleichen hinweggenommen, würde man zweifellos aus einer großen Zahl Menschenseelen erbärmliche Wichte machen, voll Schwermut und Stumpfheit, sich selbst eine Last» (Bacon 1993, 9f.).

Das sind deutliche Worte, und bei einem so unverdächtigen Zeugen wie Francis Bacon, einem Freund der Wissenschaft, sollten wir sie umso ernster nehmen. Denn tatsächlich nehmen die Wissenschaften den Menschen so manche eitle Meinung und schmeichelnde Hoffnung. Diesen Prozess betrachten wir jetzt etwas genauer

Die zwei Seiten der Entzauberung

Der berühmte Soziologe Max Weber macht in einem 1919 erschienenen Text die «Entzauberung der Welt» zum Thema (Weber 1988). Die Wissenschaften, so seine erste These, haben dazu geführt, dass wir den Glauben an übernatürliche Mächte und Kräfte aufgegeben haben. Bei diesem Prozess – zweite These – ist auch die Vorstellung von einer sinnvollen Welt zusammengebrochen. Die Wirklichkeit hält keinen Sinn für uns bereit. Bevor wir diese Seite der Entzauberung näher betrachten, möchte ich Ihnen noch einmal die andere Seite in Erinnerung rufen: Sie hängt mit dem großen Erfolg des Naturalismus zusammen, der These also, alles gehe mit rechten Dingen zu. Alle Ereignisse und Abläufe der Welt lassen sich prinzipiell erklären – auch wenn uns das nicht immer gelingen will. *Die Auswirkungen des naturalistischen Programms auf unser Befinden, unsere Hoffnungen und Ängste sind beträchtlich.* Was einst die Menschen existenziell bedrängte, vermag uns – genauer gesagt: einen Teil der heute Lebenden – kaum mehr zu berühren. Die Blitze verkünden nicht den Zorn eines Gottes, vor dem wir uns fürchten müssen. Kometen, die an der Erde vorbeiziehen, versetzten nur noch einige Zeitgenossen in Angst und Schrecken, während die meisten sie als faszinierende Naturereignisse wahrnehmen. Eine Sonnenfinsternis mag ja etwas unheimlich sein, aber die Leute reisen viele Kilometer weit, um dieses Schauspiel an einem geeigneten Ort zu erleben. Das Fernsehen liefert eindrucksvolle Bilder solcher Vorgänge – und die naturwissenschaftliche Erklärung wird, medial aufbereitet, von den Moderatoren präsentiert. Wer heutzutage psychisch Kranken begegnet oder jemanden in der eigenen Familie betreut, muss nicht mehr annehmen, Dämonen trieben hier ihr grausames Spiel. Zwar ist die Konfrontation mit psychischem Leid ein schmerzliches Erlebnis, aber zusätzliche – unnötige – Ängste bleiben den Betroffenen erspart. Womöglich neigen wir dazu, in einer solchen Situation nach einer Botschaft oder einem verborgenen Sinn zu suchen – aber es gibt keinen vernünftigen Grund mehr, so etwas zu tun. Das also ist die eine Seite der Entzauberung. *Sie befreit uns von überflüssigen metaphysischen Quälereien.*

Auch die zweite Seite der Entzauberung hängt mit dem naturalistischen Programm zusammen. Die Vorstellung einer harmonischen, sinnvoll geordneten, für den Menschen gemachten Welt ist nach und nach gescheitert. Die Geschichte dieses Scheiterns betrachten wir im Folgenden.

Der Zusammenbruch der Harmoniewelt

Die Annahme, dass die Welt eine harmonische Ordnung darstellt, hat die Wissenschaft bis in unsere Tage hinein begleitet. Sie ist eine besonders langlebige und wichtige metaphysische Hintergrundidee. Der Vorsokratiker Pythagoras und insbesondere Platon führten sie in die Wissenschaft ein. In seinem einflussreichen Dialog «Timaios» schildert Platon die Erschaffung der Welt durch einen Werkmeister, einen Demiurgen, der damit ein «bewegtes Abbild der Ewigkeit» herstellte. Der so geschaffenen und, wie Platon dachte, ewig fortbestehenden Welt liegen mathematische Strukturen zu Grunde – ein folgenreicher Gedanke für die Naturwissenschaften. Platon nahm symmetrische Körper an, aus denen die Welt gewebt ist. Diese Harmonie-These geht mit der Vorstellung von einer Welt einher, die einen objektiven Sinn hat. Einer solchen Welt dürfen die Menschen vertrauen. Der Mensch kann *Sinn erfah-*

ren, indem er die Ordnung anschaut und sich als ein Teil dieses sinnvollen Zusammenhangs empfindet.

Das Christentum relativierte die antike Vertrauenswürdigkeit der gesamten Wirklichkeit. Insbesondere die Erde ist ein Ort der Auseinandersetzung des Bösen mit dem Guten. Aber dennoch, so steht es in der Bibel (Genesis), befand Gott seine Schöpfung als «gut», als einen Abglanz seiner Vollkommenheit. Augustinus betrachtete die Welt als ein andauerndes Wunder. Auf ihn geht die Metapher vom *Buch der Natur* zurück, das er neben der Bibel als eine zweite Schrift deutete. In der Natur zu lesen hieß daher, der Schöpfung Gottes – und damit vielleicht auch ihm selbst – ein wenig näher zu kommen. Die beiden Bücher konnten und durften sich nicht widersprechen. Eine solche Welt war ganz offensichtlich sinnbeladen, auf den Menschen bezogen, eine Welt voller Bedeutungen. Bei den Erscheinungen am Himmel ebenso wie bei irdischen Ereignissen handelte es sich demnach nicht um neutrale Naturprozesse. Doch diese Welt musste auch unheimlich erscheinen. Dämonische Kräfte bedrängten die Menschen, das Böse galt als eine reale Kraft. Ein ambivalentes Ereignis, das Sorgen, Ängste, Hoffnungen und Heilserwartungen hervorrief, war das nahende Weltende, der unvermeidliche Untergang. Darauf vorbereitet zu sein, hielten viele Christenmenschen für ihre Pflicht. Dabei tauchte wohl zwangsläufig die Frage auf, wann dieses wichtige Ereignis stattfinden werde. Gab es Hinweise hierfür, Zeichen im Buch der Natur? In der Bibel ist von Begebenheiten die Rede, die als *Vorboten* des hereinbrechenden Untergangs gedeutet werden können, beispielsweise Erdbeben (Matthäus 24,7). Hierüber Klarheit zu gewinnen, war nicht zuletzt eine Herausforderung für die Naturwissenschaft. Augustinus hatte die theoretische Neugierde zwar entschieden verdammt, aber seine Metapher vom Buch der Natur konnten die Intellektuellen immerhin als eine Einladung zum Lesen interpretieren.

Bekanntlich ließ das in Aussicht gestellte Weltende auf sich warten. Doch das Interesse an Vorzeichen, Wundern, okkulten Kräften und dämonischen Einflüssen nahm weiter zu. Im 15., 16. und 17. Jahrhundert häuften sich die Auseinandersetzungen hierüber, übrigens auch im Zusammenhang mit der Hexerei und den Hexenverfolgungen, die im 17. Jahrhundert ihren Höhepunkt erreichten. Hexerei, Wahrsagerei, Magie, Astrologie, Wunderheilungen – der Klärungsbedarf für die Kirche und die Theologie war enorm. Denn die Vertreter der Kirche mussten sich abgrenzen: gegen Aberglauben und Traditionen, die nichts mit dem Christentum zu tun hatten oder gar mit ihm konkurrierten. Viele der damaligen Zeitgenossen behaupteten zum Beispiel, Zeuge eines Wunders gewesen zu sein oder eine Hexerei beobachtet zu haben. Doch stimmte das auch? Echte – von Gott bewirkte – Wunder, so forderten Theologen und Naturwissenschaftler, sollten doch die Ausnahme bleiben. Also wuchs der Bedarf, tatsächliche und vermeintliche Wunder, wahre und falsche Vorzeichen, echte und eingebildete Dämonen zu unterscheiden. Es gab einen theologisch inspirierten *Bedarf an Entzauberung* (Daston 2001a). Ein wohl dosierter Naturalismus diente der Abgrenzung des wahren – christlichen – Glaubens von fragwürdigen, abergläubischen Vorstellungen. Das gibt es in unserem verzwickten Abenteuer der Erkenntnis also auch: einen dosierten Naturalismus zu Ehren Gottes. Im Europa der frühen Neuzeit begann man, nach *Beweisen* für übernatürliche Begebenheiten zu verlangen. Moderne Wissenschaftsphilosophen stehen der Möglichkeit von Beweisen zwar skeptisch oder ablehnend gegenüber. Aber damals stießen die Wissenschaftler bei ihrer Suche nach Beweisen auf wichtige *methodische Probleme*, etwa auf die Frage, inwieweit Experimente eine Beweiskraft haben. Die naturalistische Erklärung von wundersamen Dingen, deren Entzauberung also, unterstrich die dem Menschen gegebene Möglichkeit, die Welt zu erforschen und das Wissen zu mehren.

Diejenige Wissenschaft, die versuchte, die Harmonien des Ganzen zu zeigen, ist die Astronomie. Im Westen Europas neigten einige Denker (wie Thomas von Aquin im 13. Jahrhundert) dazu, astronomische Modelle und mathematische Überlegungen eher als bloße Konstruktionen zu betrachten, die Vorhersagen ermöglichen und die Phänomene retten – und nicht als richtige Darstellungen der Realität. Demgegenüber herrschte in der islamischen Welt eine realistische Sicht vor. Die Astronomen und anderen Wissenschaftler im Osten erhoben den Anspruch, wahre Theorien zu suchen, wobei die Harmonie-These dort uneingeschränkte Geltung besaß. Auch Nikolaus Kopernikus (1473–1543) vertrat diesen Anspruch auf Wahrheit, er hoffte, eine richtige Theorie zu finden, die mit der wirklichen Welt übereinstimmt. Ihm war allerdings daran gelegen, ein harmonisches, möglichst einfaches Modell zu finden, bei dem absolut gleichförmige Kreisbewegungen die wichtigste Rolle spielen. Kopernikus schaffte weder die kugelförmigen kristallinen Schalen ab, noch bestritt er die Unterscheidung von irdischer und himmlischer Sphäre. Aber er ließ die Erde um die Sonne und um die eigene Achse kreisen. Kopernikus, der lange zögerte, seine Ideen zu veröffentlichen, erlebte das Erscheinen des Werkes «De Revolutionibus» nicht mehr. Es enthielt ein Vorwort des Pfarrers Andreas Osiander (1498–1552), der die Theorie als rechnerisches Hilfsmittel deutete, um die Phänomene zu retten. Damit wäre Kopernikus sicher nicht einverstanden gewesen. Dessen Zeitgenosse Tycho Brahe, der geo- und heliozentrische Thesen verknüpfte, besaß die Kühnheit, die festen Kugelschalen abzuschaffen. Erst Kepler (1571–1630) zerstörte die Hypothese der gleichförmigen Kreisbewegungen. Giordano Bruno (1548–1600) beseitigte die Sphäre, an der die Fixsterne angebracht waren, und nahm ein unvorstellbar großes, ja ein unendliches Universum an. Obwohl diese Theorien den traditionellen Ansichten widersprachen und überdies mit einigen religiösen Auffassungen zusammenprallten, war damit die Harmonie-These längst nicht abgeschafft. Noch und gerade Isaac Newtons (1643–1727) bahnbrechende Arbeiten zur Mathematik, Optik und Astronomie standen im Banne dieser Idee. Für Newton war klar, dass Gott ein harmonisches

Universum geschaffen hat, durchwoben von mathematischen Proportionen. Diese platonische Idee betrachtete Newton keineswegs als eine korrigierbare Annahme, sondern als unumstößliche Wahrheit. Er glaubte an das Buch der Natur, meinte allerdings, nur besonders kompetente Leser besäßen eine Chance, die darin enthaltenen Botschaften zu verstehen. Die Alchemie deutete er, ganz im Sinne der Tradition, als ein geheimes Wissen, das Aufschlüsse über den Schöpfungsakt gibt.

Aber wann und wie brach die Harmonie-These zusammen? Dieser Prozess, der sich bis in unsere Gegenwart hinein erstreckt, begann erst im späten 18. Jahrhundert. Nachdem die Seefahrer und Wissenschaftler mehr und mehr Räume, Kulturen und Lebewesen entdeckt hatten, begannen sie damit, Reisen in die Zeit anzutreten (Lepenies 1989). Man fand heraus, dass die Natur eine Geschichte hat – also keine ein für allemal festgelegte Ordnung ist. Schon 1755 veröffentlichte Kant eine «Naturgeschichte des Himmels». Am Anfang des 19. Jahrhunderts setzte sich allmählich das historische Denken durch. Der Ausdruck «Naturgeschichte» war bereits geläufig. Auf diesem vorbereiteten Boden schuf Darwin seine Evolutionstheorie, die wir im vorigen Kapitel kurz betrachtet haben. Niemand zerstörte die Harmonievorstellungen so nachhaltig wie Darwin. Die ‹Überproduktion› von Lebewesen und das damit verbundene massenhafte Sterben wollten nicht zu der Idee eines gütigen Schöpfers passen. Vor Darwin wurde das Vorhandensein von Ordnung als ein Beleg für die Schöpfung betrachtet. Wer eine Uhr am Wegesrand findet, so ein bekanntes Argument, kommt unweigerlich zu dem Schluss, dass jemand sie geplant und konstruiert hat. Doch Darwins Theorie und ihre modernen Varianten erklären, wie komplexe Systeme entstehen – auf ungeplante Weise, ohne übernatürliche Ursachen. Die Evolution vollzieht sich ziellos. Diese Erkenntnis empfanden – und empfinden bis heute – nicht wenige Menschen als eine Zumutung. Denn damit verliert die Natur ihren sinnträchtigen Bezug zum Menschen. Sie ist fortan kein Buch mehr, gemacht für die Menschen. Diese Vorstellung geriet auch deshalb ins Wanken, weil Welten entdeckt wurden, die den Sinnen der Menschen gar nicht zugänglich sind. In ihnen konnte niemand lesen, sie waren offenbar nicht für den Menschen da. Die Wirklichkeit, die sich durch Mikroskope erschloss, irritierte die Zeitgenossen und erschütterte die anthropozentrische Weltsicht (Fölsing 1989). Mehr als ein Jahrzehnt nach der «Entstehung der Arten» veröffentlichte Darwin das Buch «Die Abstammung des Menschen». Noch immer sträubten sich Gelehrte gegen die Theorie der Evolution. Viele der «älteren und angeseheneren Häupter der Naturwissenschaften», klagt Darwin, sind «gegen eine Entwicklung in jeglicher Form» (Darwin 1992, 1). Darwin will in diesem Werk die Verwandtschaft der Menschen mit den Tieren demonstrieren. Das war damals eine Provokation, aber Darwin belegte seine These mit einer überbordenden Fülle von empirischen Hinweisen. Er wollte es seinen Kritikern zeigen. Bereits rund 100 Jahre vor Darwin lebte ein viel geschmähter Wissenschaftler, der den Menschen ins Reich der Tiere einordnete: der Mediziner Julien Offray de La Mettrie (1709–1751). Ohne die Evolutionstheorie auch nur zu erahnen, nimmt er in seiner Schrift «Der Mensch eine Maschine» einige der empirischen Argumente Darwins vorweg. La Mettrie verweist auf hirnanatomische Ähnlichkeiten zwischen den «Vierfüßern» und den Menschen, und er betont die Gelehrigkeit bestimmter Lebewesen. Außerdem plädiert er für einen konsequenten Naturalismus bei der Erklärung psychischer Vorgänge. Damit stieß er bei seinen Zeitgenossen auf heftige Ablehnung. Aber die Naturwissenschaften im 19. und 20. Jahrhundert konnten viele Erfolge mit dem naturalistischen Programm verbuchen.

Nach Darwin war der Niedergang der Harmonie-These nicht mehr aufzuhalten. So wurde mehr und mehr deutlich: Die Naturgeschichte ist ein Prozess mit vielen Unfällen. Astronomen erkannten das Ausmaß kosmischer Katastrophen, die Instabilität von Teilen des Universums. Dabei stellten sie fest, dass auch die Erde hin und wieder von solchen einschneidenden Naturereignissen betroffen ist. Sie können auf Zusammenstöße der Erde mit größeren Himmelskörpern zurückgehen, auf klimatische Veränderungen oder auf Vorgänge, die sich, wie Vulkanausbrüche, im Schoß der Erde abspielen. Heute wissen wir: Neben zahlreichen kleineren Turbulenzen ereigneten sich fünf Massensterben im Verlauf der Evolution, denen sehr viele Arten zum Opfer fielen. Momentan diskutieren Wissenschaftler die Möglichkeit, in ein weiteres Massensterben hineinzuschlittern, ausgelöst durch die Verbreitung des Menschen auf der Erde (Wilson 1995).

Anfang des 20. Jahrhunderts erregte der Geowissenschaftler Alfred Wegener Aufsehen mit der Hypothese, dass sich die Kontinente, der Boden unter unseren Füßen, unaufhörlich fortbewegen. Die Debatte hierüber war heftig; einige Einwände konnte Wegener damals nicht entkräften. Sehr wahrscheinlich wirkten im Hintergrund noch Reste des Harmonie-Gedankens, die den emotionalen Aufwand der Debatte steigerten. In den sechziger, siebziger und achtziger Jahren gelang es den Forschern schließlich, sieben auf der Erde treibende Kontinentalplatten zu identifizieren und darüber hinaus ein paar kleine Platten, die für weitere Bewegung sorgen. Die *Plattentektonik* bedeutete in unserem Abenteuer der Erkenntnis einen echten Fortschritt, heute bildet sie eine theoretische Klammer für die Geowissenschaften. «Kein Festland ist die Welt», lautet ein nachgelassener Spruch von Wilhelm Busch. Der Mann hat mehr als Recht behalten.

Martin Carrier: Nikolaus Kopernikus, München 2001

Thomas Kuhn: Die kopernikanische Revolution, Braunschweig/Wiesbaden 1981

Julien Offray de La Mettrie: Der Mensch eine Maschine, Stuttgart 2001

Die Erhaltung der Art – der lange Abschied von einer Hypothese

Bevor wir uns weiter mit der Lust und der Last der Erkenntnis beschäftigen, folgt wieder eine kleine erkenntnistheoretische Reflexion. Wie stark beeinflussen metaphysische Hintergrundideen, wie die zählebige Harmonie-These, das wissenschaftliche Vorgehen? Eine allgemein akzeptierte Antwort auf diese Frage scheint es nicht zu geben. Klar dürfte aber sein, dass in der Praxis der Forschung viele Probleme bearbeitet werden, die sich unabhängig von den Ideen stellen, die, wie der Name schon sagt, im Hintergrund bleiben. Im Forschungsalltag denken beispielsweise einige Psychologinnen und Psychologen über den Aufbau eines Experimentes nach. Oder Chemiker führen in einem großen Labor Routinearbeiten durch. Es kommt auch auf das Fach an. In der Astronomie, bestimmten Bereichen der Physik und der Biologie hatten (und haben?) Hintergrundideen eine größere Bedeutung als in der Archäologie, die versunkene Städte und Lebensgewohnheiten ans Licht bringt. Beim Erfinden eines geozentrischen Weltmodells oder bei der Kritik an der Evolutionstheorie ist der Einfluss von metaphysischen Hintergründen deutlich. Doch meistens wissen wir nicht genau, welche Rolle bestimmte Annahmen im Einzelfall gespielt haben. So ist unter Wissenschaftshistorikern umstritten, ob Kopernikus vielleicht auch ohne platonisches Gedankengut zu seiner heliozentrischen These gelangt wäre. Fest steht jedoch, dass er Harmonievorstellungen verwendete, um bestimmte Hypothesen zu *rechtfertigen*. Die Welt ist eine Kugel, so argumentierte er beispielsweise, weil dies die vollkommenste aller Formen ist.

Vieles von dem, was einst hintergründige Metaphysik war, können wir inzwischen prüfen, wie etwa die Kugel-These. Ich meine, das Scheitern solcher Annahmen können wir als ein Indiz für Erkenntnisfortschritte betrachten. Auch der Niedergang der Harmonie-These hängt damit zusammen, dass wir

heute einfach mehr über die Welt wissen. Wenn eine langlebige Idee trotz heftiger Widerstände auf der Strecke bleibt,
können wir das so erklären: Unsere Hypothesen scheitern an
der Wirklichkeit, und wir ersetzen sie nach und nach durch
bessere. Nein, ganz so einfach ist es wohl doch nicht. Denn
eine Hypothese oder Theorie *stößt ja nicht selbst mit der Welt
zusammen*. Aber indem wir beobachten, Experimente durchführen, Theorien vergleichen, beziehen wir uns hypothesen-
geleitet auf Ereignisse, die etwas mit der Wirklichkeit zu tun
haben. Wir messen unsere Theorien an Argumenten, Beobachtungen, Versuchsergebnissen, die mehr als bloße Konstruktionen oder Einbildungen sind. Das Scheitern der Harmonie-
Idee ist ein Ergebnis dieser Mühen.

Im Folgenden geht es um den Untergang einer Hypothese,
die vor allem von Konrad Lorenz und seinen Schülern vertreten
wurde. Sie werden sehen, dass auch bei diesem Vorgang ‹Hin-
tergründiges› im Spiel war. Grundsätzlich ging es dabei um eine
wichtige Frage der Evolutionsbiologie: Worauf richtet sich die
natürliche Auslese? Anders gesagt: Welche Einheit oder welche
Einheiten scheitern am Selektionsdruck? Es liegt nahe, an das
einzelne Individuum zu denken. Denn es sind ja die einzelnen
Lebewesen, die mit Haut und Haaren untergehen. Jedes Lebewesen scheint sich so zu verhalten, dass seine Chance wächst
sich fortzupflanzen bzw. die eigenen Gene zu reproduzieren.
(Die Ausnahmen von dieser Regel sind besonders interessant,
wie Sie gleich sehen werden.) Konrad Lorenz war nun der
Überzeugung, das Verhalten eines Individuums diene letztlich
der *Erhaltung der Art*. Das heißt: Im evolutionären Wettbe-
werb werden diejenigen Individuen begünstigt, die es schaffen,
zum *Überleben des Ganzen*, der eigenen Art, beizutragen.
Lorenz betrachtet in einem Aufsatz aus dem Jahre 1955 die Art
als ein System, das sich selbst erhält (Lorenz 1978, 275). Der
Verhaltensforscher ist sich völlig darüber im Klaren, dass die
Evolution viele unzweckmäßige Merkmale und Verhaltensmuster hervorbringt, weil, wie er sagt, keine «weise Planung»
den Artenwandel bestimmt. Er wirft einer bestimmten Gruppe

von Biologen vor, aufgrund ihrer «Ehrfurcht vor der Harmonie der organischen Schöpfung» die unzähligen Unzweckmäßigkeiten zu übersehen. Im Rückblick drängt sich der Verdacht auf, dass auch Lorenz selbst, der von seiner Ganzheits-Vorstellung überzeugt war, etwas übersehen hat. Denn schon bald mehrten sich die empirischen Befunde, die gegen die Idee der Arterhaltung sprachen. Immer häufiger berichteten Biologen über Tiere, die ihre eigenen Artgenossen töten. Die Reaktion der Verfechter der Arterhaltung ist aufschlussreich – und kein Einzelfall in der Geschichte der Wissenschaft: Sie deuteten diese Ereignisse als *Ausnahmen*, als Entgleisungen oder krankhafte Verhaltensweisen. Konrad Lorenz spricht von «Erscheinungen, die man beinahe als Missbildung auffassen könnte …» (ebd., 27). Doch die empirischen Hinweise häuften sich. Ein Beispiel, das Berühmtheit erlangte, sind Löwen, die den Nachwuchs töten, sobald sie das Rudel übernehmen, um sich dann mit den Löwinnen zu paaren. Und das geschieht nicht nur gelegentlich, es ist vielmehr die Regel. Obwohl es ihnen nicht leicht fiel, gelangten Freilandbiologinnen, wie Jane Goodall, zu der Erkenntnis, dass Schimpansengruppen blutige Kämpfe mit ihren Nachbarn führen. Mehr und mehr Wissenschaftler richteten ihre Aufmerksamkeit auf solche Verhaltensweisen – und siehe da: Das Töten von Artgenossen ist weit verbreitet. Und es geschieht einfach zu häufig, um als Ausnahme gelten zu können. Sarah Blaffer Hrdy machte Infantizide, das Töten von Kindern, zu einem ihrer Forschungsschwerpunkte. Das kam, wie sie berichtet, einem Tabubruch gleich. Ihre Arbeiten trugen zu der Einsicht bei, dass Kindestötungen auch bei uns Menschen häufiger vorkommen – sogar in den wohlhabenden westlichen Gesellschaften. Nur widerstrebend begannen die Verfechter der Arterhaltung ihren Standpunkt zu überdenken. Der Lorenz-Schüler Eibl-Eibesfeldt distanzierte sich in der 1987 erschienenen 7. Auflage seines Standardwerks «Grundriss der vergleichenden Verhaltensforschung» von dem Ausdruck «im Dienste der Arterhaltung». Er zitierte auch einige der damals nicht mehr ganz so neuen Befunde und Hypothesen. «Früher hätten wir hier eine Pathologie vermutet» (Eibl-Eibesfeldt 1987, 459), räumte er ein.

In den siebziger Jahren tauchten aber auch neue theoretische Ansätze auf, die dem Gedanken der Arterhaltung widersprachen. So veröffentlichte der Mann, der seine Liebe zu Ameisen bekundet hat, Edward Wilson, sein voluminöses Werk «Sociobiology» (1975), das viele heftige Kontroversen provoziert und fruchtbare Forschungen angeregt hat. Die Gene gerieten als mögliche Einheiten der Evolution in den Blick. Nicht das Individuum, so die Hypothese, wird ausgelesen – und schon gar nicht die Art –, sondern Gene, also die Winzlinge, die sich reproduzieren und in den Körpern der Nachkommen von Lebewesen weiter existieren. Sie überleben, während den Organismen, den *Vehikeln für die Gene* nur eine kurze Lebensdauer beschieden ist. Der Löwe, der den Nachwuchs seines Vorgängers tötet, verhält sich so, als ob er die eigenen Gene rasch weiter geben wolle. Natürlich weiß der Löwe nichts über Gene. Aber diejenigen Gene, die solche Verhaltensmuster ermöglichen, gehören zu denen, die in den zukünftigen Körpern fortdauern. Diese Sichtweise führte dazu, neu über die Verhaltensweisen der Geschlechter nachzudenken und über die Konflikte zwischen den Geschlechtern. Sie ziehen nicht am selben Strang, wenn es um die Betreuung der Nachkommen geht. Denn die Löwinnen, die ja Gene mit ihren Jungen teilen, verteidigen diese, wenn der Löwe sie angreift und zu töten versucht. Neue Fragen tauchten auf: Wann opfern die Weibchen ihre Kinder, wann geben sie auf? Wieviel Energie können sie – unter welchen Bedingungen – für die Verteidigung ihres Nachwuchses aufwenden? Der Biologe John Maynard Smith führte mathematische Überlegungen in die Evolutionsbiologie ein, um solche Fragen zu beantworten. Aber gibt es nicht doch kooperatives und vielleicht sogar selbstloses Verhalten? Wenn der soziobiologische Grundgedanke stimmt, sollten wir solche Verhaltensweisen vor allem bei nahe Verwandten finden, also bei Organismen, die viele Gene teilen. Das scheint auch tatsächlich der Fall zu sein.

Weibliche Tiere, zum Beispiel einige Affenarten, die aufgrund ihres Alters keine eigenen Kinder mehr bekommen können, helfen Verwandten bei der Kinderaufzucht – und sie verteidigen diese Jungen sogar, was sie früher nicht getan hätten. Aber, so fragten die Forscher weiter, das setzt doch voraus, dass Tiere ihre eigenen Verwandten erkennen. Bei Affen, die in Gruppen leben, ist das nicht weiter rätselhaft. Aber erkennen auch andere Lebewesen, wie Insekten oder Vögel die Artgenossen, mit denen sie verwandt sind und wenn ja, auf welche Weise? Dieses Beispiel macht einmal mehr deutlich, wie sich Fragen in der Wissenschaft fortpflanzen.

Obwohl Gene die Ausbildung von Organen – wie die im 2. Kapitel erwähnten Sinnesorgane – und Verhaltensweisen veranlassen, sind die Lebewesen nicht ausschließlich durch ihre Gene bestimmt. Denn zum einen gibt es ja auch Organe, die Flexibilität ermöglichen, und zum anderen meistern die Organismen ihr Leben unter veränderlichen Umweltbedingungen, sodass die Lebewesen, jedenfalls die etwas komplizierteren, gegenüber ihren Genen einen Eigensinn entwickeln. Und unsere Kulturprodukte, insbesondere unsere Kunstwerke und Theorien, führen ebenfalls ein gewisses Eigenleben. Sie überleben häufig ihre Konstrukteure. Mit ihnen kommen Entwicklungen in Gang, die ihre Schöpfer weder vorhergesehen noch gewollt hatten. So gibt es nicht nur eine Geschichte der Oper, sondern auch eine Geschichte der Oper «Cosi fan tutte». Sie hat zwar mit uns zu tun und würde sich ohne uns nicht ereignen. Aber die Geschichte hängt auch vom Werk selbst ab, das uns zum Hinhören und Interpretieren verleitet – und das auch ein Gegenstand wissenschaftlicher Arbeiten ist.

Fremdes Wissen

Erkenntnisse können also zu einer Last werden, weil sie lieb gewordenen Vorstellungen widersprechen, ja sogar unseren Wünschen und Bedürfnissen, beispielsweise unserem Bedürfnis nach Harmonie. In einem gewissen Sinne macht das Wissen über die Welt die Welt nicht vertrauter und verständlicher, sondern *fremder*. Viele Erkenntnisse, die die Wissenschaft gewinnt, entwickeln sich an uns vorbei oder über uns hinweg. Dieser Vorgang hängt mit den Grenzen unserer Wahrnehmung und unserer Vorstellungskraft zusammen. Im Abschnitt «Theorien und Erfahrungen» (7. Kapitel) finden Sie die These: Wissenschaftliche Theorien erklären uns, wie bestimmte Erfahrungen zu Stande kommen, zum Beispiel die Erfahrung der auf- und untergehenden Sonne. Offenbar gelingt es den Wissenschaftlern, Erkenntnisse zu erzeugen, die nicht an unsere Wahrnehmungen gebunden sind. Im Alltag dagegen neigen wir alle dazu, unseren Erfahrungen viel Gewicht zu verleihen, ihnen zu vertrauen. Und manchmal liegen wir dabei auch richtig. Aber – häufiger wohl – verführen uns die Erfahrungen zu Annahmen, die einer kritischen Prüfung nicht Stand halten. Nicht selten machen wir Erfahrungen, die mit einem Gefühl der Gewissheit einhergehen und die uns existenziell bedeutsam erscheinen. So sind Menschen, die vom Tod eines Freundes träumen, der dann tatsächlich stirbt, oft tief beeindruckt. Es gibt Menschen, die erleben, wie sie den eigenen Körper verlassen und sich von oben betrachten. Manche von ihnen glauben, damit einen Beweis für die Existenz einer unsterblichen Seele gewonnen zu haben. Aber es gelingt früher oder später, solche Vorgänge zu untersuchen – und zu entzaubern (Blackmore 1993).

Weil viele Theorien unsere Erfahrungen überschreiten, erscheinen sie uns auch *abstrakt*. Nicht immer gelingt es uns, das, was eine Theorie behauptet, anschaulich zu machen. Und die Zahl prinzipiell unanschaulicher Theorien wächst. Kein Wunder also, dass Wissenschaftler und Didaktiker inzwischen öfter über dieses Problem nachdenken. Ein Rat lautet, bei manchen Theorien nicht auf Intuition und Veranschaulichung zurückzugreifen. Entsprechend meint Richard Dawkins, eine Theorie über den Ursprung des Lebens müsse zwangsläufig eine Theorie sein, die uns unglaubwürdig erscheint. Unsere

Vorstellungskraft ist an die «Welt mittlerer Dimensionen» (Vollmer) gebunden. Wir denken, wenn es um Prozesse geht, eher in Jahrzehnten, manchmal in Jahrhunderten, selten in Jahrtausenden. Ein zeitlicher Vorgang wie die Evolution entzieht sich unserer Vorstellung. Auch beim Umgang mit Wahrscheinlichkeiten versagen wir, sobald wir mit Intuition und Anschauung an die Probleme herangehen. Verschiedene psychologische Experimente zeigen, wie schlecht gerüstet wir hierfür sind. Aber wir gelangen zu richtigen Ergebnissen, wenn wir die Mathematik, die Wahrscheinlichkeitstheorie anwenden. *Je mehr wir über die Welt Bescheid wissen, desto fremder kommt sie uns vor.* Und schon diese Fremdheit allein führt dazu, dass die Annahme eines objektiven Sinnes ins Wanken gerät. In seinem bekannten Buch «Die ersten drei Minuten» schreibt Steven Weinberg: «Je begreiflicher das Universum wird, desto sinnloser erscheint es auch.» Diese Bemerkung hat Weinberg inzwischen wohl bereut, aber nicht, weil er sie für falsch hält, sondern weil sie ihn verfolgt. Weinberg betont, es sei trotzdem möglich, dem Leben einen Sinn zu geben – zum Beispiel, indem man das Universum erforscht. Seine Berufskolleginnen und -kollegen reagierten meist anders als viele Leser des populären Buches. Es fiel ihnen schwer, die Aussage überhaupt noch Ernst zu nehmen, weil sie es für selbstverständlich halten, in einer Welt ohne objektiven Sinn zu leben. Ein Astronom aus Texas nannte Weinbergs Äußerung «nostalgisch». «Und das war sie auch», räumt Weinberg ein, «– Ausdruck der Sehnsucht nach einer Welt, in der die Himmel die Herrlichkeit Gottes erzählen» (Weinberg 1995, 46). Dieses Beispiel zeigt, dass Lust und Last der Erkenntnis auch eine Sache der Gewöhnung sind. Jedenfalls reagieren die Menschen ganz unterschiedlich auf das entzaubernde, abstrakte und unanschauliche Wissen.

Richard Dawkins: Der entzauberte Regenbogen, Reinbek 2000
Gerhard Vollmer: Auf der Suche nach der Ordnung, Stuttgart 1995
Franz Josef Wetz: Die Kunst der Resignation, Stuttgart 2000

Lust und Last der Erkenntnis – beides geht mit unserem Abenteuer einher. Die vielleicht größte Last, eine weit reichende Veränderung unseres Selbstverständnisses, bahnt sich gerade an. Es geht um die Vorstellungen, die wir von uns selbst haben, vom Bewusstsein, vom eigenen Willen, von der Person, die wir sind. Bereits Freud sprach von einer *Kränkung*, die den Menschen durch die Psychoanalyse bereitet werde. Denn, so Freud, das Ich ist gar nicht Herr im eigenen Hause. Was uns antreibt sind in Wahrheit Triebe, verdrängte, unbewusste Impulse und nicht-bewusste Abläufe. Das heißt: Die Begründungen, die wir für unser eigenes Handeln geben, stimmen nicht. Vieles scheint auch an der Psychoanalyse nicht zu stimmen; aber die Idee, dass wir uns über uns selbst täuschen, ist aktueller denn je. Heutzutage gewinnen vor allem die Hirnforscher Erkenntnisse, die mit unseren intuitiven Vorstellungen zusammenprallen. Diese Wissenschaftler führen die Freud'sche Kränkung fort. Man kann auch sagen, wie Gerhard Vollmer, dass sie eine *weitere* Kränkung produzieren, nämlich die *neurobiologische Kränkung*. Wir glauben gerne an ein Ich oder Selbst, an eine Instanz in uns, die Denkprozesse steuert und Entscheidungen fällt. Bereits in den achtziger Jahren sorgte ein Neurochirurg, Benjamin Lisbet, für Aufregung. In Experimenten bat er Versuchspersonen darum, einfache Entscheidungen zu treffen. Noch bevor die Probanden ihre Entschlüsse fassten, traten spezifische Muster von Hirnwellen auf. Die Prozesse im menschlichem Gehirn, so die Interpretation Lisbets, vollziehen sich, bevor das subjektive Gefühl auftritt, eine willentliche, bewusste Handlung vollzogen zu haben. Anders gesagt: Wenn wir glauben, uns zu entscheiden, sind die Würfel bereits gefallen. Es handelt sich um eine nachträgliche Konstruktion. Solche experimentellen Befunde sind, wie wir schon an einigen Beispielen gesehen haben, alles andere als eindeutig. Doch die meisten Neurophysiologen, Biologen und auch viele Psychologen rechnen nicht mehr damit, dass wir Menschen mit unserer Selbstwahrnehmung, unseren Intuitionen, unserem gesunden Menschenverstand richtig liegen. Damit setzt sich auf den Menschen bezogen das fort, was wir in anderen Bereichen der Wissenschaft schon länger beobachten können: Die Wirklichkeit ist anders als sie uns erscheint und meistens auch anders als wir intuitiv vermuten. Das menschliche Gehirn – und die Nervensysteme anderer Tiere – zu verstehen, gehört zu den Schwindel erregenden Herausforderungen in unserem Abenteuer der Erkenntnis. Und noch steht nicht fest, in welchem Umfang wir diese Herausforderung meistern. Aber die Arbeit daran schreitet weltweit voran. Die meisten Neurowissenschaftler gehen dabei reduktionistisch vor. Das heißt: Sie versuchen Erscheinungen wie das Schmerzempfinden auf neuronale und biochemische Prozesse zurückzuführen. Eine mögliche Grenze dieses – bislang erfolgreichen – Programms könnte darin liegen, dass zum Beispiel das Erlebnis, ein Selbstbewusstsein zu haben oder eigenverantwortlich zu handeln, *von Ideen beeinflusst wird*, die wir im Laufe des Lebens lernen. Erinnern Sie sich noch, wie Platon die Schrift bzw. veröffentlichte Ideen kritisiert? Sie führen ein gewisses Eigenleben – wir haben sie nicht unter Kontrolle. Im 20. Jahrhundert schlug der Philosoph Karl Popper die folgende These vor: Ideen (Hypothesen, Theorien), die wir Menschen auf den Weg bringen, wirken auf uns zurück. Sie verändern uns. Weil das Gehirn Ideen speichert und verarbeitet, beeinflussen sie auch dieses Organ. Die Psychologin Susan Blackmore spitzt diese Position weiter zu, indem sie behauptet, dass Ideenpartikel in unserem Gehirn konkurrieren und auf unser Denken und Fühlen einwirken. Unter diesen Memen, wie Dawkins (1978) sie getauft hat, befinden sich auch Illusionen – u. a. Illusionen über uns selbst.

Wenn sich aber unsere Ansichten darüber, wer wir sind, als falsch erweisen, hat dies zwei einschneidende Konsequenzen: 1. Unsere Selbsterfahrungen, von vielen Zeitgenossen gepriesen, führen häufig in die Irre. 2. Unsere Antworten auf Fragen, die unser Wollen und Handeln betreffen, sind häufig falsch, mindestens jedoch unvollständig. Warum helfen Sie einem notleidenden Kind? Weshalb verbringen Sie Ihren Urlaub auf einer griechischen Insel? Aus welchem Grund sind Sie meistens optimistisch gestimmt? Wir glauben, solche Fragen ganz gut beantworten zu können. Aber wir irren uns. Wie werden die Menschen mit den Erkenntnissen der Hirnforschung umgehen? In seiner Rede anlässlich der Verleihung des Friedenspreises des Deutschen Buchhandels fragte der Philosoph Jürgen Habermas: «Wird sich der Commonsense am Ende vom kontraintuitiven Wissen der Wissenschaften nicht nur belehren, sondern mit Haut und Haaren konsumieren lassen?» (Habermas 2001, 16f.) Vermutlich werden die Intuitionen und Wahrnehmungen fortdauern. Wir erleben ja noch immer eine ruhende, feste Erde. Doch wir sind hierüber von der Wissenschaft belehrt. So akzeptiert Susan Blackmore «die Vorstellung in der einen oder anderen Version, dass das kontinuierliche, beständige und autonome Selbst eine Illusion ist» (Blackmore 2000, 360). Und die Philosophin Patricia Churchland plädiert für ein wissenschaftliches Verständnis des Geistes (in: Campbell 1997). Sie hofft, dass humane Werte dadurch eher gefördert werden. So gehen wir heute mit Schizophrenen und anderen Kranken verständnisvoller um als in der frühen Neuzeit. Manche Wissenschaftler und Philosophen erwarten dagegen schwer kalkulierbare Veränderungen im Bereich des Rechts, auch des Rechtsempfindens und der Moral. Andererseits wissen wir nicht, in welchem Umfang die Menschen jenes kontra-intuitive Wissen über den Menschen zur Kenntnis nehmen – und auch verarbeiten. Die Weltbilder, die wir uns zusammenbasteln, sind ja keineswegs immer widerspruchsfrei. Zum Beispiel gibt es Leute, die zwar wissen, was eine «Sternschnuppe» ist, sich aber trotzdem etwas wünschen, wenn sie dieses Naturereignis erleben. Und wahrscheinlich lebt irgendwo auf der Welt auch ein Astrophysiker, der Horoskope liest. Dennoch beeinflussen wissenschaftliche Ergebnisse das kulturelle Klima. Sie finden Eingang in die Feuilletons der Tageszeitungen und werden in populären Fernsehsendungen verbreitet. Deshalb dürfte die Erwartung realistisch sein, «dass die Hirnforschung unser *Selbstverständnis tiefgreifend verändern* wird» (Singer 1999, 233).

Wahrscheinlich drängt sich Ihnen bereits der folgende Gedanke auf: Längst nicht alle Disziplinen bringen solche Erkenntnisse hervor. Haben die Geisteswissenschaften nicht völlig andere Aufgaben als die Astronomie, die Biologie und andere Naturwissenschaften? Entzaubern auch die Sozial- und Geisteswissenschaften die Welt?

Natur-, Sozial- und Geisteswissenschaften – warum sie zusammengehören

Die Unterscheidung von Natur-, Sozial- und Geisteswissenschaften ist das Ergebnis eines historischen Prozesses, in dem sich verschiedene Disziplinen herausbildeten. Weder standen diese oder ähnliche Unterscheidungen von Anfang an fest, noch werden sie in aller Zukunft so bleiben. Längst sind die Grenzen zwischen einzelnen Disziplinen, etwa Biologie und Chemie oder Soziologie und Ökonomie durchlässig geworden, aber auch die Grenzen zwischen Disziplinengruppen. Es empfiehlt sich daher, derartige Abgrenzungen nicht allzu Ernst zu nehmen. Weil sich Fragen fortpflanzen, unerwartete Probleme auftreten und neue Hypothesen aufgestellt werden, vermag niemand zu sagen, wohin sich bestimmte Disziplinen bewegen – und ob sich dabei irgend jemand um die Grenzziehungen schert. Der Grund, weshalb wir so viele verschiedene wissenschaftliche Disziplinen haben, liegt darin, *dass die Wirklichkeit viele Aspekte hat.* Ein Teil der Wirklichkeit besteht zum Beispiel aus Texten, ein anderer aus Versteinerungen. Während Naturwissenschaftler, wie wir gesehen haben, viele ihrer Daten erzeugen, befassen sich Sozial- und Geisteswissenschaften mit erzeugten Daten bzw. erzeugten Gebilden aller Art. Beispiele hierfür sind Tänze, denen von Menschen gemachte Regeln zu Grunde liegen. Oder denken Sie an Geld, das ein Gegenstand der Wirtschaftswissenschaften ist. Geld verstehen wir nicht, wenn wir das Material untersuchen und die Molekülverbände des Papiers und der Farben studieren.

Selbst das gesamte Universum ist ein Gegenstand der Forschung, wie Steven Weinbergs Buch «Die ersten drei Minuten» (der Entstehung der Welt) zeigt. Ein anderer ist die Vermehrung von Viren in Zellen. Was Forscherinnen und Forscher in ihrer Praxis tun, hängt trivialerweise von dem ab, was sie untersuchen, von den Fragen, die sie beantworten, von den Problemen, die sie lösen wollen. Weil die Ressourcen prinzipiell knapp sind, liegt den Vertretern einer Disziplin begreiflicherweise daran, ihr Fach ins rechte Licht zu setzen und andere Fächer vielleicht abzuwerten. Die Wertschätzung, die einzelne Disziplinen erfahren, ist nicht selten von Vorurteilen getrübt. Zum Beispiel galt unter Physikern lange Zeit die Biologie als eine ‹weiche› Wissenschaft, weil dort die Mathematik eine geringere Rolle spielt. Dahinter verbirgt sich der Gedanke: Je mathematischer desto wissenschaftlicher. Oder mit den Worten Galileis: Das Buch der Natur ist in der Sprache der Mathematik geschrieben. Die Verächter der Biologie waren offenbar noch tief in die platonische Harmonie-Idee verstrickt. Zwar ist die zunehmende Anwendung der Mathematik in einigen Disziplinen durchaus ein Indikator für Erkenntnisfortschritt. Das gilt in einem gewissen Umfang auch für die Evolutionsbiologie im 20. Jahrhundert. Nur: Viele wissenschaftliche Probleme lassen sich ohne oder mit wenig Mathematik lösen. Wer beispielsweise die Geschichte der Oper in der Zeit der Aufklärung erforschen will, benötigt keine Mathematik. Man kann selbstverständlich die Frage aufwerfen, ob so etwas überhaupt gemacht werden soll. Was wir erforschen, welche Projekte wir fördern, hängt von politischen und unternehmerischen Entscheidungen ab und von den Antworten auf die Frage, wie wir leben wollen, was uns wichtig ist. Viele Zeitgenossen, wie dereinst Francis Bacon, denken vor allem an die nützlichen Konsequenzen der Wissenschaft für den Menschen, etwa die Heilung von Krankheiten. Hat die Erforschung der Operngeschichte überhaupt irgendwelche praktische Folgen? Aber ja! Sie kann beispielsweise dazu führen, dass neu entdeckte Bühnenwerke aufgeführt werden. Im Übrigen streben wir nicht nur nach ökonomisch oder sonstwie messbarem Nutzen. Wenn Astrophysiker über die Frage nachdenken, ob es so etwas wie einen Urknall gegeben hat, berührt dieses Projekt sicher unser Selbstverständnis, unser Welt- und Menschenbild. Welche Konsequenzen sich daraus für die Praxis ergeben werden, ist dagegen ungewiss.

Hin und wieder versuchen Philosophen, bestimmten Erkenntnisleistungen gegenüber anderen einen Vorrang einzuräumen. So verstand Hans-Georg Gadamer seine *Theorie des Verstehens*, die *Hermeneutik*, als eine wissenschaftliche Grunddisziplin. Wir vergegenwärtigen uns selbst, indem wir die überlieferte Geschichte in Texten, also auch in überlieferten Gesprächen, erschließen. Die Kunst des Verstehens ist grundlegend, meinte Gadamer, weil jeder Wissenschaftler in Texten und Dialogen verstrickt ist, aus denen seine Theorien erwachsen. Lange ließ die Kritik an diesem «Absolutheitsanspruch» (Habermas) der Hermeneutik nicht auf sich warten. Aber auch die Versuche anderer Philosophen, alle Wissenschaften am Vorbild der Naturwissenschaften – insbesondere der Physik – zu messen, sind mehr als fragwürdig. Nähmen die Wissenschaftler sie ernst, würden sie ihren Spielraum unnötigerweise einengen. Wenn man sich die strengen Maßstäbe einiger Wissenschaftstheoretiker ansieht, dann hätten die Wissenschaftler viele erfolgreiche Theorien gar nicht erfinden dürfen.

Eine gewisse Spezialisierung in der Wissenschaft ist unvermeidlich. Es kann von großer – theoretischer wie praktischer – Bedeutung sein, ein Detail zu untersuchen, etwa die Wirkung eines Hormons im menschlichen Körper. Um bestimmte Aspekte der Wirklichkeit und übergreifende Zusammenhänge zu verstehen, sind wir aber auf ein Zusammenspiel mehrerer wissenschaftlicher Disziplinen angewiesen. Das gilt beispielsweise für tierische und menschliche Verhaltensweisen, für Kulturleistungen und die Ausbreitung von Krankheiten. Dabei handelt es sich um *Wirklichkeiten, bei denen die drei oder vier Quellen des Wissens eine Rolle spielen*, die wir im 3. Kapitel kennen gelernt haben: die Evolution, die frühen prägenden Erfahrungen, Lernprozesse und die kulturelle Dynamik, zu der die Entwicklung des Wissens gehört. Nehmen wir als Beispiel die Aggression. Manche Psychologen und Soziologen betrachten vor allem die Sozialisation, um Aufschlüsse über aggressives Verhalten zu gewinnen. Faktoren wie Erziehungsstil, soziale Lage und die Häufigkeit von Frustrationen bringen die Forscher mit Aggressionen in Verbindung. Ein umfassendes Verständnis für das Phänomen Aggression gewinnen wir, indem wir evolutionsbiologische, biochemische und neurologische Aspekte, kulturelle Gepflogenheiten und Lernerfahrungen unter verschiedenen sozialen und ökonomischen Bedingungen aufeinander beziehen. Dann wird auch eher deutlich, dass es mehrere Sorten aggressiven Verhaltens gibt, wie zum Beispiel die Laktationsaggression. Nach einer Geburt werden weibliche Säugetiere deutlich aggressiver. Diese Verhaltensumstellung mag bei der Verteidigung des Nachwuchses gegen Räuber hilfreich sein. Die Aggression scheint sich vor allem gegen männliche Artgenossen zu richten, die versuchen, die Kinder zu töten. Dabei sind Hormone im Spiel, die auch bei Menschen nachgewiesen wurden. Wie bei anderen Säugern vergrößert sich auch bei schwangeren Frauen die Hirnanhangdrüse. Nach einer Geburt erleben Frauen häufig eine größere emotionale Distanz zum Partner, die vielleicht mit den biochemischen Prozessen zusammenhängt. Die Erwartungen der betroffenen Männer und des gesamten sozialen Umfeldes gehen in die entgegengesetzte Richtung. Die junge Familie soll zusammenhalten, Männer und Frauen sollen kooperieren – eine konfliktträchtige Situation. Einige Wissenschaftler bringen daher die Laktationsaggression mit den ziemlich häufigen Depressionen in einen Zusammenhang, die nach einer Geburt auftauchen.

Versuchen wir jetzt, die Unterschiede zwischen den Geistes-, Natur- und Sozialwissenschaften ein wenig genauer zu ergründen. Eine Gruppe von Philosophen hat den Vorschlag unterbreitet, den Geisteswissenschaften vor allem eine bewahrende und kompensierende Aufgabe zu stellen. Diese Idee entwickelt Joachim Ritter (1903–1974) in einem Aufsatz aus dem Jahre 1964. Aufgrund des beschleunigten Wandels in der modernen Welt entstehen leicht Traditionsabrisse. Viel droht verloren zu gehen. Wir vergessen kulturelle Leistungen, historische Erfahrungen und gute Einfälle. Das alles muss rekonstruiert, festgehalten, überliefert werden. Das ist die sogenannte *Kompensationstheorie der Geisteswissenschaften*, die Odo Marquard (2000) weiter ausgebaut hat. Eine Pointe dieser Position besteht darin, dass die Geisteswissenschaften nicht nur hochmoderne Disziplinen, sondern heutzutage nötiger denn je sind. Denn das Tempo, mit dem sich die moderne Welt verändert, macht nicht nur die Zukunft ungewisser, weil wir die Innovationen von morgen nicht vorhersehen können. Moderne Welten produzieren auch viel Vergangenheit, viele versunkene Geschichten, die wir gerne erinnern und verstehen würden. Da gerade die Erkenntnisse der Naturwissenschaften unsere Welt vorantreiben, antworten die Geisteswissenschaften den Naturwissenschaften. Weil die Menschen «anknüpfende Lebewesen» sind, die Herkunft brauchen, fällt den Geisteswissenschaften die Aufgabe zu, eine «moderne Kontinuitätskultur» zu schaffen. Deswegen rennen immer mehr Leute in die Museen, wo Kunsthistoriker und Museumspädagogen, Geisteswissenschaftler also, ihre Dienste anbieten. Die Kompensationstheorie hat einigen Wirbel unter den Philosophen und Wissenschaftstheoretikern verursacht und Kritiken provoziert (Habermas 1985; Groh/Groh 1991). Um diese Theorie besser einschätzen zu können, betrachten wir zwei Beispiele geisteswissenschaftlicher Arbeit.

John H. Arnold: Geschichte. Eine kurze Einführung, Stuttgart 2001
Richard J. Evans: Fakten und Fiktionen. Über die Grundlagen historischer Erkenntnis, Frankfurt/New York 1998
Wolfgang Frühwald u. a.: Geisteswissenschaften heute, Frankfurt 1991

Unter der Internetadresse *www.haydn-institut.de* finden Sie Informationen über eine Einrichtung in Köln, wo einige Wissenschaftler an einer Gesamtausgabe der Werke Joseph Haydns arbeiten. Die Überlieferung ist im Falle dieses großen Komponisten besonders problematisch. Manche Kompositionen, die der Überlieferung zufolge von Haydn stammen, sind in Wirklichkeit nicht authentisch. Die sogenannte «Kindersinfonie» ist hierfür ein bekanntes Beispiel, und auch das Thema der «Haydn-Variationen» von Brahms stammt nicht aus der Feder Joseph Haydns. Häufig kennen wir das Entstehungsjahr einer Komposition nicht, oder nur so ungefähr. Etwa ein Drittel der Werke ist in Handschriften überliefert, stammt also vom Meister selbst. Ansonsten müssen sich die Forscher mit Abschriften oder mit Abschriften von Abschriften begnügen. Eine besondere Herausforderung für die Wissenschaftler sind unterschiedliche Abschriften eines Stückes. Da stellt sich die Aufgabe, unter den konkurrierenden Versionen diejenige herauszufinden, die mit dem Original identisch oder ihm am ähnlichsten ist. Als ein Kriterium für die Entscheidung dient den Forschern der Zeitpunkt, an dem die Abschrift angefertigt wurde. Je älter das Dokument, je näher es zeitlich an das Original heranrückt, desto zuverlässiger könnte die Abschrift sein. Hierbei hilft Wissen aus anderen Fachgebieten weiter, wie der Papierkunde. Wasserzeichen geben Hinweise darauf, woher das Papier stammt und wann und wie lange die Hersteller es verkauften. Das Haydn-Institut arbeitet also daran, eine Überlieferungsgeschichte zu rekonstruieren und dabei Werke von Haydn zu retten. Obwohl diese Arbeit nicht direkt auf die Naturwissenschaften antwortet, hängen die Probleme der Forscher durchaus mit dem historischen Wandel und den damit einhergehenden Traditionsabrissen zusammen. Die Wiederherstellung und Bewahrung des Vergangenen ist aber, wie jede wissenschaftliche Tätigkeit, auch ein kritisches Geschäft. Denn die Forscher müssen immer wieder prüfen, ob ihre Ergebnisse den verfügbaren Daten und historischen Quellen Stand halten. Und nicht nur das: Die Ergebnisse der Arbeit widersprechen zudem einigen bislang akzeptierten Ansichten, sie kollidieren mit Teilen der Tradition. Die überlieferte Gepflogenheit zum Beispiel, eine Komposition unter dem Namen Haydn zu veröffentlichen und aufzuführen, ruht auf falschen Annahmen. Wie wir sehen, führt die bewahrende, erinnernde, kompensatorische Arbeit auch dazu, dass geltende Ansichten zu Fall gebracht werden – wie in den Natur- und Sozialwissenschaften. Kompensationen sind häufig innovativ, stellt Marquard fest. Und, so sollten wir hinzufügen: zuweilen destruktiv, auch im Hinblick auf Traditionen.

Das nächste Beispiel stammt von Richard Evans, einem englischen Historiker. Er machte die Hamburger Choleraepidemie von 1892 zu seinem Problem. Innerhalb von sechs Wochen fielen 10000 Menschen der Krankheit zum Opfer. Evans suchte eine Erklärung dafür, weshalb diese große Epidemie in Hamburg ausbrach und nirgendwo sonst in Europa. Zwar gibt es eine naturwissenschaftliche Erklärung für den Ausbruch dieser Krankheit – 1844 isolierte Robert Koch den Erreger. Doch um zu verstehen, warum die Seuche in Hamburg auftrat, musste Evans eine Geschichte rekonstruieren, in der etliche Ursachenbündel zusammenliefen. Den Erreger, ein Bazillus, brachten russische Emigranten auf dem Wege nach Amerika in die Stadt. Dort gab es aber keine ausreichenden Sicherheitsvorkehrungen, die anderswo bereits üblich waren. So wurden die Erkrankten nicht von der übrigen Bevölkerung isoliert, das Trinkwasser in den Leitungen nicht gefiltert. Außerdem spielten die engen Wohnverhältnisse eine verhängnisvolle Rolle. Das Beispiel zeigt, wie mächtig Ideen bzw. Hypothesen sein können – insbesondere auch falsche Hypothesen. Denn der fahrlässige Umgang mit der Krankheit hängt damit zusammen, dass die Ärzte in Hamburg nicht an die Ansteckungsgefahr glaubten. Sie schätzten die Cholera falsch ein. Evans knüpft eine Beziehung zwischen der lokalen Katastrophe und dem Laissez-faire-Liberalismus, der in dieser Stadt den Ton angab. Dieser Liberalismus, dem u.a. ökonomische Hypothesen zu Grunde lagen, erwies sich als unfähig, mit den schwerwiegenden Problemen fertig zu werden, die durch das «massive städtisch-industrielle Wachstum» entstanden waren (Evans 1998, 141 ff.). Schließlich trat an die Stelle des Liberalismus ein rigider Staatsinterventionismus.

Diese, hier verkürzt wiedergegebene, historische Analyse zeigt: 1. Auch in den Geschichtswissenschaften werden bestimmte Ereignisse und Prozesse auf Ursachen bzw. Ursachenkomplexe zurückgeführt. 2. Manche dieser Ursachen hängen mit unserem Wissen, unseren Hypothesen und Theorien zusammen. 3. Die historische Forschung ermöglicht es in diesem Beispiel, ein politisches Programm *kritisch zu beurteilen*. Diese Kritik lässt sich nicht direkt aus der historischen Darstellung ableiten; vielmehr erfolgt sie im Zusammenhang mit einfachen normativen Stellungnahmen, etwa: Es ist gut (wünschenswert), Epidemien zu vermeiden. Eine solche kritische Bewertung geht, wie ich finde, über eine Kompensation im Sinne von Ritter und Marquard hinaus.

Klar ist überdies, dass der Arbeit von Evans der Naturalismus zu Grunde liegt. Das naturalistische Programm hat auch zur Entzauberung der Geschichte geführt. So ist die Vorstellung zusammengebrochen, die Geschichte habe ein Ziel. Philosophen, Soziologen, Ökonomen und Historiker haben längst die Rolle von Zufällen und die ungeplanten, ungewollten und unvorhersehbaren Folgen menschlichen Handels erkannt. Während die Aufklärer an eine universelle Fortschrittsgeschichte glaubten, die letztlich die gesamte Menschheit durchläuft, betonen moderne Historiker den Eigensinn der vielen kleinen Geschichten. Neben Fortschritten in bestimmten Bereichen ereignen sich Rückschläge in anderen. Und immer wieder tauchen neue, zunehmend auch globale Risiken auf.

Und welche Probleme löst die Philosophie?

Hin und wieder höre ich die Meinung, dass mit weiteren Fortschritten der verschiedenen Disziplinen immer weniger für die Philosophie übrig bleibt. Schließlich haben sich ja alle Einzelwissenschaften nach und nach von der Philosophie emanzipiert und eigene Erfolgsgeschichten durchlaufen.

Obwohl nicht auszuschließen ist, dass Philosophen ihre eigene Arbeit überschätzen, sollten wir einfach in Philosophiebüchern blättern und nachlesen, wie die Philosophen selbst ihre Tätigkeit beschreiben. Der bekannte New Yorker Philosoph Thomas Nagel behauptet, das Hauptanliegen der Philosophie bestehe darin, «sehr allgemeine Vorstellungen in Frage zu stellen und zu verstehen» (Nagel 1990, 6). Wie sein Kollege Karl Popper, der in England lebte und lehrte, denkt auch Thomas Nagel hierbei an Ideen, die in unserem Alltag zwar eine Rolle spielen, die wir normalerweise aber nicht hinterfragen. In seiner knapp 90 Seiten umfassenden Einführung «Was bedeutet das alles?» beschäftigt sich Nagel mit der Bedeutung von Wörtern, der Frage, woher wir etwas wissen, mit der Willensfreiheit, der Gerechtigkeit, dem Tod und dem Sinn des Lebens. Die Frage nach dem Sinn des Lebens berührt ein Problem, das in unserer modernen Welt nicht wenige Menschen als drängend empfinden: Wie können wir unser Leben bewältigen und darüber hinaus auf eine befriedigende Weise gestalten? Philosophen, die eine solche Frage anpacken, versuchen zunächst, das Problem klar herauszuarbeiten, besser zu verstehen. Und dann schlagen sie Einstellungen, Meinungen und Lebensregeln vor, die dem Problem gerecht werden, die uns weiter helfen sollen. Und sie konfrontieren uns mit weiteren Fragen, die wir vielleicht noch nie gestellt haben, wie zum Beispiel die folgende Frage von Thomas Nagel (1990, 82): «Warum darf unser Leben eigentlich nicht sinnlos sein?»

Ein deutscher Philosoph, Otfried Höffe (2000), betont, die Philosophie wolle die Welt nicht verzaubern, ein Hinweis, der angesichts so mancher Veröffentlichung (wie «Sofies Welt») geboten erscheint. Die Philosophie sucht vielmehr überzeugende Antworten auf kaum vermeidbare Grundfragen: «Was kann man wissen; was soll man tun; was darf man hoffen?», eine Formulierung, die auf Immanuel Kant zurück geht. Im Unterschied zu den Einzelwissenschaften behandeln die Philosophen also auch *normative* Fragen. Ist Abtreibung ethisch vertretbar? Dürfen wir mit Embryonen experimentieren? Diese beiden Fragen zeigen schon, dass die Philosophie vom Fortgang der Wissenschaften und der technischen Entwicklung angetrieben und verändert wird. Wissenschaftliche Erkenntnisse provozieren nicht nur neue Fragen, sie *verändern auch den Sinn alter Fragen.* Nehmen wir als Beispiel das traditionelle Körper-Geist-Problem, also die Frage: Wie kann etwas Geistiges auf physikalische Gegebenheiten einwirken, der menschliche Geist auf das Gehirn? Wer heute darüber nachdenkt, ob es dieses Problem überhaupt gibt und wenn ja, wie wir es verstehen können, muss Theorien und Befunde der Neurophysiologie und der Evolutionsbiologie heranziehen. Überhaupt läuft Philosophieren oft darauf hinaus, Forschungsergebnisse aus verschiedenen Fachgebieten zusammenzufassen, um dann über solche Probleme nachzudenken. Mehr noch: Der Philosoph Hans Albert stellt den Philosophen die Aufgabe, *Brücken* zwischen den verschiedenen Bereichen menschlicher Kultur zu bauen, also Ethik, Kunst, Wissenschaft und Politik miteinander zu verknüpfen, Zusammenhänge deutlich zu machen, die im Forschungsalltag meistens nicht berücksichtigt werden. Die Tatsache, dass philosophische Arbeiten häufig um Fragen kreisen, die zwar als wichtig erachtet werden, sich momentan (oder prinzipiell?) jedoch nicht zufriedenstellend beantworten lassen, betont der spanische Philosoph Fernando Savater (2000) in seinem für Jugendliche geschriebenen Buch «Die Fragen des Lebens». Die Philosophie der Gegenwart ist daher eine Instanz der Reflexion, die vorläufige Orientierungen im Wandel anbietet. Insofern stimmt, was Otfried Höffe behauptet: «Philosophieren tut not.»

10. Alternatives Wissen?

Der Zusammenbruch der Harmonie-Welt und die (damit teilweise zusammenhängenden) diversen Kränkungen provozieren Fragen wie die folgenden: Warum soll ich den wissenschaftlichen Erkenntnissen überhaupt trauen? Gibt es alternative Formen des Wissens, die der Wissenschaft vielleicht überlegen sind? Blenden die Wissenschaften bestimmte Aspekte der Wirklichkeit aus? Und was ist mit den Verheißungen der Religion? Einige Antworten auf diese Fragen möchte ich Ihnen jetzt vorschlagen. Wir verfügen über deutliche Hinweise in unserem Alltag, die uns nahe legen, auf die wissenschaftlichen Erkenntnisse zu setzen. So benutzen wir solche Erkenntnisse – und zwar mit Erfolg –, um alltägliche Deutungen und Erfahrungen zu verstehen und zu kritisieren. Wir erklären unseren Kindern, warum wir eine auf- und untergehende Sonne wahrnehmen. Wir wissen nämlich, wie dieser Eindruck entsteht. Teile des wissenschaftlichen Wissens verwenden wir, um Sachverhalte und Prozesse ausfindig zu machen, die wir übersehen, nicht oder noch nicht bemerken. Beispielsweise fühlen wir uns pudelwohl, aber eine Messung zeigt, dass der Blutdruck zu hoch ist. Die Ergebnisse einer chemischen Blutuntersuchung können gesundheitliche Risiken aufdecken, die uns sonst verborgen geblieben wären. Ja, wir bewerten sogar Lebensweisen und Traditionen, beispielsweise Essgewohnheiten, indem wir wissenschaftliche Erkenntnisse zu Rate ziehen.

Auf der anderen Seite ist völlig klar, dass den Wissenschaftlern Fehler unterlaufen. Aber die meisten Wissenschaftler sind darauf trainiert, Irrtümer zu entdecken und Fehler zu korrigieren. Insbesondere werden sie dafür belohnt, Fehler bei ihren Kolleginnen und Kollegen zu finden. Sicherlich versuchen die Wissenschaftler auch Fehler zu vertuschen – aber das gelingt in den Wissenschaften weniger leicht als sonstwo. Es gibt auch Forschungsbereiche, die mit Vermarktungsstrategien zusammenhängen, zum Beispiel die Vitamin C-Forschung in der pharmazeutischen Industrie. Wissenschaftler bedienen auch Moden – man denke nur an die vielen Diäten, die Mediziner und Ernährungswissenschaftler propagieren. Obwohl es vernünftig ist, sich an den Ergebnissen der Wissenschaft zu orientieren, schadet es gewiss nicht, kritisch damit umzugehen (vgl. Kap. 13).

Verfügen wir über Alternativen zum wissenschaftlichen Wissen? Bevor wir hierauf eine Antwort suchen, möchte ich noch einmal daran erinnern, dass die Wissenschaften weitaus weniger festgelegt sind, als manchmal behauptet wird. Nehmen wir den Reduktionismus. Viele Wissenschaftler gehen deshalb reduktionistisch vor, weil dieses Programm bis zum heutigen Tage so ungemein erfolgreich ist, weil wir ihm bahnbrechende Erkenntnisse verdanken, beispielsweise in der modernen Genetik. Es zahlt sich einfach aus, immer wieder einmal Reduktionen zu probieren. Aber die Wissenschaft ist darauf nicht festgelegt. Es hängt vielmehr vom Forschungsproblem ab, wie der Wissenschaftler vorgeht. Wer das Verhalten von Schimpansen unter natürlichen Bedingungen untersucht, denkt dabei nicht an die neuronalen und biochemischen Prozesse, die dem Verhalten zu Grunde liegen. Wissenschaftler und Philosophen diskutieren darüber, wie vollständig Reduktionen überhaupt gelingen können. Manche stehen dem Reduktionismus sehr kritisch gegenüber – trotz seiner unbestreitbaren Beiträge zu unserem Wissen (Rose 2000). Damit will ich sagen: Wissenschaftler denken selbst hin und wieder über Alternativen nach, über andere Methoden, über neue Experimente und über konkurrierende Theorien. Sie lassen sich auch durch Alternativen herausfordern, die außerhalb des etablierten Wissenschaftsbetriebes entstehen und mit dem Anspruch auf Wahrheit auftreten. Dazu gehören die Ufologie, alternative Heilmethoden, Esoterik und Parapsychologie. Es ist wichtig, solche Ansätze hin und wieder offen und kritisch zu prüfen, auch deshalb, weil die Menschen gerne an verheißungsvolle Alternativen glauben, Geld dafür ausgeben und Dinge tun, die das Leben anderer betreffen, also zum Beispiel darauf verzichten, ihre Kinder impfen zu lassen. Die Pseudowissenschaften, meint der Philosoph Gerhard Vollmer, konkurrieren mit den etablierten wissenschaftlichen Theorien – und diese Konkurrenz kann das wissenschaftliche Geschäft beleben. So sehen sich zumindest einige Wissenschaftler dadurch veranlasst, ihre eigenen Voraussetzungen klarer zu formulieren und für kritische Prüfungen offen zu halten. Sie nehmen sich die Zeit, mit den Herausforderern zu streiten. Andererseits dürfte es kaum möglich sein, jede Idee, die auf den Markt kommt, eingehend zu studieren. Vieles müssen die Wissenschaftler einfach links liegen lassen – und es ist nicht auszuschließen, dass sich unter den vielen verrückten Ideen doch die eine oder andere Erkenntnis verbirgt. Im Übrigen werden manchmal auch Alternativen zur Wissenschaft ins Gespräch gebracht, die in der Vergangenheit ein Bestandteil der Wissenschaft waren. Das gilt etwa für die Astrologie, die Hermetik und für die Position Goethes. Der Dichter und Denker glaubte an die lebendige Naturerfahrung als Quelle der wissenschaftlichen Erkenntnis. Nun, auch heute spielen Beobachtungen in der Natur noch eine Rolle. Konrad Lorenz, der Verhaltensforscher, betonte gerne den Nutzen der «Gestaltwahrnehmung». Wenn wir das Verhalten von Tieren beobachten, nehmen wir Muster wahr, «Gestalten», die wir als Einheiten begreifen. Damit strukturieren wir den kontinuierlichen Fluss des Verhaltens. So treffen wir eine erste Unterscheidung, beispielsweise zwischen der Fellpflege, dem Betteln um Futter oder einer gegen den Artgenossen gerichteten Attacke. Auch Formen und Farben nehmen wir als Gestalten wahr, etwa Balzsignale. Allerdings können wir uns bei der Gestaltwahrnehmung auch irren. Dann brauchen wir Theorien, um unsere

Fehler zu korrigieren. Außerdem bleiben wir bei der Erforschung tierischen Verhaltens nicht bei den Wahrnehmungen stehen. Wir wollen das Verhalten auch erklären. Goethe lehnte sogar Hilfsmittel wie das Mikroskop ab. Wer heute von Goethes unmittelbarer Naturanschauung schwärmt, übersieht, dass sich die meisten wissenschaftlichen Fragen so nicht beantworten lassen. Viren beispielsweise sind einfach zu klein für eine lebendige Anschauung. Bei allem Respekt vor unserem bekanntesten Dichter: Das Abenteuer der Erkenntnis ist über seine Vorschläge hinweggegangen.

Der Philosoph Kolakowski behauptet, die Wissenschaft sei bestimmten Maßstäben verpflichtet und deshalb rede sie zum Beispiel nicht über Wunder und Engel. Solche und ähnliche Thesen tauchen immer wieder in Diskussionen und Publikationen auf – und sie sind allesamt falsch. Wunder waren eine Zeit lang ganz oben auf der Tagesordnung von Wissenschaftlern, Philosophen und übrigens auch Theologen. Die besten Köpfe, neben vielen anderen der Aufklärer David Hume (1711–1776), beschäftigten sich mit diesem Thema. Allmählich wurden die Wunder naturalisiert, wie Sie im vorigen Kapitel gelesen haben, teilweise mit theologischer Unterstützung. Und Engel? Die hatten in einer Physik, die Himmel und Erde unterschied, eine wichtige Funktion. Sie galten als *Zwischenwesen*, als Brücke zwischen den beiden strukturell verschiedenen Welten. Nachdem aber Himmel und Erde eins wurden, verstehbar mit ein und denselben physikalischen Hypothesen, hatten die Engel ausgedient. Das ist der Grund, warum die Wissenschaftler *heute* nicht mehr über Engel reden. Die These, dass die Wissenschaften *zwangsläufig* etwas ausblenden, unterschätzt die Flexibilität, ja den Opportunismus der Forscher und die gefräßige theoretische Neugierde. *Nichts ist vor dem Zugriff der Wissenschaftler sicher.* Wenn Wissenschaftler tatsächlich über irgend etwas nicht reden – dann haben sie dafür einen *sehr* triftigen Grund.

«Der Glaube versetzt Berge» – Wissenschaft und religiöse Weltdeutungen

Zwar blenden die Wissenschaften nicht zwangsläufig bestimmte Aspekte der Wirklichkeit aus. Es ist aber sehr wohl möglich, dass es uns nicht gelingen wird, einige Seiten der Wirklichkeit zu erkennen. Obwohl wir mit Hilfe sprachlich formulierter Theorien die Welt unserer Erfahrungen überschreiten, sind wir vielleicht nicht schlau genug, um alle Aspekte der Welt zu begreifen. Doch was wir bisher an Erkenntnissen gewonnen haben, spricht nicht für die Existenz einer übernatürlichen Macht. Insbesondere passt die Idee einer Schöpfung nicht zu unserem wissenschaftlichen Wissen. Die Physiker führen den Ursprung unserer Welt auf nichts oder auf fast nichts zurück, auf «Einheiten von der allergrößten Einfachheit, bei weitem zu einfach, um einer so großartigen Sache wie bewusster Schöpfung zu bedürfen» (Dawkins 1987, 29). Und wir wissen inzwischen, dass der Mensch nicht erschaffen wurde, auch nicht in einer sehr weit hergeholten Bedeutung des Wortes «erschaffen». Dieser Befund wiegt schwer, *zumal die Wissenschafter angetreten waren, eine wohlgeordnete harmonische Welt zu ergründen.* Aber womöglich ist unser Nicht-Wissen sehr groß. Deshalb ziehen einige religiöse Denker die Möglichkeit in Betracht, Gott dort anzusiedeln. Gott ist unbegreiflich. Es gelingt uns einfach nicht, diese allumfassende Wirklichkeit zu verstehen. Wir sind nicht schlau genug. Eine überzeugende Argumentation? Ich glaube nicht. Denn der Bezug zum Menschen geht bei einer so konstruierten Gottesvorstellung verloren. Wenn die Wirklichkeit insgesamt – als Schöpfung – eine Bedeutung für uns haben soll, darf sie nicht unbegreiflich sein. Deswegen scheitern auch die Versuche, den Glauben als ein tiefes Vertrauen aufzufassen. Ein hypothesenfreies Vertrauen gibt es nicht. Vertrauen braucht ein Gegenüber, wir vertrauen auf etwas. Also kommen wir nicht daran vorbei, Hoffnungen oder Erwartungen zu formulieren, zum

Beispiel die Hoffnung auf Unsterblichkeit. Doch genau diese und andere Erwartungen können wir nicht mit unserem wissenschaftlichen Weltbild in Einklang bringen. Glaube braucht aber einen Halt oder wenigstens einen Anhaltspunkt. Wenn die Religion, wie der Philosoph Hermann Lübbe meint, der Lebensbewältigung dienen soll, muss sie nachvollziehbare und sinnstiftende Aussagen über das Leben machen.

Was ist von den besonders intensiven Erfahrungen zu halten, die Mystiker verschiedener Glaubensrichtungen machen? Bilden sie eine Brücke zum Absoluten? Auch diese Erfahrungen können, wie die meisten Erfahrungen, ganz verschieden gedeutet werden. Häufig bedienen sich die Mystiker auf ihrem inneren Pfad verschiedener Techniken oder Übungen. Bei den Anhängern des Sufismus – das ist die islamische Variante der Mystik – gehören dazu Fasten, Schlafentzug, rhythmisch gesprochene Formeln, Musik und Tanz, teilweise auch Drogen, wobei die Meinungen über die Bedeutung von Tänzen und Musik auseinandergehen. Die Neurochemie solcher Erlebnisse wird mehr und mehr enträtselt. Neurowissenschaftliche Analysen allein sind noch kein Argument gegen die Hypothesen, die ein Sufi mit seinen Erfahrungen verbindet. Aber die Erfahrungen richten sich, dem Selbstverständnis der Mystiker entsprechend, auf das Absolute. Mystische Vereinigungen mit Gott sind nicht in erster Linie von den Übungen selbst abhängig, sondern von anderen Voraussetzungen, insbesondere der Reinheit des Herzens. Wenn nun die Neurowissenschaftler erforschen, wie solche Erfahrungen tatsächlich zu Stande kommen, und wenn sie hinreichend ähnliche Erfahrungen «künstlich», durch neurochemische Substanzen erzeugen können, dann hat die wissenschaftliche Erkenntnis die mystischen Erlebnisse eingeholt. Sie erklärt den Ursprung dieser Erlebnisse auf eine andere Weise als die Mystiker.

Versetzt der Glaube Berge? Ja und nein. Menschen verzichten auf materielle Güter und Karrieren, sie lassen ihr Leben für den Glauben, begehen Selbstmordattentate. Viele bedeutende Kunstwerke haben einen religiösen Hintergrund. In un-

serer Welt, die durch wissenschaftliche Erkenntnisse stark geprägt ist, hat sich der Stellenwert religiöser Orientierungen
verändert. Möglicherweise hat der Philosoph John Searle
Recht, der behauptet: «Für uns – für die Gebildeten in der
Gesellschaft – ist die Welt geheimnislos geworden ... Wir sind
über den Atheismus hinausgelangt zu einem Punkt, an dem das
Thema nicht mehr die Rolle spielt, die es für frühere Generationen gespielt hat» (Searle 2001, 49). Demnach ringen wir nicht
mehr um die Frage nach Gott. Das Thema hat keine Konjunk-
tur, obwohl, wie Searle betont, der «religiöse Drang» so stark
zu sein scheint wie eh und je. Vielleicht wird deshalb seit Jahren
immer wieder einmal behauptet, der religiöse Glaube kehre
zurück. Und seit ebenso vielen Jahren zeigen Jugendstudien,
wie zum Beispiel die Shell-Studie, dass dies nicht der Fall ist.
Obwohl wir vieles nicht wissen, *wissen wir doch schon so viel*,
dass es uns schwer fällt, einige zentrale Annahmen der Religion
so richtig ernst zu nehmen. Der Glaube mag auch in der modernen Welt hin und wieder Berge versetzen – aber unsere
wissenschaftlichen Theorien versetzt er nicht.

Jürgen Habermas: Glauben und Wissen, Frankfurt 2001
John R. Searle: Geist, Sprache und Gesellschaft, Darmstadt
2001

Gibt es feministisches Wissen?

Als Anaximander seine Theorie einer frei schwebenden Erde
aufstellte, Albertus Magnus über Experimente nachdachte und
Henry Cavendish die Luft erforschte, gaben die Männer in
den Wissenschaften den Ton an. Zwar konnten in Italien –
und nur dort – ab dem 13. Jahrhundert einige Frauen die Universität besuchen und dort sogar lehren, aber das waren Ausnahmen. Im 18. Jahrhundert spielten gelehrte Frauen eine
wichtige Rolle in den Salons, und gelegentlich arbeiteten sie an
der Seite von Männern – wie Caroline Herschel. Um 1875
schafften es in Paris die ersten Frauen an die Sorbonne zu gelangen, meist waren es Medizinstudentinnen. Als Marie Curie

1891 dort ihr Studium aufnahm, traf sie auf etwa 200 Kommilitoninnen – unter insgesamt 9000 Studenten. Und im Jahre 1906 begann Marie Curie an der Sorbonne zu unterrichten – als erste Frau überhaupt, die zudem auch noch eine Ausländerin war. Das sorgte für Aufregung. Zu ihrer Antrittsvorlesung kamen Hunderte von Leuten, um dieses spektakuläre Ereignis zu erleben. Drei Jahre später, 1909, durften auch in Berlin Frauen studieren. Wir können also feststellen: Erst im 20. Jahrhundert gelangten Frauen in größerer Zahl an die Universitäten und Forschungsinstitute. Ihre Beteiligung an dem wissenschaftlichen Abenteuer der Erkenntnis währt also noch nicht lange. In den Bereichen Mathematik, Astronomie, Physik, Chemie, Informatik, den Geowissenschaften sowie in den Ingenieurwissenschaften sind die Frauen heutzutage vertreten, aber sie bilden dort die Minderheit. Und nur wenige Frauen sind Hochschullehrerinnen in den Naturwissenschaften, wenn wir von ein paar Bereichen in den Biowissenschaften einmal absehen. Uns interessiert hier die Frage, ob Frauen tatsächlich anders forschen als Männer (Schiebinger 2000). Sind Teile der wissenschaftlichen Arbeit, etwa die Auswahl der Probleme oder die Verwendung der Methoden, durch das Geschlecht beeinflusst? Nehmen wir zunächst an, das wäre tatsächlich so. Dann sollten wir erwarten, dass Frauen einige neue Erkenntnisse auf den Weg gebracht haben, die von vergleichbaren männlichen Arbeiten abweichen. Grundsätzlich müssen die Resultate wissenschaftlicher Forschung – von wem sie auch stammen mögen – der Kritik Stand halten, um Spuren im Reich der Erkenntnis zu hinterlassen. Vorschusslorbeeren sollte es demnach eigentlich nicht geben, weder für männliche noch für weibliche Leistungen. Deshalb wird die Auseinandersetzung mit dieser Thematik schwieriger, sobald eine Wissenschaftlerin einen Sonderstatus für «feministisches Wissen» beansprucht. Soweit ich sehe, tun dies nur wenige Forscherinnen. Manche behaupten, dass Männer eher dazu neigen, reduktionistisch vorzugehen, während Frauen ganzheitlich forschen, den Kontext mehr beachten und ökologische Zusammenhänge betonen.

Das hat aber, wie ich vermute, mehr mit der Wahl der Probleme zu tun als mit einem anderen Denken und Forschen. Frauen beschäftigen sich häufiger mit Fragestellungen, bei denen es gar nicht sinnvoll wäre, reduktionistisch an die Sache heranzugehen. Sie vermeiden zum Beispiel auch die militärische Forschung. Einige feministisch orientierte Wissenschaftlerinnen meinen, die Frauen pflegten einen schonenderen Umgang mit ihren Forschungsgegenständen, ja mit der Natur überhaupt. Das mag sein, muss aber nicht zu anderen – oder gar besseren – Forschungsergebnissen führen. Hierbei handelt es sich um eine ethische Position (vgl. Kap. 11). Am überzeugendsten scheint mir der Hinweis zu sein, dass Frauen die weibliche Seite, beispielsweise die Rolle von Frauen in der Geschichte, mehr beachten. Dieser Punkt geht über die bloße Auswahl von Forschungsproblemen hinaus. Im Übrigen sollten wir hier auch einen geschlechtsspezifischen Einfluss erwarten – vor allem in wissenschaftlichen Studien aus weiter zurückliegenden Zeiten, in denen die Geschlechterrollen fester gefügt waren als heute, etwa im viktorianischen England oder während der Ära Adenauer in Deutschland. Betrachten wir ein paar Fälle, in denen Frauen anders geforscht haben als Männer.

Die Studie über Nannerl Mozart von Eva Rieger ist in diesem Buch schon einmal aufgetaucht, und zwar im 6. Kapitel. Dass eine solche Arbeit mehr bedeutet, als einen neuen Forschungsgegenstand zu wählen, begründet die Autorin folgendermaßen:

«Dank der Frauenforschung hat sich manche Perspektive in der Wissenschaft verändert. Nachdem in der ersten Phase die Folgen der historischen Vernachlässigung von Frauen in den Künsten offengelegt worden waren, geht es nun darum, nicht nur Lücken zu füllen, sondern die Phänomene neu zu bearbeiten. Das bedeutet, Nannerl Mozart nicht wie bisher ausschließlich unter dem Aspekt der kindlichen Reisegefährtin und liebevollen Schwester eines genialen Knaben, sondern eher auf dem Hintergrund der realen Spielräume der Frau im 18. Jahrhundert zu betrachten» (Rieger 1991, 14 f.).

In der Mozart-Studie von Alfred Einstein finden wir dagegen Behauptungen und Bewertungen, die eine eher männliche Blickrichtung verraten. An Constanze lässt der Autor kaum ein gutes Haar. Ihr Ruhm besteht darin, so stellt er fest, dass Mozart sie geliebt und damit in die Ewigkeit mitgenommen habe, «so wie der Bernstein die Fliege; aber daraus folgt nicht, dass sie diese Liebe und diesen Ruhm verdient hat» (Einstein 1968, 81).

Ein interessanter Fall in der Geschichte der Wissenschaft ist die Rezeption der Theorie der sexuellen Auslese von Darwin. Neben der natürlichen Auslese, die zu einer Anpassung an Umgebungsbedingungen führt, gibt es nach Darwin eine Selektion durch das weibliche Geschlecht. Die männlichen Tiere konkurrieren und werben, sie wetteifern um Fortpflanzung – und die weiblichen Tiere entscheiden darüber, wer sich fortpflanzen darf. Diese Theorie wurde lange Zeit vernachlässigt. Eine Rolle hierfür spielten theoretische Vorbehalte. Viele Biologen waren davon überzeugt, der Druck der natürlichen Auslese sei entscheidend für den Verlauf der Evolution. In seinem Buch «Die Abstammung des Menschen» präsentiert Darwin seinen Lesern allerdings viele Belege für die Wirksamkeit der sexuellen Auslese. Der Verdacht ist nicht von der Hand zu weisen, dass Darwin, der seinen Zeitgenossen ohnehin viel zumutete, mit dieser Theorie die Leute provozieren musste. Sie widersprach den damals herrschenden Männer- und Frauenbildern. Sexuelle Vorlieben des weiblichen Geschlechts sollen den Lauf der Evolution beeinflussen? Unmöglich, ja mehr noch: einfach skandalös! So, oder so ähnlich reagierten auch diejenigen, die Darwins Evolutionstheorie nicht rundweg ablehnten. Der Evolutionspsychologe Geoffrey Miller argwöhnt, auch einige spätere Kritiken wären durch derartige Vorbehalte beeinflusst. Heutzutage ist die sexuelle Selektion ein Thema, über das die Wissenschaftler intensiv nachdenken.

Abschließend betrachten wir noch ein Paradebeispiel für «weibliche Wissenschaft»: die Primatologie. Sobald wir das Verhalten nah verwandter Tiere studieren, greifen wir gerne auf eigene Erfahrungen, Rollenerwartungen und Menschenbilder zurück. Männliche Forscher achten eher auf die Rangordnung der männlichen Tiere, auf die führenden Männchen und deren Konflikte sowie auf Mutter-Kind-Beziehungen. Die Frauen dagegen beschäftigen sich häufiger mit weiblichen Strategien, der geringeren Lebenserwartung von Kindern rangniederer Weibchen und überhaupt der «weiblichen Seite der Evolution» (Hrdy 2000). Viele Beiträge zur Theorie der sexuellen Auslese stammen von Frauen. Auch die Debatte über Kindestötungen durch Mütter haben die Biologinnen entfacht. Bei solchen Themen laufen sowohl Forscher als auch Forscherinnen Gefahr, eigene Vorlieben und Werturteile in die Arbeit einfließen zu lassen. Und das betrifft nicht nur die Beobachtung und die Hypothesenbildung, sondern auch die kritischen Prüfungen. Denn die Kritik an einer Theorie kann durch unsere Wunschvorstellungen und Abneigungen geprägt sein – wie vermutlich einige Kritiken an der Theorie der sexuellen Auslese.

Die Wissenschaft strebt nach Wissen, nicht nach weiblichem oder männlichem, sondern nach Wissen, mit dem wir die Welt besser verstehen. Ob die weiblichen Tiere den Verlauf der Evolution beeinflussen, ob Kindestötungen bei Menschen häufig vorkommen – das sind Fragen, auf die Wissenschaftler Antworten suchen. Manchmal finden Männer andere Antworten als Frauen. Welche dieser Antworten stimmen, welche der Wahrheit zumindest nahe kommen, das hängt nicht von unseren Vorlieben, Vorurteilen oder von unserem Geschlecht ab. Denn die Primaten verhalten sich auf bestimmte Weisen, egal, ob Männer oder Frauen die Forschung betreiben, und die Evolution funktioniert, auch wenn wir sie überhaupt nicht erforschen. Die Natur kümmert sich nicht um uns. Und die Geschichte ebenso wenig, obwohl unsere Geschichtsschreibung auch durch die historische Situation mitbestimmt ist, in der wir uns befinden. Doch wodurch auch immer unsere historischen Thesen beeinflusst sein mögen – die Lebensbedingungen von Künstlerinnen wie Nannerl Mozart hängen nicht von unseren Konstruktionen ab. Wir können nur versuchen, Konstruktionen zu erfinden, die diese Lebensbedingungen darstellen und verständlich machen, auch in ihrem Anderssein, ihrer Fremdheit. Insofern gibt es kein feministisches Wissen. Aber es gibt Korrekturen und Innovationen, die unser Abenteuer mehr den Frauen als den Männern verdankt.

11. Wissenschaft und Ethik – eine schwierige Partnerschaft

Die Unterscheidung von Wissenschaft und Ethik ist eine kulturelle Errungenschaft. In traditionellen Weltbildern und in Ideologien hängen Werte, Normen und Thesen über die Wirklichkeit sehr eng zusammen. Der Sternenhimmel, das Wirken der Götter, die mutmaßliche Ordnung des Kosmos haben eine ethische Dimension, sie sagen uns, was gut und böse ist und wie eine gerechte Ordnung auf Erden aussehen soll. Eine frühe – und folgenreiche – Unterscheidung von *Sein und Sollen* geht, wie so vieles andere, auf antike Denker zurück. Sie stellten *Natur und Konvention* einander gegenüber. Sie bemerkten einen Unterschied zwischen dem, was ist und dem, was sein soll. Auch was sich ohne unser Zutun vollzieht, können wir bewerten. Ein Erdbeben zum Beispiel ist ein Naturereignis, das wir heute erklären können. Eine wichtige Rolle in dieser Erklärung spielt die schon erwähnte Plattentektonik, die auf Alfred Wegener zurückgeht. Außerdem können wir ein solches Ereignis bewerten, weil es Menschen bedroht, Landschaften und Bauwerke zerstört, die wir für wertvoll erachten. Und wir bewerten vor allem auch menschliche Handlungen und versuchen darüber hinaus, bestimmte Verhaltensweisen zu fördern und andere zu unterdrücken oder deren Folgen zu begrenzen. Nehmen Sie als Beispiel die erwähnten Kindestötungen. Wir bewerten sie als verwerflich und unser Rechtssystem droht für diese Tat eine Strafe an. Das setzt offensichtlich viel Wissen voraus. So müssen wir in der Lage sein, zwischen uns selbst und anderen zu unterscheiden. Dann benötigen wir Kenntnisse über die Auswirkungen bestimmter Handlungen und Maßnahmen. Kindestötungen könnten wir gar nicht missbilligen, wenn wir keine Vorstellung über den Tod hätten. Wie Sie sehen: Die Frage, was sein soll, hängt mit der Frage, was tatsächlich der Fall ist, zusammen. Was wir normativ zu regeln versuchen, zielt ja auf Vorkommnisse, die sich tatsächlich ereignen oder ereignen können. Gäbe es keine Trunkenheit am Steuer, brauchten wir nicht über eine Promille-Grenze nachzudenken.

Auch die Wissenschaften bedürfen normativer Regelungen, und sie werden von Wertentscheidungen beeinflusst. Dass wir Wissenschaft betreiben, ist ja nicht selbstverständlich. Sie gedeiht nur unter bestimmten politischen, ökonomischen und institutionellen Bedingungen, die unter anderem auch von Wertentscheidungen abhängen. Sogar die Richtung der wissenschaftlichen Entwicklung wird von normativen Gesichtspunkten mitbestimmt. So kann eine Regierung beschließen, viele Ressourcen für die Krebsforschung oder die Erkundung des Weltalls zu mobilisieren. Meist sind solche Entscheidungen umstritten. Aber prinzipiell knappe Mittel zwingen dazu, Forschungsschwerpunkte zu etablieren. Das Verhalten von Wissenschaftlern unterliegt einer ganzen Reihe von normativen Regelungen. So ist es verboten, Daten zu fälschen, und wenn dergleichen passiert, müssen die Fälscher mit Sanktionen rechnen. Auch die Gewinnung von Daten wirft ethische Probleme auf. «Wieviel Leid dürfen die Wissenschaftler bestimmten Tieren zufügen?» «Welche Experimente dürfen Hirnforscher mit ihren Patienten durchführen?» Eine Faustregel lautet: Alle Experimente, denen der Patient zustimmt, sofern er ausreichend informiert wurde. Aber das ist eben nur eine Faustregel. Was ist zum Beispiel mit Patienten, die die Informationen nicht genau verstehen, aber trotzdem zustimmen? Erkenntnisfortschritte und technische Innovationen zwingen dazu, neue ethische Regelungen festzulegen, etwa in der Forschung mit Embryonen.

Eine weitere Beziehung zwischen Wissenschaft und Ethik hat ebenfalls mit Erkenntnisfortschritten zu tun und betrifft die Lust und Last der Erkenntnis, von der im 9. Kapitel die Rede war. Mehrere wissenschaftliche Disziplinen beteiligen sich an der Erforschung moralischer Ordnungen und Handlungen: Evolutionsbiologie, Vergleichende Verhaltensforschung, Psychologie, Ökonomie, Soziologie, Rechtswissenschaften, Politologie, Geschichtswissenschaft und Ethnologie. Wie andere Aspekte der Wirklichkeit untersuchen die Wissenschaftler auch die moralischen Ordnungen und Verhaltensweisen aus der naturalistischen Perspektive – und zwar mit beachtlichen Erfolgen. Inzwischen haben die Wissenschaften auch die Werte entzaubert, vom Himmel auf die Erde geholt. Psychologen bringen sie mit Emotionen in Verbindung, Historiker führen uns vor Augen, dass sie einem Wandel unterworfen sind und auch untergehen können. Evolutionsbiologen erörtern angeborene moralische Vor-Prägungen, vergleichbar mit dem Vor-Wissen, das zum Beispiel in den Statolithensystemen verkörpert ist (Kap. 2). Wie unsere Wahrnehmungen, unsere Intuitionen und unsere Vorstellungskraft auf eine Welt mittlerer Reichweite abgestimmt sind, so *passen die moralischen Neigungen der Menschen zu größeren Gruppen oder Sippen.* Mit einer globalen Ethik, die alle Menschen – und vielleicht sogar Tiere – einschließt, tun wir uns schwer. Mit Hilfe von Theorien überschreiten wir kognitive Begrenzungen, und *mit der Ethik versuchen wir, die Grenzen unserer moralischen Neigungen zu überwinden.* Offenbar fällt es uns leichter, über Grenzen der Erkenntnis hinweg zu gehen.

Und was ist mit der Wertfreiheit?

Bei so vielen Verbindungen zwischen Wissenschaft und Ethik drängt sich die Frage auf, was es mit der Wertfreiheit der Wissenschaft auf sich hat, die Max Weber in einem berühmt gewordenen Artikel aus dem Jahre 1917 erörtert. Dieses Postulat hat selbst normativen Charakter. Es bezieht sich vor allem auf die *Aussagen* der Wissenschaft, auf Beschreibungen, Hypothesen, Theorien, aber auch auf die Tätigkeit des Wissenschaftlers. Wissenschaftliche Aussagen sind nicht normativ. Sie beschreiben, erzählen, erklären, aber bewerten nicht. Eine Theorie wie die Evolutionstheorie sagt uns, wie die Welt (vermutlich) ist, nicht jedoch wie sie sein sollte. Heißt das nun, dass Wissenschaftler keine Werturteile fällen? Nein, sicher nicht, wie die meisten anderen Menschen gehen auch Wissenschaftler mit allerlei moralischen Ideen durchs Leben. Aber *Werturteile und Normen sind eine andere Sorte von Sätzen* als diejenigen, die Menschen in ihrer Rolle als Wissenschaftler verwenden. Wenn Wissenschaftler für einen Wert eintreten, also für Wahrheit, Gerechtigkeit, Sicherheit oder sonst einen Wert, sollten sie dies deutlich machen – vor allem bei öffentlichen Auftritten.

Aber warum ist eine so verstandene Wertfreiheit überhaupt wichtig? Welche Funktionen hat dieses Postulat? Zum einen soll es die Wissenschaftler dazu anhalten, ihre politischen Überzeugungen, die mit Wertvorstellungen verknüpft sind, nicht als wissenschaftliche Erkenntnisse zu präsentieren. Wie wir leben wollen, welche Werte die Gesellschaft fördern soll, ob Sterbehilfe gewährt werden darf – das sind Fragen, die im Prinzip alle Bürgerinnen und Bürger betreffen. Die Wissenschaften geben uns darauf keine Antwort. Wohl aber können sie *Erkenntnisse beisteuern*, die bei der Beantwortung jener Fragen helfen können. Wie verarbeiten nahe Verwandte und Freunde den Tod, der durch Sterbehilfe herbeigeführt wird? Wie wirken sich bestimmte Werte und Normen voraussichtlich auf unser Bildungssystem oder unser Gesundheitssystem aus? Wie funktioniert eine neu eingeführte ethische Regel? Für solche Fragen ist die Wissenschaft zuständig. Die Wissenschaftler sollen, wie wir schon erörtert haben, wissenschaftliche Hypothesen und Theorien so formulieren, dass sie möglichst gut prüfbar sind, beispielsweise mit einem Experiment. Normative Elemente stören dabei nur. So gesehen dient die Forderung nach Wertfreiheit dazu, den Umgang mit wissenschaftlichen Aussagen zu erleichtern. In einigen Disziplinen kann allerdings der interessante Fall auftreten, dass ein *ästhetisches Werturteil*, ein Urteil über den Rang eines Kunstwerkes, in das wissenschaftliche Problem hineinragt. Nehmen wir einmal an, eine Kunsthistorikerin schätzt den Wert eines Gemäldes sehr hoch ein. Das veranlasst sie zu der Frage, wodurch sich die Arbeitsweise des Malers von seinen Zeitgenossen unterscheidet. Die Analyse des Kunstwerks geschieht im Hinblick auf dieses Urteil. Wenn sie den künstlerischen Wert des Gemälde falsch eingeschätzt hat, wenn die Fachwelt ihr hierin nicht folgt, könnte sich die Analyse sogar erübrigen. Umgekehrt führt die Analyse von Kunstwerken, also etwa die Untersuchung von Arbeitstechniken und -mitteln, zu einem Urteil – oder einem begründeteren Urteil – über die Qualität des Kunstwerks. Beispielsweise gelangen Literatur- und Musikwissenschaftler, die sich mit «Cosi fan tutte» und anderen Opern Mozarts beschäftigen, zu dem Ergebnis, dass Lorenzo da Ponte der einzig wirklich gute Textdichter von Mozart war. In diesen Fällen handelt es sich selbstverständlich nicht um ethische, sondern um ästhetische Bewertungen. Diese unterscheiden sich von anderen außermoralischen Beurteilungen, wie «die gespendete Niere funktioniert gut», bei denen ästhetische Gesichtspunkte keine Rolle spielen.

Die Unterscheidung zwischen normativen Aussagen und informativen Aussagen, also Aussagen darüber, wie die Wirklichkeit ist, spielt nicht nur in den Wissenschaften eine Rolle. Sie hilft uns auch im Alltag und im Beruf, besser zu argumentieren und Diskussionen zu moderieren (Alt 2000[3]).

12. Kunst und Wissenschaft – fruchtbare Beziehungen

«Die schöne Kunst ist nur als Produkt des Genies möglich» (Kant 1977a, 242), erklärte der Philosoph Immanuel Kant (1724–1804), der damit eine Unterscheidung zwischen Künstlern und Wissenschaftlern traf. Nicht einmal dem legendären Newton, den Kant gewiss verehrte, mochte der Philosoph Genie zubilligen. Talent – ja, aber Genie – nein. Das kennzeichnet allein den Künstler, der die Natur nicht nachahmt oder sie sonstwie zu erkennen versucht. Er schafft vielmehr mit seiner produktiven Fantasie Werke, die zwar Regeln gehorchen, aber originell sind. Wissenschaftler sollten selbstverständlich keine Originalität anstreben, sondern Wahrheit. Während die Produkte der Wissenschaft aus Aussagen und Begriffen bestehen, gefällt uns das Schöne unmittelbar – ohne theoretische Vermittlung. Es gab wohl einige Wissenschaftler, die gegen Kants Unterscheidung Bedenken anmeldeten, Wissenschaftler, die den romantischen Geniekult anziehend fanden. Aber der Prozess der Abgrenzung war bereits in vollem Gange. Er erreichte seinen Höhepunkt in der Mitte des 19. Jahrhunderts. Gleichzeitig entwickelten sich strengere Ideen von *Objektivität* (Lorraine 2001b). Objektivität wurde zu einem Markenzeichen der Wissenschaft, ein Vorgang, der mit dem Stethoskop (1816) einen ersten Höhepunkt in der Medizin erreichte. Die ungebremste Dynamik der Wissenschaft entfaltete sich im 19. Jahrhundert und rief alsbald die Interpreten dieses Prozesses auf den Plan. Einer von ihnen war der französische Mediziner Claude Bernard (1813–1878). Er betonte den vorläufigen, hypothetischen Charakter unseres

Wissens und verwarf den Gedanken, die Wissenschaft müsse richtige Ausgangspunkte für ihre Hypothesenentwicklung finden. An die Stelle der Gewissheit trat bei Bernard der Zweifel. Wissenschaft besteht aus Hypothesen, die in Experimenten strengen Tests unterzogen werden müssen. Die Zerstörung von Hypothesen bringt die Wissenschaft voran. Wahrscheinlich provozierten die raschen Erkenntnisfortschritte damals die Frage nach der Stabilität des Wissens. *Und die Unterschiede zwischen Kunst und Wissenschaft wurden deutlicher als jemals zuvor in der Geschichte.* Denn Kunstwerke unterliegen ja gerade nicht der Erosion, die Bernard 1865 zu einem Markenzeichen der Wissenschaft machte. Knapp 70 Jahre später plädierte der Philosoph Karl Popper dafür, Theorien so zu formulieren, dass sie an der Erfahrung scheitern können – zu einem Zeitpunkt also, an dem sich dank Einstein und der Quantentheorie die Frage nach der Stabilität des Wissens mit noch größerer Dringlichkeit stellte. Bei vielen Kunstwerken kommt es dagegen darauf an, sie vor dem Verfall zu bewahren. Manche Bauwerke, wie der Kölner Dom, werden unablässig restauriert – und zwar mit Hilfe der Wissenschaft. Daran ändert auch die Tatsache nichts, dass es Kunstwerke gibt, denen die Künstler nur eine begrenzte Lebensdauer gewähren. Denken Sie nur an die Aktionen von Christo und Jeanne-Claude, an verpackte Bauwerke und Bäume! Diese Art von Kunst wird immerhin dokumentiert, auf Fotografien und Kunstdrucken. Andere Kunstschöpfungen sind für immer verloren. So wissen wir, dass Mozart häufig am Klavier improvisierte, also Werke für den Augenblick schuf. Sicherlich sind auch jede Theateraufführung und jedes Konzert Interpretationen, denen aber festgefügte Kunstwerke zu Grunde liegen. So vollendet, wie uns zum Beispiel manche Opern erscheinen, waren sie zu Lebzeiten ihrer Schöpfer allerdings noch nicht. Denn die Komponisten passten sie in vielen Fällen den jeweiligen Aufführungsbedingungen an, zum Beispiel den besonderen Talenten – oder Forderungen – von Sängerinnen.

Es gab Momente, in denen Kunst und Wissenschaft beinahe

eins waren. Das berühmte Anatomie-Buch von Andreas Vesalius aus dem Jahre 1543 gilt als ein «Juwel der Renaissancedruckwerke» (Porter 2000). Die Abbildungen stammen von einem niederländischen Künstler. Auch Leonardo da Vinci studierte den menschlichen Körper mit wissenschaftlicher Akribie und schuf großartige Zeichnungen. Tatsächlich kommt es auch vor, dass Künstler wissenschaftliche Ansprüche erheben, wie der englische Maler John Constable (1776–1837). Die Malerei dient, so Constables Überzeugung, der Erforschung von Naturgesetzen. Seine eigenen Bilder begriff er als wissenschaftliche Experimente. Nun mag diese Selbsteinschätzung nicht so ganz stimmen, aber mit seinen Wolken-Studien rückte er der Wissenschaft tatsächlich nahe. Wie wir heute annehmen, entstanden sie unter dem Einfluss Howard Lukes, also des Mannes, der die Wolken studierte und klassifizierte. Constable zeichnete und malte einige Wolkenformationen mehrmals, zu verschiedenen Zeitpunkten, so dass Veränderungen sichtbar werden. Berühmtheit erlangten die beiden Ölgemälde aus dem Jahre 1822, auf denen Cumulus-Wolken zu sehen sind (Gombrich 1986; Reynolds 1983). Lukes' Studien beeindruckten Goethe in hohem Maße, was nicht so erstaunlich ist, wenn Sie sich an Goethes Wissenschaftsverständnis erinnern. Instrumenten und physikalischen Experimenten stand Goethe mehr als skeptisch gegenüber. Aber Lukes' Klassifikation der Wolken erschien dem Dichter als Ergebnis einer lebendigen Naturanschauung, was den Dichter wiederum zum Reimen veranlasste:

«Drum danket mein beflügelt Lied
Dem Mann, der Wolken unterschied.»

Wie viele andere Zeitgenossen wusste auch Goethe zu würdigen, dass es Howard Luke gelungen war, so flüchtige Gebilde wie Wolken zu ordnen:

«Was sich nicht halten, nicht erreichen läßt,
Er faßt es an, er hält zuerst es fest;

Bestimmt das Unbestimmte, schränkt es ein,
Benennt es treffend! – Sei die Ehre dein!»
(Goethe 1982, 224f.).

Die Erforschung der Natur beeinflusst unser Verhältnis zur
Natur und unsere *ästhetische Haltung gegenüber der Natur*.
Aspekte der Natur zu genießen, sie als «ästhetisch» zu begreifen, setzt eine gewisse Distanz zur Natur voraus. Wer der
Natur ausgeliefert ist, findet sie nicht schön. Sie muss einen
Teil ihrer Schrecken verloren haben, teilweise schon entzaubert sein, damit wir sie genießen können. Solange wir die
dunklen Wälder fürchten, wie das im Mittelalter und in der
frühen Neuzeit der Fall war, setzen wir uns nicht unter Bäume, um die Sonnenflecken auf dem Waldboden zu malen. Die
romantischen Künstler versuchten, der Wirklichkeit einen
neuen, tieferen Sinn zu verleihen. Auch in ihrer Größe, ihrer
Erhabenheit und ihrem Schrecken, so die Botschaft der Ro-
mantiker, hat die Natur uns etwas zu sagen, sie hat Bedeutung
für uns. Dies sollte nicht der letzte Versuch bleiben, die Natur
wieder zu verzaubern.

Die Betrachtung der Natur stand lange Zeit auch unter dem
Verdacht, sündhaft zu sein. Augustinus' Kritik an der Neugierde traf nicht nur die Wissenschaften. Das zeigt ein viel
diskutierter Text, nämlich «Die Besteigung des Mont Ventoux» von Francesco Petrarca (1304–1374). Petrarca berichtet
uns über seinen Aufstieg im April 1336. Einfach so, aus Neugierde, aus Freude an der Natur einen Berg zu besteigen, war
in dieser Zeit noch ein abwegiger Gedanke. Was uns selbstverständlich erscheint, kam Petrarcas Zeitgenossen – und ihm
selbst – ausgesprochen kühn, ja fragwürdig vor. «Allein vom
Drang beseelt, diesen außergewöhnlich hohen Ort zu sehen»,
machten sich der Autor und dessen Bruder auf den Weg. Was
Petrarca auf dem Berg sah, beeindruckte ihn tief. Doch dann
holten ihn die Bekenntnisse des Augustinus ein. Ihm wurde
bewusst, «dass nichts bewundernswert ist außer der Seele. Im
Vergleich zu ihrer Größe ist nichts groß. Dann aber wandte

ich, zufrieden, vom Berg genug gesehen zu haben, die inneren Augen auf mich selbst ...» (Petrarca 1995, 25). Genau wissen wir nicht, ob diese Bergbesteigung tatsächlich stattfand; aber das spielt bei der Würdigung dieses Textes keine große Rolle. Hier schwankt ein Mensch zwischen den Bedenken des Augustinus und der Neugierde. *Deren Rehabilitierung kam auch der Kunst zugute.*

Viele technische Innovationen beeinflussen sowohl die Wissenschaften als auch die Künste. Ein herausragendes Beispiel ist die Erfindung der Druckgrafik im 14. Jahrhundert. *Kunst wurde reproduzierbar.* Und dank der Druckgrafik konnten Wissenschaftler wie Andreas Vesalius ihre Forschungsergebnisse relativ preiswert veröffentlichen. Die Fotografie verdrängte in einem gewissen Umfang die künstlerischen Zeichnungen und Illustrationen. Und die Künstler wiederum bemächtigten sich der Fotografie. Viele Kunstwerke sind von Mathematik durchdrungen, Kirchenbauten zum Beispiel und einige abstrakte Bilder, die den Eindruck von Ordnung und Harmonie erzeugen. Viel Mathematik ist auch in die islamische Kunst eingegangen, was mit ihrem religiösen Hintergrund zusammenhängt (Nasr 1989). Schließlich gibt es noch die Computerkunst. Ein Beispiel hierfür zeigt die Abbildung 10. Frieder Nake programmierte einen Computer mit Strukturelementen eines Werkes von Paul Klee aus denen der Computer ein Bild generierte.

Die Chemie dient den Künsten, indem sie ihnen neue Materialien bereitstellt. Mit ihren schnell trocknenden – und preiswert produzierten – Farben leistete die chemische Industrie einen Beitrag zum Impressionismus in der Malerei.

Wie jeden anderen Aspekt der Wirklichkeit erforschen die Wissenschaften auch die Künste. Die Ursprünge der Kunst, die Geschichte der Kunst, die Lebenslage von Künstlerinnen und Künstlern, die Kunstwerke selbst, die Wahrnehmung von Kunst, die Funktionen der Kunst, der Kunstbetrieb und die Kunstfälschungen – ein Heer von Wissenschaftlern ist damit beschäftigt, all das besser zu verstehen. Auch unser Wissen über die Kunst hat zugenommen.

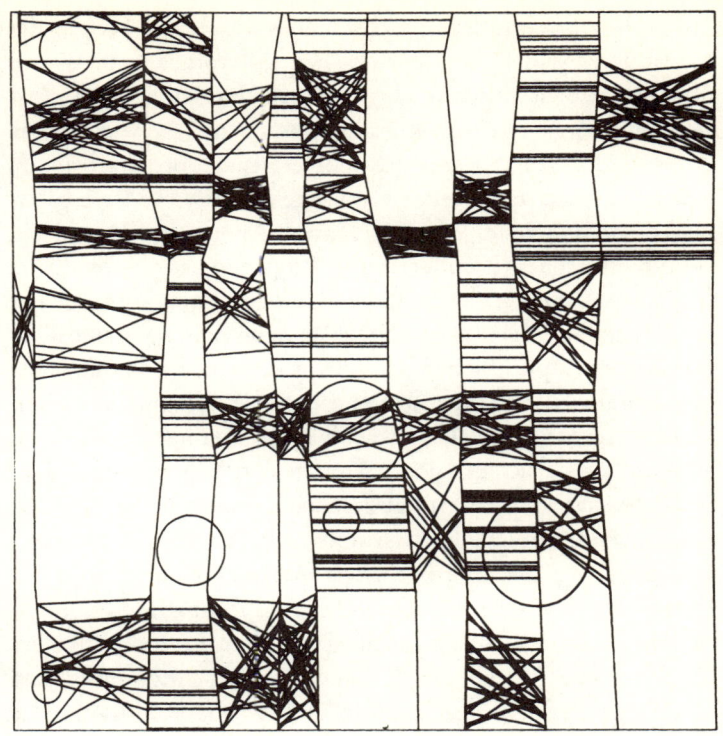

Abb. 10: Computerkunst, inspiriert von Paul Klee

Resümee

Versuchen wir nun, Kunst und Wissenschaft gegenüberzustellen und vergleichend zu charakterisieren.

Alle Wissenschaften streben nach Erkenntnis. Von ihnen können wir lernen, wie die Wirklichkeit ist, wie sie einmal war, wie und warum sie sich verändert. Wenn wir also mehr über die Kunst wissen wollen, tun wir gut daran, einschlägige wissenschaftliche Erkenntnisse über diesen Aspekt der Welt zu studieren. Ein solches Unterfangen ersetzt aber nicht die *Erfahrung von Kunst*. Eine Sinfonie zu hören oder verpackte

Gebäude zu bestaunen, ist etwas anderes als die Welten der Kunst wissenschaftlich zu erforschen. Allerdings kann Wissen über die Kunst unseren Umgang mit der Kunst beeinflussen. Wir hören und sehen mehr, wenn wir Bescheid wissen. Kunstwerke können uns trösten, erfreuen, provozieren, in eine Stimmung versetzen, sie erzeugen bestimmte *Atmosphären* (G. Böhme 1995), die uns emotional berühren. Das macht sie für Herrscher, Propheten und Propagandisten interessant. Die Künste standen – und stehen teilweise noch – im Dienste der Politik und der Religion. Die Wissenschaft, so meine These, reagiert empfindlicher als die Kunst, sobald sie politischen oder religiösen Zwecken dienen soll. Sie ist störanfälliger. Beispielsweise geriet die Wissenschaft in der islamischen Welt ins Stocken, als sie sich religiösen Vorgaben zu fügen hatte. Dagegen entsteht große Kunst häufig auch dann, wenn sie sich den Ansprüchen herrschender Gruppen, die nach Kunst verlangen, beugen muss. Die barocke Oper war nicht zuletzt ein Instrument höfischer Prachtentfaltung. Mozarts Salzburger Messen durften nicht länger als zwanzig Minuten erklingen. Eine gotische Kirche preist den Schöpfer. Unter modernen totalitären Bedingungen gerät allerdings die Kreativität der Künstler so unter Druck, dass manche Künste zu siechen beginnen, wie die Malerei im «Dritten Reich».

Obwohl Kunst und Wissenschaft aufeinander einwirken, handelt es sich um getrennte Bereiche, die ihre eigenen Geschichten durchlaufen. Die Geschichte der Wissenschaft ist, im Großen und Ganzen, eine Geschichte von Fortschritten. Immer mehr Teile der Welt verstehen wir immer besser. Und dieser Prozess scheint noch in vollem Gange zu sein. Auch in den Künsten gibt es zuweilen Veränderungen, die wir als Fortschritte deuten können. Sie hängen damit zusammen, inwieweit es den Künstlern gelingt, bestimmte Probleme zu lösen. So beschäftigten sich die Maler eine Zeit lang damit, beim Betrachter eines Bildes die Illusion von Tiefe, von Raum zu erzeugen. Im Laufe der Zeit fanden sie hierfür überzeugende Lösungen. Solche Fortschritte können bei der Bewertung von Kunstwerken zwar berücksichtigt werden, aber wir schätzen Kunstwerke aus vielen anderen Gründen. So genießen wir die frühen Werke eines Komponisten, obwohl – oder weil? – wir wissen, dass er später Kunstwerke geschaffen hat, die einen höheren Rang in der Musikgeschichte einnehmen. Die frühen Arbeiten werden dadurch nicht wirklich entwertet oder überholt. Bei Theorien ist das anders. Eine ältere, inzwischen widerlegte Theorie nehmen die Wissenschaftler kaum mehr zur Kenntnis, von Wissenschaftshistorikern und Erkenntnistheoretikern einmal abgesehen.

Kunstwerke bleiben an unsere Sinne gebunden. Wir mögen mit ihnen widersprüchliche, irritierende und überraschende Erfahrungen machen – aber es sind stets Erfahrungen. Viele Theorien dagegen laufen unseren Erfahrungen davon. Kunstwerke sind *mehrdeutiger* als Theorien; unser Spielraum beim Interpretieren ist größer, obwohl auch manche Theorien mehrere Deutungen zulassen, vor allem solche, mit denen wir uns von den Intuitionen entfernen – wie die Quantentheorie. Aber die Wissenschaftler *streben nach Eindeutigkeit.* Sind mehrere Deutungen möglich, neigen sie dazu, sich für eine zu entscheiden. In der Kunst ist das nicht so. Sie ist der Bereich, wo Mehrdeutigkeit eine Stärke sein kann.

13. Lernen und Lehren in der Wissensgesellschaft

Der etwas schillernde Ausdruck «Wissensgesellschaft» deutet an, dass Wissen unsere moderne Welt zusammenhält und vorantreibt. Allerdings sollten wir uns vor Übertreibungen hüten. Denn nach wie vor hängt unsere Gesellschaft von anderen Ressourcen ab, wie etwa dem Erdöl. Um Wissen zu gewinnen, brauchen wir Energie. Umgekehrt hilft uns das Wissen dabei, Energie zu gewinnen. Zukünftiges Wissen wird unseren Umgang mit den verschiedenen Ressourcen verändern. Klar ist jedenfalls, dass wissenschaftliche Erkenntnisse alle gesellschaftlichen Teilbereiche durchdringen, auch das private Leben. Dort erreichen uns technische Produkte, die ohne Wissenschaft gar nicht möglich wären: Computer, Alarmanlagen, funkgesteuerte Uhren, Insulinpräparate. In den letzten Jahrzehnten hat sich eine stark anwendungsbezogene und kundenorientierte Wissensproduktion entwickelt. Große Unternehmen verfügen über eigene Forschungsabteilungen und Kompetenzzentren, in denen wissenschaftliche Erkenntnisse, technisches Wissen und kommunikative Fähigkeiten verschränkt sind. Fachhochschulen und häufig auch Universitäten arbeiten eng mit ortsansässigen Unternehmen und Organisationen zusammen, um in den jeweiligen Regionen soziale, ökonomische und technische Projekte zu verwirklichen.

Unter solchen Bedingungen wird Lernen zu einer *dauerhaften Nötigung*. Viele Lernprozesse müssen wir absolvieren, um mit bestimmten Entwicklungen Schritt halten zu können, vor allem im beruflichen Alltag. Eine neue Kasse, eine veränderte Büroorganisation, eine neue Software – Lernen geschieht hier unter dem Druck von Innovationen.

Andere Lernprozesse dienen dem Ziel, berufsübergreifende Kompetenzen zu erwerben, die in vielen Bereichen erforderlich sind. Dazu gehören die Fähigkeit zu lernen, Probleme zu lösen, zu kommunizieren. Eine weitere Lernaufgabe besteht darin, orientierendes Wissen zu gewinnen, Weltbildbestandteile zu erwerben, also Kenntnisse in den Natur-, Sozial- und Geisteswissenschaften, darunter auch Wissen über das Wissen. Es gibt Zeitgenossen, die ein solches Wissen gering schätzen, weil sie den Anwendungsbezug vermissen. Nicht wenige fragen, bevor sie lernen: Was bringt mir das? Für den Beruf? Die Karriere? Was kann ich damit in meinen Praxisfeldern bewirken? Auf der anderen Seite zeigen viele Sachbücher und populärwissenschaftliche Sendungen, dass ein Bedarf an orientierendem Wissen, an Wissen über die Welt besteht, das über praktische Erfordernisse hinausgeht. Und die Nachfrage nach gut lesbaren Philosophiebüchern hängt vermutlich mit dem Wunsch zusammen, sich den «letzten Fragen» (Nagel) zu widmen. «Wie gelingt das Leben in einer entzauberten, sich rasch wandelnden Welt?», «Wie sollen wir uns gegenüber dem unvermeidlichen Tod verhalten?», «Lohnt es sich, moralisch zu handeln?» sind Beispiele für Fragen dieser Art. Manche Leute beschäftigt das Problem, ob es überhaupt noch möglich oder sinnvoll ist, sich ein allgemeines Wissen über die Wirklichkeit anzueignen. Zwei Einwände sind häufig zu hören: 1. Das Wissen ist instabil. Was heute stimmt, kann schon morgen falsch sein. Also lohnt sich die ganze Mühe nicht. 2. Das Wissen nimmt rasant zu. Wir versinken schon jetzt in einer Flut von Informationen. Es gibt so viele Veröffentlichungen; die allermeisten kann ein einzelner Mensch überhaupt nicht zur Kenntnis nehmen. Betrachten wir zunächst den ersten Einwand. Es ist ja richtig, dass die Wissenschaften fortschreiten. Sich an wissenschaftlichen Erkenntnissen zu orientieren, heißt daher aber auch, auf das Wissen zurückzugreifen, das am weitesten entwickelt ist. Die Hypothesen der Wissenschaft können sich als falsch herausstellen – sie sind jedoch nicht zwangsläufig falsch. Es gibt relativ stabile und weniger stabile

Erkenntnisse, ein Punkt, auf den wir im nächsten Kapitel zurückkommen. Es erscheint daher vernünftig, auf bewährte Erkenntnisse zu setzen. Und nun zum zweiten Einwand. Die viel beschworene Informationsflut ist keineswegs identisch mit bewährten wissenschaftlichen Theorien. Diese gehen darin auch nicht unter. Eher schon ragen sie heraus: die Einführungen in diverse Fachgebiete, die Sammelbände, die den Stand der Forschung dokumentieren und diskutieren, sowie die leicht lesbaren Sachbücher. Und sogar in der Wissenschaft gibt es Klassiker. Ich nenne nur drei Beispiele: den Lehrsatz des Pythagoras, das Buch «Wohlstand der Nationen» von Adam Smith und Darwins «Entstehung der Arten». Im Folgenden finden Sie ein paar Anregungen für das wissenschaftsorientierte Lernen und Lehren in der Wissensgesellschaft. Sie können auch in der Schule und beim Studium von Nutzen sein.

Lernen und lehren, aber wie? – Einige Anregungen

1. Bauen Sie Brücken!

In seinem «Traktat über kritische Vernunft» meint Hans Albert, die Philosophie habe in erster Linie «Überbrückungsprobleme» zu lösen, eine «Verbindung zwischen den verschiedenen Bereichen menschlicher Kultur herzustellen» (1980, 183 f.). Brücken zu bauen schützt davor, sich in einem einzelnen Sachgebiet zu verlieren. Ein Beispiel hierfür haben Sie mit diesem Buch kennen gelernt. Erkenntnis ist ein Thema, das die Zuständigkeit einer einzelnen Disziplin bei weitem überschreitet. Statt also die Probleme und Arbeitsweisen einer einzigen Disziplin zu studieren, beschäftigen wir uns damit, was mehrere Disziplinen zu einem Problembereich zu sagen haben. Auf diese Weise werden Verbindungsstellen sichtbar. Das Vor-Wissen der Lebewesen zum Beispiel ist ein Gegenstand der Evolutionsbiologie, der Neurophysiologie und der Genetik. Vor-Wissen geht in Lernprozesse ein, die Psychologen erforschen. Und mit Hilfe der Wissenschaften überschreiten wir dieses Vor-Wissen und vieles von dem, was wir im Leben erfahren bzw. gelernt haben. Grundsätzlich gilt: Mehr und mehr Probleme werden von verschiedenen Disziplinen erforscht. Das sind *gute Probleme* für alle diejenigen, die sich ein fächerübergreifendes Wissen über die Wirklichkeit verschaffen wollen. Darüber hinaus können Sie Brücken zwischen Wissenschaft und anderen Bereichen der Kultur bauen, indem Sie beispielsweise fragen: Worin ähneln sich die Wissenschaften und die Künste? Solche Fragen – und die Suche nach Antworten – brechen Grenzziehungen auf, verflüssigen das Denken. Dabei kann hilfreich sein, ab und zu kleinere Artikel aus weit entfernten Disziplinen zu lesen.

2. Üben Sie sich in lernbereitem Lesen und Zuhören!
Es kommt hierbei darauf an, das richtige Maß an Kritik zu finden. Das ist wohl leichter gesagt als getan. Obwohl ich Kritik für wichtig erachte und deren Rolle in den Wissenschaften und in Diskussionen zu schätzen weiß, empfehle ich dennoch, die kritische Haltung nicht zu übertreiben. Viele Leute verbauen sich Lernprozesse dadurch, dass sie zu empfindlich auf Schwächen und Fehler in Texten reagieren. Was andere schreiben und sagen, sollten wir mit einer gewissen Großzügigkeit aufnehmen, sofern wir vorhaben, uns damit auseinanderzusetzen. *Lesen Sie also wohlwollend.* Bevor wir zu kritisieren beginnen, müssen wir ja wissen, worauf genau sich unsere Kritik zu richten hat. Deshalb sollten Sie auch einmal fragen: Was könnte an der Argumentation stimmen? Was kann ich daraus lernen? Versuchen Sie gelegentlich, eine These, der sie skeptisch oder ablehnend gegenüberstehen, stärker zu machen – durch Umformulierungen oder kleinere Korrekturen. Beißen Sie sich also nicht an jeder Schwäche in einem Buch fest, Sie kommen sonst über die ersten fünf Seiten kaum hinaus. Beim Lesen stellen Sie fest, dass eine Autorin die Meinung eines Kollegen nicht richtig wiedergibt – das sollten Sie zwar registrieren, aber ohne lange damit zu hadern. Es sei denn, Sie arbeiten gerade an einem Problem, wo dieser Fehler

eine Rolle spielt, oder Sie schreiben einen Aufsatz über nachlässiges Zitieren. Ein Autor schreibt umständlich, zuweilen auch unklar. Das ist bestimmt eine Schwäche. Trotzdem kann es sich lohnen weiterzulesen. Lernbereites Lesen und Zuhören ist die Kompetenz, Thesen und Einwände anderer souverän zur Kenntnis zu nehmen – und sie dann bei Bedarf auch zu kritisieren.

3. Bleiben Sie nicht an Begriffen hängen!

Um eine Aussage zu verstehen, müssen Sie deren Sinn begreifen. Eine These über die Wirklichkeit – zum Beispiel über unser Sonnensystem – haben Sie verstanden, sobald Ihnen klar ist, was die These über die Wirklichkeit behauptet oder auch welches Problem sie löst. Dabei ist es meistens nicht erforderlich, erst einmal alle verwendeten Begriffe zu definieren. Wäre das so, könnten wir gar nicht miteinander reden. Wir benutzen normalerweise keine isolierten Begriffe. Was sie bedeuten, wird erst klar im Rahmen eines Satzes. Die Einheiten unserer Sprache sind wahrscheinlich Sätze – keine Begriffe (Dörner 1999; Pinker 1996). Beim Lesen, Hören und Diskutieren empfiehlt es sich daher, in erster Linie auf den Sinn von Aussagen zu achten und weniger auf die Bedeutung von Begriffen. Grübeln Sie also nicht zu lange über Begriffe nach! Zwar ist begriffliche Klarheit auch wichtig. Falls es erforderlich sein sollte, klären wir Begriffe am besten, indem wir sie – in Sätze eingepackt – auf die Wirklichkeit beziehen. Statt also «Gerechtigkeit» zu definieren, erläutern wir lieber, vielleicht an ein, zwei Beispielen, wie wir uns eine gerechtere Welt vorstellen.

4. Vermeiden Sie die Falle der Beliebigkeit!

Häufig hört man in Diskussionen: «Das ist eine Frage des Standpunkts», «Ich betrachte das eben aus einer anderen Perspektive», «Das sehen Frauen nun einmal anders als Männer». Dahinter steht die Vermutung, dass die Wahrheit unserer Hypothesen vom Standpunkt oder vom Kontext abhängt. Diese Ansichten sind zur Zeit einigermaßen populär; «Relativismus» lautet die philosophische Bezeichnung für solche Positionen. Leider verführen sie uns dazu, denkfaul zu werden. Weil ohnehin alles relativ ist, lohnt sich die kritische Auseinandersetzung nicht mehr. Doch wenn jemand eine interessante Behauptung vorbringt, sollte uns interessieren, ob die Behauptung auch zutrifft. Woher eine These auch stammen mag, aus welcher Disziplin, welcher Kultur usw. – Sie können versuchen, sie mit anderen, konkurrierenden Behauptungen zu vergleichen oder nach empirischen Belegen zu fragen. Gegen Beliebigkeit helfen kritische Prüfungen.

5. Vorsicht gegenüber den eigenen Ismen!

Relativismus, Feminismus, Empirismus – diese und viele andere Ismen legen uns nahe, eine bestimmte Perspektive einzunehmen. Das Risiko besteht natürlich darin, dass die Ismen uns voreingenommen machen. Wir alle erliegen mehr oder weniger der Neigung, uns einer Denkschule, einer politischen Richtung, einem erkenntnistheoretischen Standpunkt anzuschließen. Dafür können wir auch gute Gründe haben. Es gibt Positionen, die wir völlig zu Recht zurückweisen. Jedoch sollten wir von Zeit zu Zeit prüfen, ob ein Ismus bestimmte Lernprozesse blockiert. Eine gute Übung ist, Texte zu lesen, in denen Meinungen vertreten werden, die wir nicht teilen, Texte, die von Ismen beeinflusst sind, denen wir kritisch gegenüber stehen. Insbesondere manche Philosophen haben die Angewohnheit, Vertreter anderer Denkrichtungen zu ignorieren. Doch niemand kann Sie dazu zwingen, schlechte Angewohnheiten anzunehmen. Akzeptieren Sie keine Denkverbote!

6. Unterscheiden Sie Bilder von Theorien!

«Eine Theorie ist kein Bild», behauptet der Philosoph Karl Popper (2001 b, 53). Das ist eine wichtige Feststellung für alle, die lernen und lehren. Bilder sind allgegenwärtig, wir leben mit Bildern. Populärwissenschaftliche Texte, Schulbücher und insbesondere Fernsehsendungen benutzen Bilder, um Lerninhalte zu veranschaulichen. Da uns Bilder vertraut erscheinen

– sogar dann, wenn Dinge und Prozesse gezeigt werden, die wir nicht kennen –, denken wir sehr schnell: «Das habe ich verstanden.» Eine Schwierigkeit dabei ist, dass immer mehr Erkenntnisse abstrakt sind und unseren Erfahrungen und unserer Vorstellungskraft widersprechen. Weil es wohl den meisten unter uns leicht fällt, Bilder anzuschauen, suggerieren die Bilder häufig ein Verständnis, das wir noch gar nicht erlangt haben. Deshalb sollten Sie hin und wieder Testfragen stellen: «Auf welche Frage(n) antwortet die Theorie?», «Welches Problem löst die Theorie?», «Was behauptet die Theorie über die Wirklichkeit?» Und beantworten Sie diese Fragen nicht mit Bildern!

7. Veranschaulichen Sie, aber denken Sie dabei an die Grenzen der Anschauung!

Was Ihnen beim Lernen hilft, kommt Ihnen beim Lehren zugute. So gibt es mehrere Verfahren, um Lerninhalte anschaulicher zu machen: Beispiele, Analogien, Modelle und Bilder. Zwar ist es richtig, die Methoden der Veranschaulichung zu benutzen. Aber: Wer anschaulich lehrt, sollte dabei auch die Grenzen der Veranschaulichung thematisieren und die Fragen bzw. Probleme nennen, auf die sich die Hypothesen und Theorien beziehen. Anschaulichkeit kann trügerisch sein.

8. Arbeiten Sie die Widersprüche zu althergebrachten Überzeugungen, Intuitionen und Erfahrungen heraus!

Es gibt Untersuchungen, denen zufolge Schülerinnen und Schüler an ihren intuitiven Vorstellungen festhalten, obwohl sie die richtigen Theorien in der Schule gelernt haben. Das ist eine didaktische Herausforderung. Wenn wir lernen und lehren stehen wir häufig vor der Aufgabe, etwas zu *verlernen*. Das ist nur dann nicht der Fall, wenn wir unser Wissen ergänzen, also zum Beispiel nach dem Multiplizieren und Dividieren das Rechnen mit Wurzeln erlernen. Doch viele Theorien in den Wirtschaftswissenschaften, der Soziologie, der Physik, der Biologie widersprechen althergebrachten Meinungen und unserem «gesunden Menschenverstand». Lehrende und Lernende müssen daher wissen, *was die jeweilige Theorie ausschließt*. Ein Beispiel: Eine soziologische Theorie behauptet, dass sich komplexe moderne Gesellschaften nur begrenzt steuern lassen. Und bei allen Eingriffen treten immer unerwartete Nebeneffekte auf, die teilweise den Absichten der politischen Akteure widersprechen. Falls diese Theorie stimmt, können die beiden folgenden Annahmen nicht zutreffen: (1) Mit einer wirklich guten Regierung gelingt es, alle unsere gesellschaftlichen Probleme zu lösen. (2) Wenn Frauen an die Macht gelangen, ist der soziale Frieden gesichert.

9. Helfen Sie, gute Fragen zu stellen!

«Warum haben wir keine Frage-Kultur?», fragt der Philosoph Gerhard Vollmer in einem Aufsatz aus dem Jahre 1993. Wer fragt, gibt zu erkennen, dass er etwas nicht weiß. Aber das stimmt nicht ganz. Wer fragt, baut eine Brücke zwischen dem eigenen Wissen und dem Nicht-Wissen. Dort können individuelle Erkenntnisfortschritte stattfinden. Beim Lehren sollten Sie also Fragen zulassen und provozieren. Die Lerninhalte – Hypothesen, Theorien – können Sie dann als Antworten auf Fragen präsentieren. Dies trägt zu einem besseren Verständnis bei. Außerdem erfahren Lernende – und Lehrende – beiläufig, dass Wissen etwas anderes ist als eine Ansammlung von Informationen, die man auswendig lernen muss.

10. Bearbeiten Sie Probleme ohne Respekt vor Fächergrenzen!

Hier stoßen wir auf einen Mangel an unseren Schulen. Wir haben das Wissen in Fächer gepackt. Das ist nicht unvernünftig, weil wir so die Qualifikationen von Lehrern den Fächern zuordnen können. Schließlich ist kein Mensch in der Lage, jedes Fach zu beherrschen. Außerdem folgen wir mit unseren Schulfächern der üblichen Einteilung in wissenschaftliche Disziplinen. Allerdings tauchen mehr und mehr wissenschaftliche Probleme auf, die in eine Disziplin allein nicht hineinpassen. Um die Entstehung des Lebens zu begreifen, benötigen wir Erkenntnisse aus der Physik, der Chemie, der Geologie und der Evolutionsbiologie. Insofern scheitern unsere schönen Abgrenzungen an der Wirklichkeit. An vielen Schulen versuchen die Lehrerinnen und Lehrer dieses Problem zu entschärfen, zum Beispiel durch Projektunterricht. Aber das reicht wahrscheinlich nicht aus. Abgrenzungen gewähren uns auch Sicherheit, und leicht erliegen wir daher der Versuchung, in den Grenzen unserer Fächer zu bleiben – statt sie zu überschreiten. Zeigen Sie beim Lehren, dass Sie dieser Versuchung nicht erliegen!

11. *Blicken Sie in die Geschichte!*
Wir vermitteln Schülerinnen und Schülern häufig den Eindruck, dass es fertiges Wissen gibt, das sie auswendig lernen und anwenden müssen. Ein Blick in die Geschichte der Fächer bzw. der Disziplinen hilft dabei, Wissen als einen Prozess zu begreifen, in dem immer wieder neue Fragen und Schwierigkeiten auftauchen. Wenn Sie sich als Lernende und Lehrende ab und zu historische Ausflüge gestatten, verknüpfen Sie bereits zwei Fächer: das Fach, mit dem Sie sich gerade auseinandersetzen und eben die Geschichte.

14. Das Abenteuer geht weiter

Das Abenteuer der Erkenntnis auf dem Planeten Erde hat einen Anfang, der etwa 3,8 Milliarden Jahre zurückliegt. Dieser Anfang, die Entstehung des Lebens, hängt von Ereignissen und Prozessen ab, die noch älter sind. Doch die Erkenntnis beginnt erst mit dem Leben, mit der Evolution des Lebens. Aber wissen wir auch über das Ende des Wissens Bescheid? Wann hört das Abenteuer auf? Eine Teilantwort lautet: Mit dem Ende des Lebens erlischt jede Erkenntnis. Und dieses Ende wird unabwendbar sein. Die Voraussetzungen für die Existenz von Lebewesen dauern nicht unbegrenzt an. Obwohl die Physiker inzwischen Erkenntnisse über das Werden und Vergehen von Sonnen und Planeten besitzen, ist es nicht möglich, den Zeitpunkt zu bestimmen, an dem das Leben erlöschen wird. Denn das Leben hängt ja nicht nur von der Sonne ab, über deren weiteres Schicksal wir einiges wissen, sondern von zahlreichen anderen, insbesondere klimatischen Bedingungen. Der bisherige Verlauf der Evolution war nicht zuletzt eine Geschichte großer und kleiner Katastrophen – und es gibt nicht den geringsten Anlass für die Vermutung, dies werde in Zukunft anders sein. Und solche Katastrophen, wie Kollisionen mit anderen Himmelskörpern, können wir nur relativ kurzfristig vorhersagen. Wir Menschen, und die Wissenschaften in besonderem Maße, sind von mehr Bedingungen abhängig und daher verletzbarer als einfachere Lebewesen. Deshalb müssen wir damit rechnen, von diesem Planeten zu verschwinden, bevor andere Organismen das gleiche Schicksal ereilt. Den evolutionären Erfolg von Bakterien – gemessen an der Überlebensdauer – werden wir Menschen nicht verbuchen können. Und auch die Insekten, die seit Millionen Jahren den Widrigkeiten des Lebens trotzen, sind weitaus robuster als die Menschen – trotz der zahlreichen technischen Hilfsmittel, die wir erfunden haben und sicher noch erfinden werden. In diesem Sinne ist es trivial festzustellen, dass das Abenteuer der Erkenntnis enden wird. Viel interessanter erscheint dagegen die Frage, ob wir die Wissenschaften weiter betreiben können oder *ob es prinzipielle Grenzen gibt*, die unser Abenteuer stoppen. Bevor wir versuchen, mögliche Antworten auf diese Frage zu finden, sollten wir uns eingestehen, dass alle unsere weiteren Überlegungen von der folgenden Schwierigkeit überschattet werden: *Wir haben zwar einen ungefähren Überblick über unser Wissen, nicht jedoch über unser Nicht-Wissen.* Das macht uns anfällig für zwei mögliche Irrtümer: Wir unterschätzen das Nicht-Wissen. Es ist (viel) größer als wir annehmen. Gemessen an dem, was es überhaupt zu wissen gibt, wissen wir demnach wenig. Oder – umgekehrt – wir überschätzen das Nicht-Wissen. Wir geben uns der Hoffnung hin, dass uns noch viele aufregende Entdeckungen und theoretische Durchbrüche bevorstehen – aber dafür wissen wir einfach schon zu viel. Wir überschätzen unser Nicht-Wissen. Aber vielleicht verfügen wir ja wenigstens über ein paar Hinweise auf intellektuelle Herausforderungen, die uns noch bevorstehen. Oder wir haben Indizien für ein bevorstehendes Ende, eine Verlangsamung, eine Stagnation unserer Wissensentwicklung. Denkbar sind fünf Gründe für ein Ende der wissenschaftlichen Fortschritte: 1. *Es gibt kognitive Grenzen.* Die Welt insgesamt oder einige Aspekte der Welt erscheinen unserem Geist so fremd – oder sie sind so kompliziert –, dass wir kapitulieren müssen. Salopp formuliert: Wir sind einfach zu dumm, um weitere Erkenntnisfortschritte zu Stande zu bringen. 2. *Es gibt praktische Grenzen.* Die Wissenschaft ist sehr, sehr teuer. Viele, im Prinzip mögliche Erkenntnisgewinne bleiben uns versagt, weil die Ressourcen knapp sind. 3. *Es gibt ethische Grenzen.* Wir könnten zwar auf einigen Gebieten Erkenntnisfortschritte erzielen, aber wir verzichten darauf, weil die hierfür nötigen Eingriffe – zum Beispiel Experimente an Menschen – ethisch bedenklich sind. 4. *Es gibt motivationale Grenzen.* Angesichts der Entzauberung, der verloren gegangenen Harmoniewelt und der sonstigen Kränkungen nimmt der «Wissensüberdruss» (Wetz) immer mehr zu. Die Mehrheit der Bevölkerung winkt ab. Insbesondere die neurobiologische Kränkung ist so ungeheuerlich, dass der Widerstand wächst. So schwindet die Legitimation für manche Forschungsgebiete dahin. 5. *Die Wissenschaft ist am Ziel.* Es bleibt nicht mehr viel zu tun, weil wir die Wirklichkeit im Großen und Ganzen bereits erforscht haben. Die Erfolge der Wissenschaft bereiten der Wissenschaft ihr Ende. Im Folgenden geht es vor allem um die Punkte 1, 2 und 5.

Vermeintliche und tatsächliche Grenzen

Schon häufiger in der Vergangenheit glaubten Philosophen und Wissenschaftler, sie hätten unverrückbare Grenzen der Wissenschaft ausfindig gemacht. So meinte Immanuel Kant, es könne niemals einen «Newton des Grashalms» geben, der die Geheimnisse des Lebendigen erklärt. Insbesondere die Entstehung des Lebens galt letztlich als ein Wunder. Doch mit Darwin geschah das Unmögliche. Ihm gelang das, was Kant für ausgeschlossen hielt. Schon bevor Darwin die Bühne betrat, löste sich eine weitere Grenze, die mit der Erforschung des Lebens zu tun hatte, in Nichts auf. Lange Zeit glaubte man an eine besondere Lebenskraft, die einer naturalistischen Deutung entzogen bleibt. Deshalb erschien es völlig abwegig, Stoffe des Lebendigen künstlich herzustellen. Doch 1828, kurz vor Darwins 19. Geburtstag, war es soweit. Friedrich Wöhler (1800–1882), ein deutscher Chemiker, stellte Harnstoff her, ein wahrhaft sensationelles Ereignis. Friedrich Wöhler wusste nur zu gut, dass er damit eine magische Grenze überschritten hatte. Und so ging die Geschichte der Wissenschaften weiter, Hindernis für Hindernis räumten wir aus dem Weg – es scheint keinen Halt zu geben. Weil wir außerdem mit unseren unanschaulichen und kontra-intuitiven Theorien auch die Grenzen unserer Sinnesorgane hinter uns lassen, fällt es heute besonders schwer, echte Erkenntnisgrenzen zu finden. Deshalb glauben einige zeitgenössische Philosophen auch nicht mehr an prinzipiell unüberwindbare Hindernisse auf dem Weg zur Wahrheit. «Der Frage-Horizont», so Bernulf Kanitscheider (1997, 16), «wird sich immer weiter verschieben.» Und Jürgen Mittelstraß (2001, 137) sieht «sehr wohl praktische, aber keine theoretischen Grenzen.»

Von bestimmten Grenzen, die früher unserem Erkenntnisvermögen angelastet wurden, glauben wir heute, dass sie in der Natur der Sache liegen. So ist es nicht möglich, bestimmte Ereignisse und Prozesse vorherzusagen, weil objektive Zufallsfaktoren und chaotische Vorgänge daran beteiligt sind. Sie entziehen sich keineswegs der wissenschaftlichen Erforschung. Wir können inzwischen erklären, warum sie unvorhersehbar sind.

Innen und Außen

«Wie ist es, eine Fledermaus zu sein?», fragte der Philosoph Thomas Nagel (1984) in einem Aufsatz aus dem Jahre 1974. Diese Frage wurde berühmt. Nagel zufolge können wir zwar das Gehirn und das Verhalten einer Fledermaus vollständig erforschen – aber all dieses Wissen beantwortet nicht die Frage, wie es sich anfühlt, eine Fledermaus zu sein. Liegt hier eine Grenze für unsere Erkenntnis, die dadurch entsteht, dass es eine Innen- und Außenperspektive gibt, die wir nicht vollständig aufeinander abstimmen können? Thomas Nagel behauptet keineswegs, wir könnten seine Frage prinzipiell nicht beantworten. Vielmehr müssen wir bei jedem Versuch, sie zu beantworten, die Perspektive des Tieres einnehmen. Das ist keineswegs so verrückt, wie es vielleicht klingt. Der Evolutionsbiologe Richard Dawkins fragt, wie es sich wohl für einen Pottwal anfühlt, Luft zu holen, einem Tier, das 50 Minuten unter Wasser bleiben kann. Wenn wir an unsere eigene Atemnot denken, die sich beim Tauchen leicht einstellt, sind wir sicher auf der falschen Fährte. «Der Weg an die Oberfläche dürfte sich für den Wal ähnlich anfühlen, wie unser Bedürfnis hinauszugehen und Wasser zu lassen. Oder etwas zu essen» (Dawkins 2001, 153). Die berühmte Frage von Thomas Nagel hat auch den Psychologen und Neurowissenschaftler Marc Hauser eingeholt, der meint, er wisse wenigstens so ungefähr, wie es sich anfühlt, ein Klammeräffchen zu sein. Er empfiehlt vor allem, sich mit der Frage nicht allzu lange herumzuschlagen. Denn wir werden immer besser verstehen, wie Gehirne die Innenperspektive – Bewusstsein, Gefühle, Absichten – hervorbringen. Und außerdem finden wir dank ausgeklügelter Experimente auch heraus, welche Annahmen die Tiere – und auch menschliche Babys – über die Welt haben. Sind sie in der Lage zu zählen? Unterscheiden Sie leblose von lebendigen Dingen? Fragen wie diese können wir beantworten (Hauser 2001).

Um manche Aspekte der Wirklichkeit zu erforschen, benötigen wir einen enormen technischen Aufwand. «Wissenschaftlicher Fortschritt schließt einen Prozess *technologischer Eskalation* ein, weil die Naturwissenschaft eine immer höher entwickelte Technologie braucht» – so der Philosoph Nicholas Rescher (1985, 266). Der technische Aufwand bremst zumindest einige wissenschaftliche Entwicklungen – schon wegen der hohen Kosten. Ein sehr anschauliches Beispiel liefert der steigende Aufwand bei Tiefbohrungen in der Erde. Nicht nur Gartenbesitzer wissen, dass es leicht fällt, ein kleines Loch zu graben. Ein Pflanzloch für einen Baum erfordert schon wesentlich mehr Mühe. Weit ins Innere der Erde vorzudringen, um mehr Erkenntnisse über unseren Planeten zu gewinnen, ist eine enorme technische Herausforderung. 1994 wurde in der Oberpfalz das tiefste Bohrloch der Welt fertig gestellt. Um die Tiefe von 9,1 Kilometern zu erreichen, mussten die Akteure vier Jahre lang bohren. Mit der Tiefe wächst bei diesen Projekten auch der zeitliche Aufwand. Der Erdmittelpunkt liegt gut 6000 Kilometer unter unseren Füßen – ein wohl unerreichbares Ziel. Doch es gibt nicht nur eine technologische Eskalation in der Wissenschaft, sondern auch eine Deeskalation. Statt die Reise in die Erde anzutreten, können wir die dort vermuteten Bedingungen und Prozesse auch simulieren. Eine Möglichkeit hierfür habe ich Ihnen im 9. Kapitel vorgestellt (Abb. 8). Das ist zwar ebenfalls ein aufwändiges Projekt, dessen experimentelle Erfolge von technischen Weiterentwicklungen abhängen. Doch dieser Aufwand hält sich in Grenzen. Das Bayerische Geoinstitut liefert uns noch ein weiteres Beispiel für die *indirekte Erforschung* unseres Planeten, die den Prozess der technologischen Eskalation begrenzt: die Arbeit an *stellvertretenden Objekten*. In diesem Fall sind die Stellvertreter-Objekte Meteoriten vom Mars, die bei Kollisionen sehr hohen Temperaturen und Druckverhältnissen ausgesetzt waren. Solche Meteoriten helfen den Forschern, die Vorgänge im Inneren der Erde besser zu verstehen und darüber hinaus die Geschichte des Planeten Erde zu rekonstruieren.

Wie stabil ist das Wissen?

Kommt die Wissenschaft an ihr Ende, an ihr Ziel? Heutzutage rechnen wieder mehr Wissenschaftler und Philosophen damit. In einigen Bereichen dürfen wir es sogar erwarten, eigentlich immer dann, wenn die Wissenschaft ein überschaubares Objekt erforscht. Die Gesamtausgabe der Werke Haydns wird früher oder später abgeschlossen sein. Als ein aussichtsreicher Kandidat für eine relativ abgeschlossene Disziplin gilt die Geografie. Aber einige Forscher halten es auch für wahrscheinlich, grundlegende, letzte Fragen beantworten zu können. Physiker wie Steven Weinberg meinen, mit ihren Theorien in Richtung auf Einfachheit zu gehen, bei ganz einfachen physikalischen Sachverhalten zu enden. Die These lautet also:

Einige wissenschaftliche Fortschritte, darunter solche, die für unser Weltverständnis ausschlaggebend sind, bringen ein stabiles Wissen hervor, das jeder kritischen Prüfung Stand hält. Auch Biologen, wie zum Beispiel Richard Dawkins, betonen die Stabilität von einigen Teilen unseres Wissens. Ist es überhaupt noch denkbar, dass die Evolutionstheorie – zumindest in ihren Grundzügen – eines Tages widerlegt wird? Zu Darwins Zeiten war der Gedanke an eine ziellose Evolution recht kühn. Heute herrscht die Ansicht vor: Evolution ist eine Tatsache. Bei unseren Versuchen, die Einzelheiten dieses Prozesses aufzuklären, machen wir zwar Fehler, und wir gewinnen immer noch neue Erkenntnisse – aber diese vervollständigen und modifizieren die Theorie der Evolution. Und obwohl vielen Philosophen und Wissenschaftstheoretikern dabei die Haare zu Berge stehen, reden manche Wissenschaftler heute wieder (oder noch immer) von *bewiesenen* Tatsachen und Theorien. So erzählt der Physiknobelpreisträger Wolfgang Ketterle in einem Interview für die Süddeutsche Zeitung (238/2001): «Als Physiker ist man immer skeptisch, man glaubt nicht daran, bevor man es nicht bewiesen hat.» Gäbe es das tatsächlich, bewiesenes Wissen, müsste dieses Wissen wohl ewig halten. Doch Stabilität kann trügerisch sein. Eine Zeit lang, vor Einstein und der Quantenmechanik, sahen etliche Physiker schon einmal das Ende ihrer Disziplin gekommen oder in greifbare Nähe gerückt. Doch das stellte sich als ein Irrtum heraus. Das Abenteuer kam danach noch einmal richtig in Gang.

Jürgen Mittelstraß: Wissen und Grenzen, Frankfurt 2001
Nicholas Rescher: Die Grenzen der Wissenschaft, Stuttgart 1985

Warum das Abenteuer weiter geht

Noch einmal: Wir wissen nicht, wie groß unser Nicht-Wissen ist. Vielleicht überschätzen wir dessen Ausmaß, vielleicht unterschätzen wir es. Trotzdem möchte ich Ihnen ein paar Argumente dafür anbieten, weshalb das Abenteuer der wissenschaftlichen Erkenntnis weitergehen wird.

1. Noch pflanzen sich die Probleme fort, mit den Erkenntnisfortschritten tauchen nach wie vor auch neue Fragen auf. Es gibt keine wirklichen Hinweise darauf, dass dieser Prozess in naher Zukunft zum Stillstand kommt. Und bislang haben die Physiker die in Aussicht gestellte «Formel für alles» nicht entwickelt – es handelt sich vorerst um ein Versprechen, das die Wissenschaftler noch einlösen müssen.

2. «Wir bewohnen einen weitgehend unerforschten Planeten», behauptet der Soziobiologe und Ameisenforscher Edward Wilson (1995, 166). Dabei denkt er vor allem an die Biosphäre, an die Welt des Lebendigen. Zweifellos ist dies ein klar abgegrenzter Teil der Wirklichkeit. Es gibt tatsächlich nur die eine Biosphäre des Planeten Erde. Dennoch kann dieser Forschungsbereich nicht zu seinem Abschluss gelangen. Das scheitert an der *Vielfalt* und *Komplexität*. Wie viele Arten leben eigentlich auf der Erde? Auch das wissen wir nicht so genau. Vorsichtige Schätzungen liegen bei 15 bis 20 Millionen. Wir schaffen es nicht einmal, alle diejenigen Arten zu beschreiben, die wir jährlich entdecken. Da staut sich viel unerledigte Arbeit. Die begrenzten Ressourcen verhindern in diesem Fall das Ende der Forschung.

3. Der Abschluss – das gelungene Ende – einer Wissenschaft setzt aber auch voraus, dass die zu erforschenden Teile der Wirklichkeit still stehen, also keine Geschichte haben. Weil aber die Geschichte der Menschen solange weiter geht, wie es Menschen gibt, haben die Geschichtswissenschaften einen Forschungsbereich, den sie gar nicht abschließen können. Zudem verändern geschichtliche Ereignisse – denken Sie nur einmal an den Zusammenbruch des Ostblocks – auf eine dramatische Weise die Datenlage. Archive öffnen sich, bislang unzugängliche Dokumente tauchen auf, Institutionen gehen unter und neue entstehen. All dies im Einzelnen zu untersuchen, scheitert, wie die Erforschung der Biosphäre, an der Vielfalt und Komplexität. *Außerdem*

nimmt Tag für Tag die Menge an Geschichte zu, auf die wir zurückblicken und die wir erzählen können. Daher ist es völlig ausgeschlossen, dass der Geschichtswissenschaft, aber auch den Sozial- und Wirtschaftswissenschaften jemals die Arbeit ausgehen könnte. Sie sind vielmehr prinzipiell unabschließbar.

4. Aber *auch die Natur hat eine Geschichte*, sie steht nicht still. Deshalb werden wir damit fortfahren, die Natur zu erforschen, selbst wenn alle grundlegenden Fragen geklärt wären. Wir kennen schon heute einige der Fragen, die wir auch in der Zukunft stellen werden, beispielsweise: Was geschieht mit dem Erdmagnetfeld, wird es womöglich in 2000 Jahren zusammenbrechen? Wie bewegen sich die Eismassen in der Antarktis? Wie sieht die Zukunft des expandierenden Universums aus?

Niemand erwartet ernsthaft, dass wir mit den technischen Entwicklungen an ein Ende gelangen. Im Gegenteil: Gentechnologie und Nanotechnologie werden unsere Lebensbedingungen verändern. Den Wissenschaften fällt daher auch die Aufgabe zu, die Dynamik solcher Prozesse zu erforschen, die Risiken, die Chancen, die Auswirkungen auf unser Zusammenleben. Daran sind viele Disziplinen beteiligt, auch die geisteswissenschaftlichen.

5. Vielleicht versiegt eine andere Quelle der Wissenschaft, nämlich die öffentliche Zustimmung und damit letztlich die Motivation, Wissenschaft zu betreiben. Manche Zeitgenossen machen ja die Vernunft im Allgemeinen, die mehr umfasst als wissenschaftliches Handeln, für viele Übel dieser Welt verantwortlich. Und wer wollte bestreiten, dass unser Abenteuer seine dunklen Seiten hat. Andererseits gehören wissenschaftliche und technische Fortschritte, allen Wehklagen zum Trotz, zu den kulturellen Selbstverständlichkeiten. Denken Sie nur an die bildgebenden Verfahren in der Medizin. Selbst hartnäckige Verächter der Wissenschaft werden, wenn sie die Wahl haben, moderne schonendere Techniken den alten Röntgenapparaten vorziehen. Außer-

dem dürfte stimmen, was Habermas in einem Gespräch mit chinesischen Intellektuellen sagt: «Die Wunden, die die Vernunft schlägt, können, wenn überhaupt, nur durch die Vernunft überwunden werden» (Die Zeit 20/2001, 40).

Wir sollten daher nicht erwarten, mit unseren Erkenntnisfortschritten an ein Ende zu gelangen. Aber die Bedingungen, unter denen die Wissenschaft gedeiht, sind zerbrechlich. Deshalb wird das Abenteuer einmal aufhören, zu Ende gehen, ohne am Ende angelangt zu sein. Doch bis dahin geht das Abenteuer weiter.

Glossar

Alchemie Lehre von der Vervollkommnung der Dinge, deren Anhänger eine Laborpraxis entwickelten, die die neuzeitliche Chemie beeinflusst hat.

Anomalie Eine Entdeckung bzw. eine Erfahrung, die theoretischen Überzeugungen widerspricht.

Astrologie Eine Lehre über den Einfluss der Gestirne und kosmischer Ereignisse auf das Schicksal der Menschen. In Europa war vor allem während der Renaissance die Astrologie mit der Medizin und der Astronomie verwoben.

Aufklärung Eine emanzipatorische Bewegung, der Weg des Menschen aus seiner selbst verschuldeten Unmündigkeit, so Kant. Vernunft, Kritik und Fortschritt sind Leitideen der Aufklärung.

Aussage Ein Satz, der einen Sinn hat und etwas über die Welt behauptet.

Babylonien Im heutigen Irak gelegen, einer der Ursprünge alter Kultur, wo ab 3000 v. Chr. Stadtstaaten existierten.

Begriff Bestandteil von Sätzen, dessen Bedeutung durch eine Definition festgelegt werden kann. Begriffe ersetzen längere Ausdrücke und sind insofern Abkürzungen.

Definition Definitionen dienen dazu, die Bedeutung von Begriffen festzulegen.

Empirismus Eine erkenntnistheoretische Position, die behauptet, dass Theorien von Erfahrungen abhängen, aus ihnen gewonnen werden und/oder durch sie begründet werden.

Epikureer Anhänger des Philosophen Epikur (341–270), der lehrte, dass Erkenntnisse vor allem dem praktischen Zweck dienen, die Menschen von Ängsten zu befreien, indem sie alle Ereignisse auf eine natürliche Weise erklären.

Erkenntnis/Wissen In diesem Buch verwende ich die beiden Ausdrücke als bedeutungsgleiche. Im Deutschen wird «Erkenntnis» meist an den Vorgang der Erkenntnisgewinnung herangerückt, während «Wissen» eher das fertige Ergebnis meint.

Ethik Zweig der Philosophie, der sich damit beschäftigt, wie wir leben und handeln sollen, was in moralischer Hinsicht richtig ist.

Fallibilismus Die Lehre von der Fehlbarkeit des Wissens. Wir können nie ganz sicher wissen, ob eine Theorie wahr ist.

Fortschritt Veränderungen, an denen wir beteiligt sind und die wir positiv bewerten, nennen wir Fortschritte.

Geozentrismus Eine Sammelbezeichnung für alle Theorien, die die Erde in den Mittelpunkt stellen.

Heliozentrismus Eine Sammelbezeichnung für alle Theorien, die die Sonne ins Zentrum rücken.

Hellenismus Eine Phase der antiken Welt von ca. 300 bis zur Mitte des 2. Jahrhunderts v. Chr., als Griechenland Bestandteil des Römischen Reiches wurde.

Hermeneutik Lehre des Verstehens, Methoden der Auslegung, die vor allem in den Geisteswissenschaften eine Rolle spielen.

Hermetik Eine Sammlung von Geheimlehren, in die ägyptische Ideen eingeflossen sind.

Induktion Dazu gehören alle Verfahren, um Hypothesen und Theorien aus Erfahrungen zu gewinnen bzw. alle Versuche, Hypothesen und Theorien mit Hilfe von Erfahrungen zu begründen.

Instrumentalismus Eine Sammelbezeichnung für alle Lehren, die in unseren Theorien Instrumente sehen, die zwar mehr oder weniger geeignet, aber nicht wahr sein können.

Kognition Wörtlich übersetzt «Erkenntnis». Der Ausdruck wird in der Psychologie, den Kognitions- und Neurowissenschaften für Aspekte und Vorgänge benutzt, die mit Erkenntnis zu tun haben.

Kritik Die Kritik dient dazu, Fehler in Theorien, in Aussagen überhaupt zu finden. Ohne Kritik wäre Wissenschaft nicht möglich.

Kultur liegt dann vor, wenn Neuerungen weitergegeben werden. Kulturelle Entwicklungen beim Menschen, insbesondere die Entwicklung des Wissens, werden durch die Sprache möglich.

Lernen Neben der Evolution und der Kultur sind damit zwei weitere Quellen der Erkenntnis gemeint: das frühe, prägende Lernen und Lernprozesse, die ein Leben lang stattfinden können.

Magie Eine Bezeichnung für Lehren und Techniken, bei denen es um okkulte (verborgene) Kräfte geht, derer sich der Magier zum Nutzen oder Schaden des Menschen bedient. Hinter der Magie steht auch der Wunsch – oder gar der Anspruch – die Natur (teilweise) zu beherrschen.

Mesopotamien Zwischenstromland, zwischen dem mittleren und unteren Euphrat und Tigris, Babylonien war ein Teil dieses Gebiets.

Metaphysik Sie enthält Annahmen über mutmaßliche Teile bzw. Prozesse der Wirklichkeit, Annahmen, die momentan oder auch prinzipiell nicht überprüfbar sind. In den Wissenschaften können metaphysische Ideen die Aufstellung von Hypothesen beeinflussen.

Mittelalter Geschichtliche Phase zwischen dem Altertum und der Neuzeit, etwa von 500 bis 1500. Die reale Geschichte ist bei weitem zu verwickelt, um diesen Ausdruck zu rechtfertigen, der eine Einheit suggeriert, die es nicht gab.

Moral Die Werte und normativen Regelungen einer Kultur, Gesellschaft oder Gruppierung, die von verschiedenen Wissenschaften (etwa der Soziologie) erforscht werden.

Naturalismus Ein methodisches Programm, demzufolge alles mit rechten Dingen zugeht, auf eine natürliche Weise erklärt werden kann.

Objektivität ist ein wissenschaftliches Ideal, das sich allmählich ab dem 17. Jahrhundert entwickelte. Objektivität umfasst mehrere Aspekte. Erkenntnisse sollen nicht durch subjektive Zutaten der Forscher verzerrt werden. Im 19. Jahrhundert führte dies dazu, dass instrumentell erzeugte Daten als objektiver galten als beispielsweise Beobachtungen.

Realismus Die metaphysische Annahme, dass die Welt unabhängig vom Menschen da ist, der sie mit seinen sprachlich formulierten Ideen erschließt und erforscht.

Reduktionismus Ein methodischer Ansatz, der komplexere Sachverhalte, Prozesse und Zusammenhänge in der Wirklichkeit auf einfachere oder eine ganze Disziplin auf eine grundlegendere, etwa die Chemie auf die Physik, zurückzuführen versucht. Inwieweit das geht, ist in den Wissenschaften umstritten.

Relativismus Die Grundthese dieser Position lautet: Die Gültigkeit von Theorien und/oder Maßstäben sowie Werten ist kontextabhängig.

Renaissance Als Renaissance bezeichnet man eine Phase geistiger Erneuerung, wie z. B. die Karolingische Renaissance und vor allem die Zeit vom 14. bis zum 16. Jahrhundert, in der die Auseinandersetzung mit ägyptischem und antikem Gedankengut sowie Alchemie, Astrologie, Magie und Hermetik eine Blüte erlebten. Gleichzeitig wurde der Wert des einzelnen Menschen betont (Humanismus).

Stoa Eine Säulenhalle. Danach sind die Stoiker benannt, eine Philosophengruppe, die der Frage nachging, wie das Leben gelingen kann.

Sumerer Die Bewohner in Südmesopotamien um 3000 v. Chr.

Theorie/Hypothese/Modell Theorien sind Systeme von Hypothesen, die in logischen Beziehungen zueinander stehen. Die Unterschiede sind fließend. Häufig werden beide Ausdrücke in ein und derselben Bedeutung benutzt. Modelle dienen der Veranschaulichung. Aber Modelle, wie die in diesem Buch erwähnten geozentrischen und heliozentrischen, sind ebenfalls Theorien.

Vernunft Verschiedene Varianten dieser Idee sind im Umlauf. Vernunft kann man charakterisieren durch die Bereitschaft, auf Argumente zu hören und Kritik zuzulassen und so die eigenen Kontexte bzw. Grenzen zu überschreiten. Vernünftig ist es, den gesunden Menschenverstand durch die Wissenschaft aufklären zu lassen.

Vorsokratiker heißen die griechischen Philosophen vor Sokrates, also die Naturphilosophen wie Anaximander, außerdem Pythagoras, Heraklit, Parmenides u. a. sowie die antiken Atomisten.

Wahrheit Eine etwas vage, unter Philosophen umstrittene Idee, die einen Hintergrund der Wissenschaften bildet. Man kann sie als eine Eigenschaft von Sätzen bzw. von Aussagen begreifen.

Literatur

Albert, Hans (1980): Traktat über kritische Vernunft, Tübingen.

ders. (1986): Freiheit und Ordnung, Tübingen.

ders. (1994): Kritik der reinen Hermeneutik, Tübingen.

Alt, Jürgen August (1995): Zauberkunst, Stuttgart.

ders. (1997): Wenn Sinn knapp wird, Frankfurt/New York.

ders. (2000³): Richtig argumentieren, München.

Aristoteles (1983): Vom Himmel. Von der Seele. Von der Dichtkunst, München.

ders. (1997): Kleine naturwissenschaftliche Schriften, Stuttgart.

Arnold, John H. (2001): Geschichte. Eine kurze Einführung, Stuttgart.

Assmann, Jan (2001): Ägypten in der Wissenskultur des Abendlandes, in: Fried, Johannes/Süßmann, Johannes (Hg.), Revolutionen des Wissens, München, S. 56–75.

Augustinus (1982): Bekenntnisse, München.

Bacon, Francis (1981): Neues Organ der Wissenschaften, Darmstadt.

ders. (1982): Neu-Atlantis, Stuttgart.

ders. (1993): Essays, Frankfurt/Leipzig.

Baeyer, Hans Christian von (1996): Das Atom in der Falle, Reinbek.

Barash, David (1980): Soziobiologie und Verhalten, Berlin.

Bender, Gerd (Hg.) (2001): Neue Formen der Wissenserzeugung, Frankfurt/New York.

Bergdolt, Klaus (2000⁴): Der schwarze Tod in Europa, München.

Blackmore, Susan (1993): «Beinahe tot», in: Randow, Gero v. (Hg.), Mein paranormales Fahrrad und andere Anlässe zur Skepsis, Reinbek, S. 115–129.

dies. (1993): «Psychische Illusionen», ebd., S. 131–139.

dies. (2000): Die Macht der Meme, Darmstadt.

Blumenberg, Hans (1973): Der Prozeß der theoretischen Neugierde, Frankfurt.

ders. (1974): Säkularisierung und Selbstbehauptung, Frankfurt.

ders. (1980): Das Fernrohr und die Ohnmacht der Wahrheit, in: Galilei (1980), S. 7–75.

ders. (1981): Die Genesis der kopernikanischen Welt, Bd. 1–3, Frankfurt.

ders. (1981): Die Lesbarkeit der Welt, Frankfurt.

ders. (2001): Lebenszeit und Weltzeit, Frankfurt.

Böhme, Gernot (1980): Alternativen der Wissenschaft, Frankfurt.

ders. (1985): Anthropologie in pragmatischer Hinsicht, Frankfurt.

ders. (1989): Für eine ökologische Naturästhetik, Frankfurt.

ders. (1992): Natürlich Natur, Frankfurt.

ders. (1993): Am Ende des Baconschen Zeitalters, Frankfurt.

ders. (1994): Weltweisheit, Lebensform, Wissenschaft, Frankfurt.

ders. (1995): Atmosphären, Frankfurt.

ders./Böhme, Hartmut (1983): Das Andere der Vernunft. Zur Entwicklung von Rationalitätsstrukturen am Beispiel Kants, Frankfurt.

Böhme, Hartmut (1988): Natur und Subjekt, Frankfurt.

Braunbehrens, Volkmar (1986): Mozart in Wien, München.

Bruno, Giordano (1999): Über das Unendliche, das Universum und die Welten, Stuttgart.

Bühler, Karl (1978): Sprachtheorie, Frankfurt/Berlin/Wien.

Bührke, Thomas (2001): Sternstunden der Astronomie, München.

Campbell, Neil A. (1997): Biologie, Heidelberg/Berlin/Oxford.

Carrier, Martin (2001): Nikolaus Kopernikus, München.

ders./Mittelstraß, Jürgen (1989): Johannes Kepler, in: Böhme, Gernot (Hg.), Klassiker der Naturphilosophie, München, S. 137–157.

Conradi, Walter (Hg.) (1997): Geschichte der Technik in Schlaglichtern, Mannheim/Leipzig/Wien/Zürich.

Darwin, Charles (1982): Ein Leben – Autobiographie, Briefe, Dokumente, hrsg. v. Siegfried Schmitz, München.

ders. (1992²): Die Abstammung des Menschen, Wiesbaden.

ders. (1995): Die Entstehung der Arten, Stuttgart.

Daston, Lorraine (2001a): Wunder, Beweise und Tatsachen. Zur Geschichte der Rationalität, Frankfurt.

dies. (2001b): Objektivität und die kosmische Gemeinschaft, in: Schröder, Gerhart/Breuninger, Helga (Hg.), Kulturtheorien der Gegenwart, Frankfurt/New York, S. 149–177.

Dawkins, Richard (1978): Das egoistische Gen, Berlin.

ders. (1987): Der blinde Uhrmacher, München.

ders. (1996): Und es entsprang ein Fluss in Eden, München.

ders. (2000): Der entzauberte Regenbogen, Reinbek.

ders. (2001): Gipfel des Unwahrscheinlichen, Reinbek.

Derry, Gregory (2001): Wie Wissenschaft entsteht, Darmstadt.

Descartes, René (2000): Abhandlung über die Methode des richtigen Vernunftgebrauchs, Stuttgart.

Desmond, Adrian/Moore, James (1994): Darwin, Reinbek.

Dettner, Konrad/Peters, Werner (Hg.) (1999): Lehrbuch der Entomologie, Stuttgart/Jena/Lübeck/Ulm.

Diamond, Jared (1999): Arm und Reich. Die Schicksale menschlicher Gesellschaften, Frankfurt.

Diderot, Denis (1989): Über die Natur, Frankfurt.

ders. (Hg.) (2001): Diderots Enzyklopädie, ausgewählt von Manfred Naumann, Leipzig.

Diekmann, Andreas (1995): Empirische Sozialforschung, Reinbek.

Dörner, Dietrich (1989): Die Logik des Misslingens, Reinbek.

ders. (1999): Bauplan für eine Seele, Reinbek.

Dülmen, Richard van (1994): Kultur und Alltag in der frühen Neuzeit, Bd. 3, München.

ders. (1996): Die Gesellschaft der Aufklärer, Frankfurt.

ders. (1997): Die Entdeckung des Individuums, Frankfurt.

Düwecke, Peter (2000): Darwins Affe. Sternstunden der Biologie, München.

ders. (2001): Kleine Geschichte der Hirnforschung, München.

Eckart, Wolfgang U. (2001[4]): Geschichte der Medizin, Berlin/Heidelberg/New York.

Eibl-Eibesfeldt, Irenäus (1987[7]): Grundriss der vergleichenden Verhaltensforschung, München/Zürich.

Einstein, Alfred (1968): Mozart, Frankfurt.

Elias, Norbert (1991): Mozart. Zur Soziologie eines Genies, Frankfurt.

Emersleben, Otto (1998): James Cook, Reinbek.

Engelhardt, Dietrich v./Hartmann, Fritz (Hg.) (1991): Klassiker der Medizin, Bd. 1 u. 2, München.

Engels, Eve-Marie (Hg.) (1995): Die Rezeption von Evolutionstheorien im 19. Jahrhundert, Frankfurt.

Esser, Hartmut (1993): Allgemeine Soziologie, Frankfurt/New York.

Evans, Richard J. (1998): Fakten und Fiktionen. Über die Grundlagen historischer Erkenntnis, Frankfurt/New York.

Flasch, Kurt (1980): Augustin – Einführung in sein Denken, Stuttgart.

ders. (1989): Aufklärung im Mittelalter – die Verurteilung von 1277, Mainz.

ders. (2000): Das philosophische Denken im Mittelalter, Stuttgart.

ders. (2001): Nikolaus Cusanus, München.

ders./Jeck, Udo Reinhold (Hg.) (1997): Das Licht der Vernunft. Die Anfänge der Aufklärung im Mittelalter, München.

Fölsing, Albrecht (1989): Galilei Galileo – Prozeß ohne Ende, München.

Fried, Johannes (2001): Aufstieg aus dem Untergang. Apokalyptisches Denken und die Entstehung der modernen Naturwissenschaft, München.

Frisch, Max von (1977[9]): Aus dem Leben der Bienen, Berlin/Heidelberg/New York.

Frühwald, Wolfgang u. a. (1991): Geisteswissenschaften heute, Frankfurt.

Gadamer, Hans-Georg (1970[4]): Wahrheit und Methode, Tübingen.

ders. (1999): Der Anfang des Wissens, Stuttgart.

Galilei, Galileo (1980): Siderus Nuncius. Nachricht von neuen Sternen, hrsg. u. eingel. v. Hans Blumenberg, Frankfurt.

Geldsetzer, Lutz/Han-ding, Hong (1998): Grundlagen der chinesischen Philosophie, Stuttgart.

Gloy, Karen (1995): Das Verständnis der Natur, Bd. 1: Die Geschichte des wissenschaftlichen Denkens, München.

Goethe, Johann Wolfgang (1982): Schriften zur Naturwissenschaft, hrsg. v. Michael Böhler, Stuttgart.

Gombrich, Ernst H. (1986[2]): Kunst und Illusion. Zur Psychologie der bildlichen Darstellung, Suttgart/Zürich.

Gould, Stephen, Jay (1991): Zufall Mensch, München.

ders. (1998): Illusion Fortschritt. Die vielfältigen Wege der Evolution, Frankfurt.

Groh, Ruth/Groh, Dieter (1991): Weltbild und Naturaneignung, Frankfurt.

Habermas, Jürgen (1985): Der philosophische Diskurs der Moderne, Frankfurt.

ders. (2001): Glauben und Wissen, Frankfurt.

Hacking, Ian (1996): Einführung in die Philosophie der Naturwissenschaften, Stuttgart.

Hamblyn, Richard (2001): Die Erfindung der Wolken, Frankfurt/Leipzig.

Harjes, Hans-Peter/Walter, Roland (Hg.) (1999): Die Erde im Visier. Die Geowissenschaften an der Schwelle zum 21. Jahrhundert, Berlin/Heidelberg/New York.

Harré, Rom (Hg.) (1975): Problems of Scientific Revolutions, Oxford.

Hauser, Marc D. (2001): Wilde Intelligenz. Was Tiere wirklich denken, München.

Heidelberger, Michael (1998): Die Erweiterung der Wirklichkeit im Experiment, in: Information Philosophie 1/1998, S. 7–22.

Hildesheimer, Wolfgang (1977): Mozart, Frankfurt.

Hobbes, Thomas (1980): Leviathan, Stuttgart.

Höffe, Otfried (2000): Kleine Geschichte der Philosophie, München.

Hoffmann, Freia (1991): Instrument und Körper. Die musizierende Frau in der bürgerlichen Kultur, Frankfurt.

Hofmann, Michael (1999): Aufklärung, Stuttgart.

Hölldobler, Bert/Wilson, Edward O. (1995): Ameisen, Basel/Boston/Berlin.

Horgan, John (1997): An den Grenzen des Wissens, München.

Hrdy, Sarah Blaffer (2000): Mutter Natur, Berlin.

Hume, David (1972): Eine Untersuchung über die Prinzipien der Moral, Hamburg.

ders. (1984): Die Naturgeschichte der Religion, Hamburg.

Jauß, Hans Robert (1989): Studien zum Epochenwandel der ästhetischen Moderne, Frankfurt.

Jeck, Udo Reinhold (1997): Magie, Alchemie und Aufklärung, in: Flasch, Kurt/Jeck Udo Reinhold, Das Licht der Vernunft. Die Anfänge der Aufklärung im Mittelalter, S. 146–161.

Kanitscheider, Bernulf (1997a): Grenzen der Erkenntnis? Naturwissenschaft und Metaphysik, in: Information Philosophie 5/1997, S. 6–16.

Kant, Immanuel (1977): Kritik der Urteilskraft, Werkausgabe X, Frankfurt.

ders. (1977b): Schriften zur Anthropologie, Geschichtsphilosophie, Politik und Pädagogik, Werkausgabe XI, Frankfurt.

Keil, Geert/Schnädelbach, Herbert (Hg.) (2000): Naturalismus, Frankfurt.

Keyssner, Stefan/Kison-Herzing, Lydia (Hg.) (2000): Bayerisches Forschungsinstitut für Experimentelle Geochemie und Geophysik Universität Bayreuth – Jahresbericht 2000.

King, David (1990): Die Sterne weisen nach Mekka. Arabische Astronomie im Dienste des Islam, in: Schultz (1990), S. 104–117.

Kleesattel, Walter (2001): Die Welt der lebenden Fossilien, Darmstadt.

Kocka, Jürgen (Hg.) (1987): Interdisziplinarität, Frankfurt.

Kollesch, Jutta/Nickel, Diethard (Hg.) (1994): Antike Heilkunst. Ausgewählte Texte, Stuttgart.

Kolumbus (2000): Der erste Brief aus der Neuen Welt, Stuttgart.

Korte, Bernhard (1981): Zur Geschichte des maschinellen Rechnens, Bonn.

Koselleck, Reinhart (1979): Kritik und Krise, Frankfurt.

Koyré, Alexander (1980): Von der geschlossenen Welt zum unendlichen Universum, Frankfurt.

ders. (1998): Leonardo, Galilei, Pascal, Frankfurt.

Krämer, Walter (1995): Denkste! Trugschlüsse aus der Welt des Zufalls und der Zahlen, Frankfurt/New York.

Kuhn, Thomas (1981): Die kopernikanische Revolution, Braunschweig/Wiesbaden.

Laertios, Diogenes (1998): Leben und Lehre der Philosophen, Stuttgart.

La Mettrie, Julien Offray de (2001): Der Mensch eine Maschine, Stuttgart.

Lenhoff, Howard M./Lenhoff, Sylvia G. (1998): Trembleys Süßwasserpolypen und die Anfänge der Experimentalzoologie, in: Markl, Jürgen (1998), S. 210–215.

Lepenies, Wolf (1989): Gefährliche Wahlverwandtschaften. Essays zur Wissenschaftsgeschichte, Stuttgart.

Lichtenberg, Georg Christoph (1983): Schriften und Briefe in vier Bänden, Bd. 4, Frankfurt.

Lindberg, David C. (2000): Die Anfänge des abendländischen Wissens, München.

Lorenz, Konrad (1973): Die Rückseite des Spiegels, München.

ders. (1978 a): Das Wirkungsgefüge der Natur und das Schicksal des Menschen. Gesammelte Arbeiten, München.

ders. (1978 b): Vergleichende Verhaltensforschung. Grundlagen der Ethologie, Wien.

Lübbe, Hermann (1977): Geschichtsbegriff und Geschichtsinteresse, Basel/Stuttgart.

Mansfeld, Jaap (Hg.) (1983/86): Die Vorsokratiker, Bd. 1. u. 2., Stuttgart.

Markl, Jürgen (Hg.) (1998): Biologie der Organismen, Heidelberg/Berlin.

Marquard, Odo (2000): Philosophie des Stattdessen, Stuttgart.

McGinn, Colin (2001): Wie kommt der Geist in die Materie?, München.

Meissner, Rolf (1999): Geschichte der Erde, München.

Miller, Geoffrey F. (2001): Die sexuelle Evolution. Partnerwahl und die Entstehung des Geistes, Heidelberg/Berlin.

Mittelstraß, Jürgen (2001): Wissen und Grenzen, Frankfurt.

Mozart, Wolfgang Amadeus (1987): Briefe, hrsg. v. Stefan Kunze, Stuttgart.

Nagel, Thomas (1984): Über das Leben, die Seele und den Tod, Königstein.

ders. (1990): Was bedeutet das alles?, Stuttgart.

ders. (1992): Der Blick von nirgendwo, Frankfurt.

Nasr, Sayyed Hossein (1989): Mystik und Rationalität im Islam, in: Dürr, Hans-Peter/Zimmerli, Walther Ch. (Hg.), Geist und Natur, Bern/München/Wien, S. 221–241.

Neumann, Uwe (2001): Platon, Reinbek.

Niemann, Hans-Joachim (1993): Die Strategie der Vernunft, Braunschweig/Wiesbaden.

Nowotny, Helga (1999): Es ist so. Es könnte auch anders sein. Über das veränderte Verhältnis von Wissenschaft und Gesellschaft, Frankfurt.

Ockham, Wilhelm von (1984): Texte zur Theorie der Erkenntnis und der Wissenschaft, Stuttgart.

Paul, Andreas (1998): Von Affen und Menschen. Verhaltensbiologie der Primaten, Darmstadt.

Petrarca, Francesco (1995): Die Besteigung des Mont Ventoux, Stuttgart.

Pichot, André (1995): Die Geburt der Wissenschaft. Von den Babyloniern zu den frühen Griechen, Frankfurt/New York.

Pico della Mirandola (1997): Rede über die Würde des Menschen, Stuttgart.

Pinker, Steven (1996): Der Sprachinstinkt, München.

Platon (1988): Sämtliche Dialoge, Bd. II, Hamburg.

Popper, Karl R. (1983): Realism and the Aim of Science, London.

ders. (1984[8]): Die Logik der Forschung, Tübingen.

ders. (1995): Eine Welt der Propensitäten, Tübingen.

ders. (2001 a): Die Welt des Parmenides. Der Ursprung des europäischen Denkens, München/Zürich.

ders. (2001 b): Die Quantentheorie und das Schisma der Physik, Tübingen.

Porter, Roy (2000): Die Kunst des Heilens, Darmstadt.

Poser, Hans (2001): Wissenschaftstheorie. Eine philosophische Einführung, Stuttgart.

Postgate, John (1994): Mikroben und Menschen, Heidelberg/Berlin/Oxford.

Quinn, Susan (1999): Marie Curie, Frankfurt/Leipzig.

Raab, Armin (2001): Haydn und Köln. Die Arbeit des Joseph Haydn-Instituts, in: Bodsch, Ingrid (Hg.), Joseph Haydn und Bonn, Stadt Museum Bonn 2001, S. 151–163.

Rescher, Nicholas (1985): Die Grenzen der Erkenntnis, Stuttgart.

Reynolds, Graham (1983): Constable's England, Berlin.

Rieger, Eva (1991): Nannerl Mozart, Frankfurt.

Ritter, Joachim (1974): Subjektivität, Frankfurt.

Robinson, Francis (1997): Das Wissen, seine Vermittlung und die muslimische Gesellschaft, in: ders. (Hg.), Islamische Welt, Frankfurt/New York, S. 232–273.

Rose, Steven (2000): Darwins gefährliche Erben. Biologie jenseits der egoistischen Gene, München.

Rothe, Peter (2000): Erdgeschichte, Darmstadt.

Sandvoss, Ernst R. (1989): Geschichte der Philosophie, Bd. 1: Indien, China, Griechenland, München.

Savater, Fernando (2000): Die Fragen des Lebens, Frankfurt/New York.

Schiebinger, Londa (2000): Frauen forschen anders, München.

Schmierer, Elisabeth (2001): Kleine Geschichte der Oper, Stuttgart.

Schnädelbach, Herbert (Hg.) (1984): Rationalität, Frankfurt.

Schön, Georg (1999): Bakterien, München.

Schönpflug, Wolfgang (2000): Geschichte und Systematik der Psychologie, Weinheim.

Schultz, Uwe (1990): Scheibe, Kugel, Schwarzes Loch. Die wissenschaftliche Eroberung des Kosmos, München.

Schulz, Karlheinz (1999): Goethe, Stuttgart.

Schütt, Hans-Werner (2000): Auf der Suche nach dem Stein der Weisen. Die Geschichte der Alchemie, München.

Schwenk, Ernst F. (1998): Sternstunden der frühen Chemie, München.

Searle, John R. (2001): Geist, Sprache und Gesellschaft, Darmstadt.

Seneca (1998): Naturales quaestiones. Naturwissenschaftliche Untersuchungen, Stuttgart.

Serres, Michel (Hg.) (1994): Elemente einer Geschichte der Wissenschaften, Frankfurt.

Shapin, Steven (1998): Die wissenschaftliche Revolution, Frankfurt.

Singer, Wolf (1999): Hirnforschung an der Schwelle zum nächsten Jahrhundert, in: Sitte, Peter (Hg.), Jahrhundertwissenschaft Biologie, München, S. 203–233.

Sokal, Alan/Bricmont, Jean (1999): Eleganter Unsinn. Wie die Denker der Postmoderne die Wissenschaften mißbrauchen, München.

Streminger, Gerhard (1995³): David Hume. Sein Leben und sein Werk, Paderborn.

Stollberg-Rilinger, Barbara (2000): Europa im Jahrhundert der Aufklärung, Stuttgart.

Stückelberger, Alfred (1988): Einführung in die antiken Naturwissenschaften, Darmstadt.

Trocchio, Federico di (1998): Newtons Koffer, Frankfurt/New York.

Turgot, Anne R.J.T. (1990): Über die Fortschritte des menschlichen Geistes, Frankfurt.

Vollmer, Gerhard (1975): Evolutionäre Erkenntnistheorie, Stuttgart.

ders. (1993 a): Wissenschaftstheorie im Einsatz, Stuttgart.

ders. (1993 b): Warum haben wir keine Frage-Kultur?, in: Universitas 1/1993, S. 39–49.

ders. (1995 a): Auf der Suche nach der Ordnung, Stuttgart.

ders. (1995 b): Biophilosophie, Stuttgart.

ders. (2000): Auswege aus der ‹evolutionären Falle›, in: Universitas 55/2000, S. 871–884.

Vovelle, Michel (Hg.) (1996): Der Mensch der Aufklärung, Frankfurt/New York.

de Waal, Frans (1997): Der gute Affe, München/Wien.

Watson, James D. (1997): Die Doppelhelix, Reinbek.

Weber, Max (1988): Gesammelte Aufsätze zur Wissenschaftslehre, Tübingen.

ders. (1995): Schriften zur Soziologie, Stuttgart.

Weber, Thomas P. (2000): Darwin und die Anstifter, Köln.

Weinberg, Steven (1995): Die Frage nach Gott, in: Dahl, E. (Hg.), Die Lehre des Unheils, München, S. 32–52.

Wetz, Franz Josef (2000): Die Kunst der Resignation, Stuttgart.

Wickler, Wolfgang/Seibt, Uta (1977): Das Prinzip Eigennutz, Hamburg.

Wilson, Edward O. (1975): Sociobiology – The new Synthesis, Cambridge.

ders. (1995): Der Wert der Vielfalt, München/Zürich.

ders. (1998): Die Einheit des Wissens, Berlin.

Wuketits, Franz M. (1995): Die Entdeckung des Verhaltens, Darmstadt.

ders. (2001): Naturkatastrophe Mensch, München.

Abbildungsnachweis

Abb. 1: zit. nach Peter Rothe: Erdgeschichte. Spurensuche im Gestein, Darmstadt 2000, S. 48

Abb. 2: zit. nach Neil Campbell: Biologie, Heidelberg/Berlin/Oxford 1997, S. 1133

Abb. 3: zit. nach Rothe, S. 57

Abb. 4: zit. nach Rothe, S. 78

Abb. 5: zit. nach David C. Lindberg: Die Anfänge des abendländischen Wissens, München 2000, S. 327

Abb. 6a: zit. nach Karl von Frisch: Aus dem Leben der Bienen, Berlin 1977, S. 124

Abb. 6b: zit. nach von Frisch, S. 133

Abb. 7: zit. nach Die Zeit 50/1998, S. 40

Abb. 8: zit. nach Hans-Peter Harjes und Roland Walter: Die Erde im Visier, Berlin 1999, S. 6

Abb. 9: zit. nach James D. Watson: Die Doppelhelix, Reinbek 1997, S. 153

Abb. 10: zit. nach Bernhard Korte: Zur Geschichte des maschinellen Rechnens, Bonn 1981, S. 73

Register